智能制造系列教材

智能工厂信息化管理与实践

本书主编：刘振鹏　阮雄锋

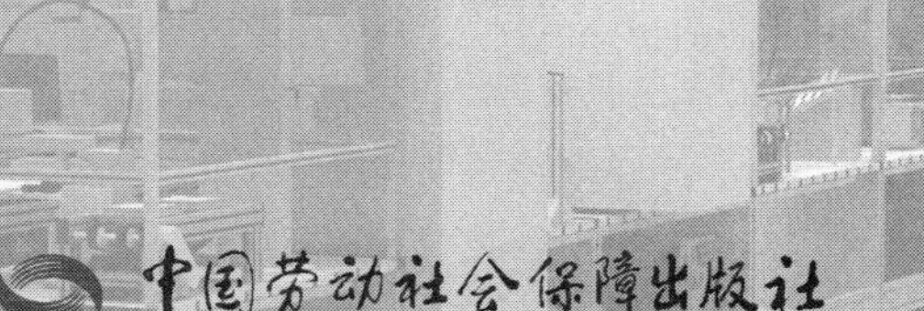

图书在版编目（CIP）数据

智能工厂信息化管理与实践 / 刘振鹏，阮雄锋主编. -- 北京：中国劳动社会保障出版社，2021

ISBN 978-7-5167-3111-6

Ⅰ.①智… Ⅱ.①刘…②阮… Ⅲ.①制造工业－智能制造系统－管理信息系统－教材 Ⅳ.①F407.4

中国版本图书馆 CIP 数据核字（2021）第 070067 号

中国劳动社会保障出版社出版发行

（北京市惠新东街 1 号 邮政编码：100029）

*

北京市艺辉印刷有限公司印刷装订 新华书店经销

787 毫米 ×1092 毫米 16 开本 15.25 印张 299 千字

2021 年 5 月第 1 版 2021 年 5 月第 1 次印刷

定价：39.00 元

读者服务部电话：（010）64929211/84209101/64921644

营销中心电话：（010）64962347

出版社网址：http://www.class.com.cn

内容提要

本书遵循以智能工厂为引领，以“三向设备[①]”为载体，以管理为主线，以信息化为重点，以能力培养为核心，以基本概念为支撑的编写思想，系统介绍了与生产高度相关的ERP管理及应用、MES分析与典型操作、MES数据处理与编程调试、智能工厂设备监控与能耗管理。按照管用、适用、够用的原则以及主要子系统分析与典型案例相结合的教学模式重构教学内容，充分体现教材的科学性、先进性、实用性和可操作性。

本书是一本理论与实训一体化的教材，集需求分析、管理知识、管理软件技术应用、工程设计和创新于一体，内容包括智能工厂认知、ERP管理及应用、MES技术与应用、中云MES应用、SX-TF14智能教学工厂信息化应用与设计；涵盖了ERP中五个子系统的管理分析与操作实施，MES中四个子系统的管理应用分析，中云MES中五个子系统的业务流程与操作，“SX-TF14工业4.0”智能教学工厂中订单与智能仓库信息化应用设计、智能工厂设备监控及数据采集、智能工厂能耗管理。

本书内容由浅入深、通俗易懂、注重应用，可作为技工院校、中高职及本科院校机电类、自动化类等专业的理论和实训教材，也可作为职业技能培训教材，还可供相关工程技术人员参考。

---

① 广东三向科技研究院研制的设备。

前言

随着新一轮工业革命的发展，工业转型的呼声日渐高涨，智能制造逐步走向历史舞台。其核心是利用新兴信息化技术来提升工业的智能化应用水平，从而提升工业在全球市场的竞争力。打造具有国际竞争力的制造业，是我国提升综合国力、保障国家安全、建设世界强国的必由之路。在从中国制造到中国创造的跨越中，要更加落实好人才强国战略，加快培育制造业发展急需的经营管理人才、专业技术人才、高技能人才，建设一支素质优良、结构合理的制造业人才队伍，推动实现制造强国的战略目标。为适应现代企业对新型人才的要求，我们在总结了有关 PLC 应用技术、机器人应用技术、传感器应用技术、数控加工技术、物流控制技术、ERP 技术、MES 技术等的基础上，编写了适合技工院校、中高职及本科院校的机电类、自动化类及相关专业使用的理论与实训一体化的智能制造系列教材。本套智能制造系列教材以广东三向科技研究院研制的生产步进电机的智能工厂作为载体，在编写过程中，贯彻以下原则。

（1）在编写思想上，遵循以能力培养为核心、以管理为主线、以信息化为重点、以基本概念为支撑的原则，较好地处理了理论与操作的关系。

（2）在内容选择上，按照与智能工厂主要相关的原则精选各信息化管理子系统。

（3）在内容呈现上，除传统的纸质图文呈现外，还配套提供了视频、动画等数字化资源，通过扫描纸质教材上的相应二维码即可链接数字资源，实现视觉、听觉的全方位感知，培养和提高读者的学习兴趣。

本书由深圳职业技术学院刘振鹏、宋志刚、阮友德、李国超，深圳市博伦职业技术学校阮雄锋，人力资源社会保障部一体化课改专家张中洲，广州机电技师学院赖圣君，吉安职业技术学院李琴、曾珍、罗乔，四川仪表工业学校官伦，肇庆三向教学仪器制造股份公司叶光显、聂思明，深圳市欧盛自动化公司唐山等编写。在编写过程中，得到了阮友德工业自动控制技能大师工作室、广东三向科技研究院及深圳市欧盛自动化公司的大力帮助，在此一并表示感谢。

由于编写时间仓促以及编者水平有限，书中不足之处在所难免，欢迎广大读者提出宝贵的意见和建议。

编者

2021 年 3 月

目录

第一章
智能工厂认知

第一节 “工业 4.0”和智能工厂认知

一、工业 4.0

所谓工业 4.0（Industry 4.0）是指以 CPS（Cyber-Physical System，信息物理系统）为基础，以供应、制造、销售信息的高度数据化、网络化、智能化为标志，最后达到快速、有效、个性化的产品供应。此概念于 2013 年由德国在汉诺威工业博览会上正式提出，工业 4.0 包含了由集中式控制向分散式增强型控制的基本模式转变，目标是建立一个高度灵活的个性化和数字化的产品与服务的生产模式。在这种模式中，传统的行业界限将消失，并会产生各种新的活动领域和合作形式，创造新价值的过程正在发生改变，产业链分工将被重组。德国学术界和产业界认为，工业 4.0 是以智能制造为主导的第四次工业革命，或革命性的生产方法。

（一）工业 4.0 发展历史

18 世纪末的机械制造设备定义为工业 1.0，20 世纪初的电气化定义为工业 2.0，始于 20 世纪 70 年代的生产工艺自动化定义为工业 3.0，而物联网和制造业服务化迎来了以智能制造为主导的第四次工业革命，即工业 4.0，其发展历程如图 1-1-1 所示。

（二）工业 4.0 的特点

工业 4.0 体系是基于 CPS 的，也就是基于虚拟世界跟物理世界的全新制造体系，包含了移动、工业云、协同和大数据等基础技术的全面使用，具有三大主要技术特点：高度自动化、高度信息化和高度网络化，其技术特点与工业 4.0 的发展过程息息相关，如图 1-1-2 所示。

（三）工业 4.0 的内涵

工业 4.0 项目主要分为三大主题：

一是“智能工厂”，重点研究智能化生产系统及过程以及网络化分布式生产设施的实现。

二是“智能生产”，主要涉及整个企业的生产物流管理、人机互动以及 3D 技术在工业生产过程中的应用等。该计划将特别注重吸引中小企业参与，力图使中小企业成

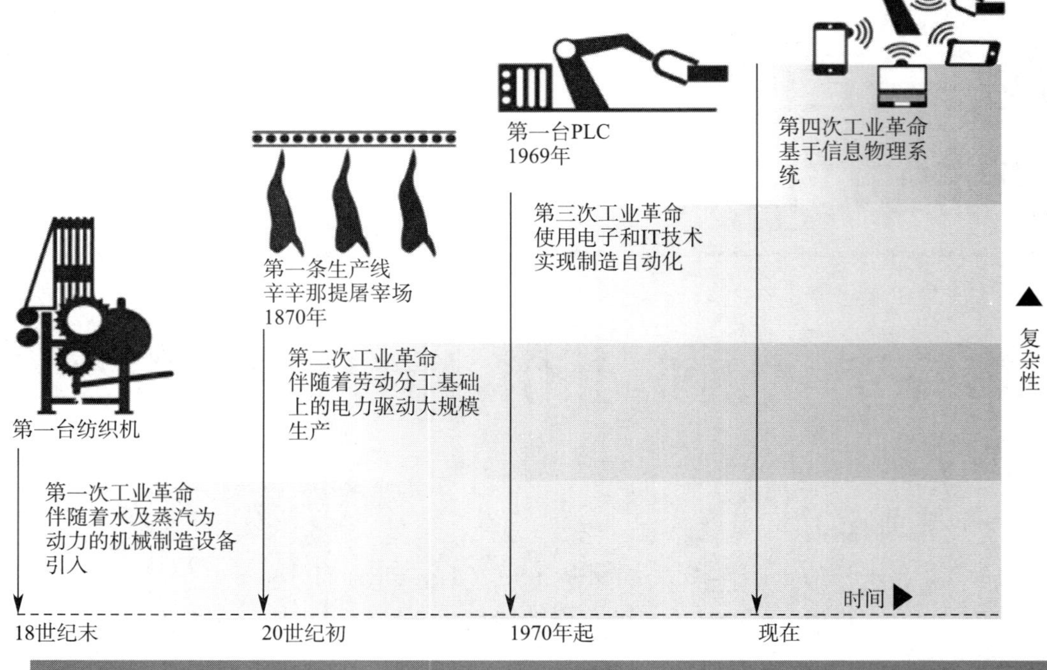

图 1-1-1　工业 4.0 发展历史

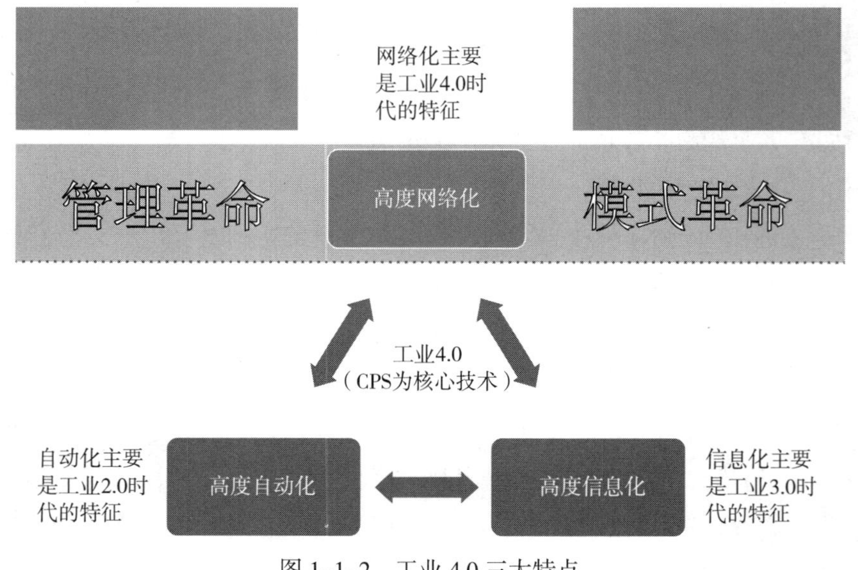

图 1-1-2　工业 4.0 三大特点

为新一代智能化生产技术的使用者和受益者，同时也成为先进工业生产技术的创造者和供应者。

三是“智能物流”，主要通过互联网、物联网、物流网，整合物流资源，充分发挥现有物流资源供应方的效率，而需求方则能够快速获得服务匹配，得到物流支持。

（四）工业 4.0 的目标

工业 4.0 是为了实现信息技术与制造技术深度融合的数字化、网络化、智能化制造，在未来建立真正的智慧工厂。

未来真正的智慧工厂会是什么样，我们并不能确定，因为颠覆性的技术在未来不断发展，智慧工厂也随之不断升级、进步。不过，我们可以确定的是，在这样一个凝聚了人类创造力、智能高科技、精密化机器的高效运作的工厂里，制造业价值链的每一个组成部分都将会被打破重组，从产品的开发设计、生产方式、运送途径、推广渠道到销售模式都将彻底改变。在未来的 20 年，我们就将见证历史，在真正的智慧工厂里，看到工人的人身安全得到最大保障，零污染排放让效益与环境问题不再对立，全球的竞争市场也会彻底改变。而在通往真正的智慧工厂的道路上，需要建立四大核心目标：

一是构建智能物联网。物联网的应用在智慧工厂中扮演着各个元素沟通的桥梁，在生产过程中透过传感器的运用，通过物联网数据终端将工厂中的人、机器、物料、产品等联网，实现实时感知、实时指挥、实时监控。每个操作设备都具备独立自主的能力，可自动完成生产线操作。有效地将订单、制令、生产人员、设备、生产时间等信息串联在一起，而在企业内部以外的运用也可透过各种行动装置得到相关的产品信息。此外，每个设备都能相互沟通，实时监控周围环境，随时找到问题加以排除，也具有更灵活、弹性的生产流程，满足不同客户的产品需求。

二是构建自动化物流。许多制造业工厂目前重点发展的领域是构建自动化物流，包括运输、装卸、包装、分拣、识别等作业过程，例如，自动识别系统、自动检测系统、自动分拣系统、自动存取系统、自动跟踪系统等。

三是构建 VR 工作环境。VR（virtual reality，虚拟现实）工作环境的构建是要将实体的工厂运作机制透过信息技术建构的平台，转化成可控制的虚拟环境。可透过工厂建模的工具将生产中的工单 / 制令、生产设备、产品、物料、生产区域等实体的生产要件转化成可控制的虚拟工厂，透过虚拟工厂的管理与监控，搭配感测元件与厂内的智能设备，可实时不受地域与时间的限制随时掌握生产相关信息，达到智慧产品、智慧流程、智慧生产的目标。

四是构建绿色智慧工厂。智慧工厂是一个高效节能、绿色环保的人性化工厂，将给企业提出节能环保的更高要求。例如，生产洁净化、废物资源化、能源低碳化。在可持续发展领域，未来的智慧工厂将会大放异彩。

（五）工业 4.0 下的我国战略

德国把“工业 4.0”上升成为德国的民族战略，图 1-1-3 为德国工业 4.0 的利箭布局图。

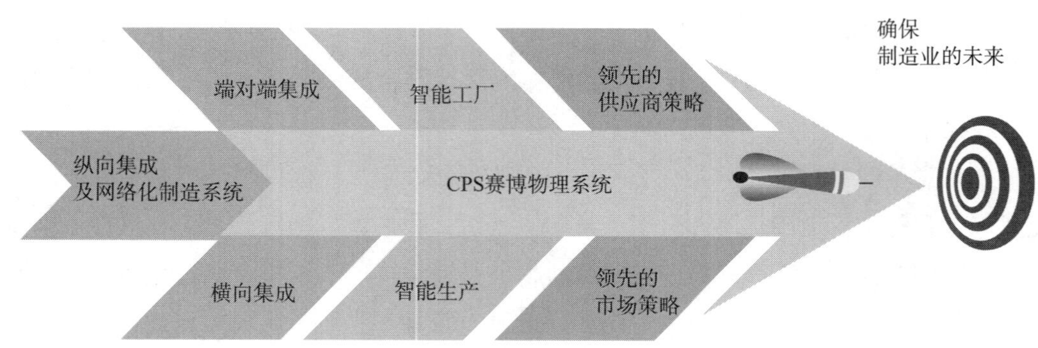

图 1-1-3　德国工业 4.0 的利箭布局图

我国“以创新驱动、质量为先、绿色发展、结构优化、人才为本”作为中国制造的基本方针，力争用 30 年时间，通过“三步走”的战略，实现从制造业大国向制造业强国的转变，将智能制造作为主攻方向，推进制造过程智能化。在重点领域试点建设智能工厂、数字化车间，加快人机智能交互、工业机器人、智能物流管理等技术和装备在生产过程中的应用，促进制造工艺的仿真优化、数字化控制、状态信息实时监测和自适应控制。加快产品全生命周期管理、客户关系管理、供应链管理系统的推广应用，促进集团管控、设计与制造、产供销一体、业务和财务衔接等关键环节集成，实现智能管控。

中国制造核心目标就是推动产业结构迈向中高端，坚持创新驱动、智能转型、强化基础、绿色发展，加快从制造大国转向制造强国。

二、智能工厂和智能制造

（一）数字化工厂

对于数字化工厂，德国工程师协会的定义：数字化工厂是由数字化模型、方法和工具构成的综合网络，包含仿真和 3D/ 虚拟现实可视化，通过连续的、没有中断的数据管理集成在一起。数字化工厂集成了产品、过程和工厂模型数据库，通过先进的可视化、仿真和文档管理，以提高产品的质量和生产过程所涉及的质量和动态性能。

在国内，对于数字化工厂接受度最高的定义：数字化工厂是在计算机虚拟环境中，对整个生产过程进行仿真、评估和优化，并进一步扩展到整个产品生命周期的新型生产组织方式，是现代数字制造技术与计算机仿真技术相结合的产物，主要作为沟通产品设计和产品制造之间的桥梁。从定义中可以得出一个结论，数字化工厂的本质是实现信息的集成。

（二）智能工厂

从宏观层面而言，智能工厂是在数字化工厂的基础上，利用物联网技术与监控技术，加强信息管理服务，提高生产过程可控性，减少生产线人工干预以及合理计划和安排生产流程；同时，集智能手段和智能系统等新兴技术于一体，构建高效、节能、绿色、环保、舒适的人性化工厂。智能工厂已经具有了自主能力，可采集、分析、判断、规划，通过整体可视技术进行推理预测，利用仿真及多媒体技术将实境扩增展示设计与制造过程。系统中各组成部分可自行组成最佳系统结构，具备协调、重组及扩充特性，且系统具备了自我学习、自行维护能力。因此，智能工厂实现了人与机器的相互协调合作，其本质是人机交互。智能工厂包括了全局生产管控、生产计划、设备状态、生产统计、工艺指导、生产防错、质量管控、物料准时配送、产品及时发运等功能，如图 1-1-4 所示。

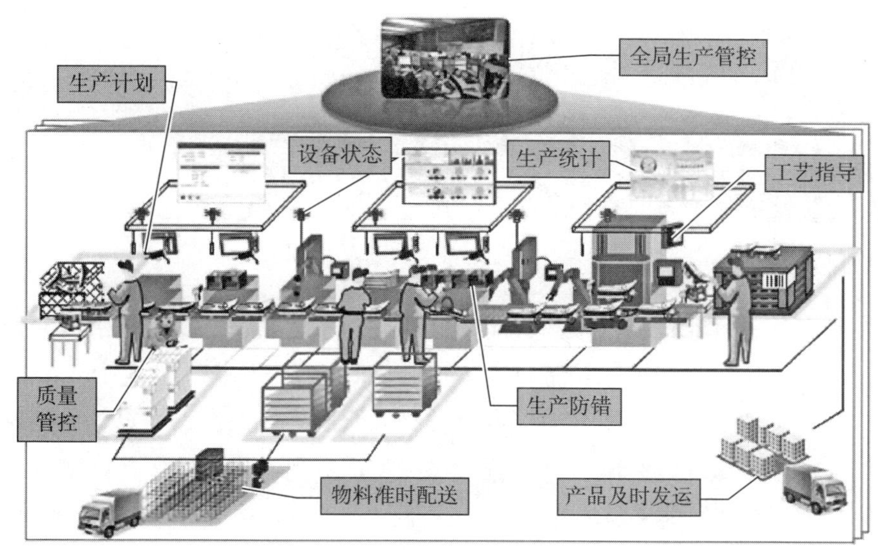

图 1-1-4 智能工厂的功能图

1. 框架结构

著名业务流程管理专家奥古斯特·威廉·谢尔教授提出的智能工厂框架，强调了 MES（manufactaring execution system，制造执行系统）在智能工厂建设中的枢纽作用，并将智能工厂分为基础设施层、智能装备层、智能产线层、智能车间层和工厂管控层五个层级，如图 1-1-5 所示。

（1）基础设施层。企业首先应当建立有线或者无线的工厂网络，实现生产指令的自动下达和设备与产线信息的自动采集，形成集成化的车间联网环境；解决不同通信协议的设备之间，以及 PLC（programmable logic controller，可编程逻辑控制器）、CNC（computerized numerical control，数控机床）、机器人、仪表 / 传感器和工控 /IT（information technology，信息技术）系统之间的联网问题；利用视频监控系统对车间的环境和人员行为进行监控、识别与报警。此外，工厂应当在温度、湿度、洁净度的控制和工业安全（包括工业自动化系统的安全、生产环境的安全和人员安全）等方面达到智能化水平。

（2）智能装备层。智能装备是智能工厂运作的重要手段和工具。智能装备主要包

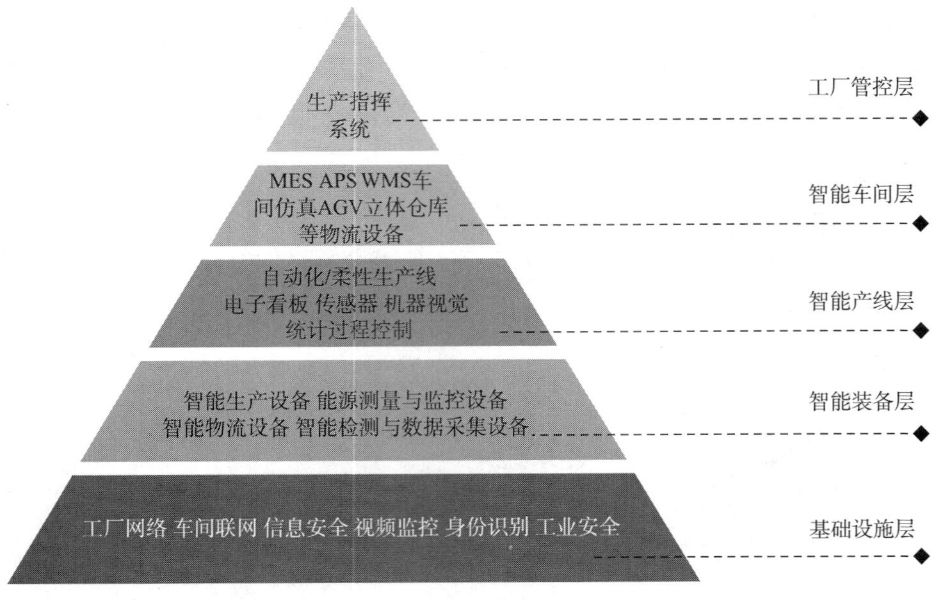

图 1-1-5 智能工厂的框架结构图

含智能生产设备、智能检测设备和智能物流设备。制造装备在经历了机械装备到数控装备后，目前正在逐步向智能装备发展。智能化的加工中心具有误差补偿、温度补偿等功能，能够实现边检测、边加工。工业机器人通过集成视觉、力觉等传感器，能够准确识别工件、自主进行装配、自动避让障碍物、实现人机协作。智能物流设备则包括自动化立体仓库、智能夹具、AGV（automated guided vehicle，自动导引车）、桁架式机械手、悬挂式输送链等。

（3）智能产线层。智能产线的特点是在生产和装配的过程中，能够通过传感器、数控系统或 RFID（radio frequency identification，无线射频识别，俗称电子标签）自动进行生产、质量、能耗、设备绩效等数据采集，并通过电子看板显示实时的生产状态。通过安灯系统实现工序之间的协作；生产线能够实现快速换模，实现柔性自动化；能够支持多种相似产品的混线生产和装配，灵活调整工艺，适应小批量、多品种的生产模式；具有一定冗余，如果生产线上有设备出现故障，能够调整到其他设备生产；针对人工操作的工位，能够给予智能的提示。

（4）智能车间层。要实现对生产过程进行有效管控，需要在设备联网的基础上，利用 MES、APS（advanced product system，先进生产排产）、劳动力管理等软件进行高效的生产排产和合理的人员排班，提高设备利用率，实现生产过程的追溯，减少在制品库存；应用人机界面，以及工业平板等移动终端，实现生产过程的无纸化。另外，还可以利用 Digital Twin（数字映射）技术将 MES 系统采集到的数据在虚拟的三维车间模型中实时地展现出来，不仅提供车间的 VR（虚拟现实）环境，而且还可以显示设备的实际状态，实现虚实融合。

车间物流的智能化对于实现智能工厂至关重要。企业需要充分利用智能物流装备实现生产过程中所需物料的及时配送。企业可以用 DPS（digital picking system，电子标签拣货系统）实现物料拣选的自动化。

（5）工厂管控层。工厂管控层主要是实现对生产过程的监控，通过生产指挥系统实时洞察工厂的运营，实现多个车间之间的协作和资源的调度。流程制造企业已广泛应用 DCS（distributed control system，分散控制系统）或 PLC 控制系统进行生产管控。近年来，离散制造企业也开始建立中央控制室，实时显示工厂的运营数据和图表，展示设备的运行状态，并可以通过图像识别技术对视频监控中发现的问题进行自动报警。

2. 管理系统组成

智能工厂的管理系统通常包括 ERP（enterprise resource planning，企业资源计划）、PLM（product lifecycle management，产品生命周期管理）、SCM（supply chain management，供应链管理）、CRM（customer relationship management，客户关系管理）、MES（manufacturing execution system，制造执行系统）五大管理系统。

（1）ERP。ERP 是一种主要面向制造行业进行物质资源、资金资源和信息资源集成一体化管理的企业信息管理系统。ERP 是一个以管理会计为核心，可以提供跨地区、跨部门甚至跨公司整合实时信息的企业管理软件。它是针对物资资源管理（物流）、人力资源管理（人流）、财务资源管理（财流）、信息资源管理（信息流）集成一体化的企业管理软件。ERP 具有整合性、系统性、灵活性、实时控制性等显著特点。

（2）PLM。PLM 是对产品的整个生命周期（包括投入期、成长期、成熟期、衰退期、结束期）进行全面管理，通过投入期的研发成本最小化和成长期至结束期的企业利润最大化来达到降低成本和增加利润的目标。

（3）SCM。SCM 主要通过信息手段，对供应的各个环节中的各种物料、资金、信息等资源进行计划、调度、调配、控制与利用，形成用户、零售商、分销商、制造商、采购供应商的全部供应过程的功能整体。

（4）CRM。CRM 作为一种新型管理机制，极大地改善了企业与客户之间的关系，用于企业的市场营销、销售、服务与技术支持等与客户相关的领域。CRM 可以及时获取客户需求和为客户提供服务使企业减少“软”成本。

（5）MES。MES 是一套面向制造企业车间执行层的生产信息化管理系统。MES 可以为企业提供包括制造数据管理、计划排程管理、生产调度管理、库存管理、质量管理、人力资源管理、工作中心 / 设备管理、工具工装管理、采购管理、成本管理、项目看板管理、生产过程控制、底层数据集成分析、上层数据集成分解等管理模块，为企业打造一个扎实、可靠、全面可行的制造协同管理平台。

上面介绍的各个系统不是简单的一款软件或者一款工具，而是在信息化时代企业管理、统筹规划、提高效率的一种管理思想，面对相似流程、相似问题的一种成熟的解决方案。ERP 与其他四大管理系统的关系如图 1–1–6 所示。

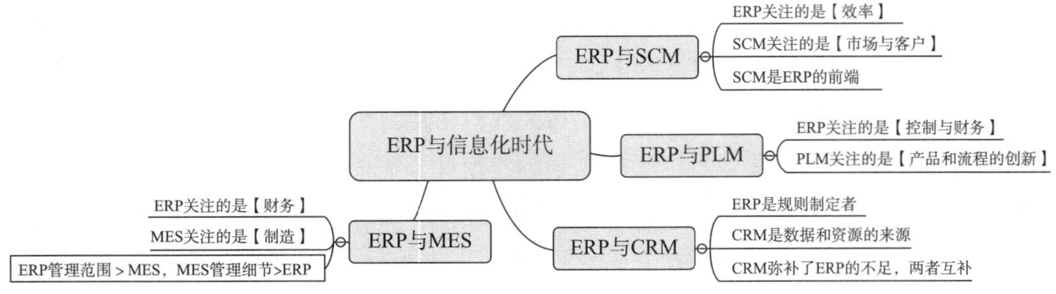

图 1-1-6　ERP 与其他四大管理系统的关系图

3. 网络结构

智能工厂包括了应用层、存储层、数据采集层（数采层）、设备层四个网络层次，如图 1-1-7 所示。

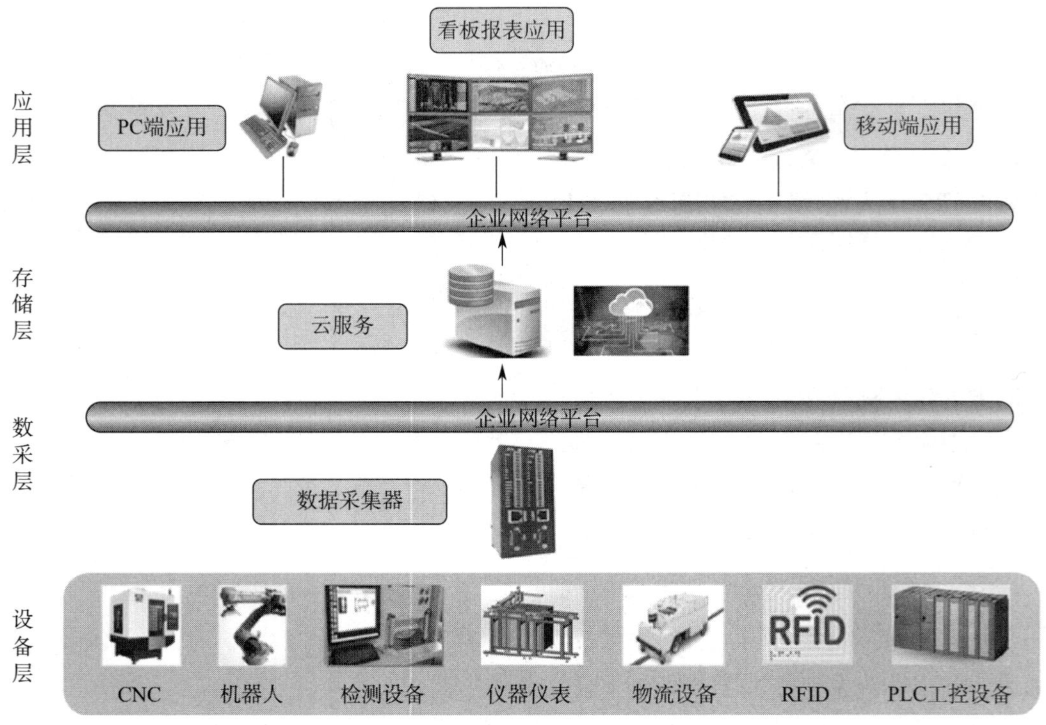

图 1-1-7　网络结构示意图

4. 智能工厂的特征

智能工厂具有以下 6 个显著特征。

（1）设备互联。能够实现设备与设备互联，通过与设备控制系统集成，以及外接传感器等方式，由数据采集与监控系统实时采集设备的状态，生产完工的信息、质量信息，并通过应用 RFID、条码（包含一维和二维）等技术，实现生产过程的可追溯。

（2）广泛应用工业软件。广泛应用 MES、APS、能源管理、质量管理等工业软件，实现生产现场的可视化和透明化。在新建工厂时，可以通过数字化工厂仿真软件，进行设备和产线布局、工厂物流、人机工程等仿真，确保工厂结构合理。在通过专业检测设备检出次品时，不仅要能够自动与合格品分流，而且能够通过统计过程控制等软件，分析出现质量问题的原因。

（3）充分结合精益生产理念。智能充分体现工业工程和精益生产的理念，能够实现按订单驱动，拉动式生产，尽量减少在制品库存，消除浪费。

（4）实现柔性自动化。结合企业的产品和生产特点，持续提升生产、检测和工厂物流的自动化程度。产品品种少、生产批量大的企业可以实现高度自动化，乃至建立黑灯工厂；小批量、多品种的企业则应当注重少人化、人机结合，不要盲目推进自动化，应当特别注重建立智能制造单元。工厂的自动化生产线和装配线应当适当考虑冗余，避免由于关键设备故障而停线；同时，应当充分考虑如何快速换模，能够适应多品种的混线生产。通过 AGV、行架式机械手、悬挂式输送链等物流设备实现工序之间的物料传递，并配置物料超市，实现物流自动化。机器视觉在智能工厂的应用将会越来越广泛，从而实现质量检测的自动化。

（5）注重环境友好，实现绿色制造。智能工厂能够及时采集设备和产线的能源消耗，实现能源高效利用；在危险和存在污染的环节，优先用机器人替代人工，能够实现废料的回收和再利用。

（6）可以实现实时洞察。智能工厂可从生产排产指令的下达到完工信息的反馈，实现闭环。通过建立生产指挥系统，实时洞察工厂的生产、质量、能耗和设备状态信息，避免非计划性停机。通过建立工厂的数字映射，方便地洞察生产现场的状态，辅助各级管理人员作出正确决策。

仅有自动化生产线和工业机器人的工厂，还不能称为智能工厂。智能工厂不仅生产过程应实现自动化、透明化、可视化、精益化，而且在产品检测、质量检验和分析、生产物流等环节也应当与生产过程实现闭环集成。一个工厂的多个车间之间也要实现信息共享、准时配送和协同作业。

智能工厂的建设充分融合了信息技术、先进制造技术、自动化技术、通信技术和人工智能技术。每个企业在建设智能工厂时，都应该考虑如何能够有效融合这五大领域的新兴技术，与企业的产品特点和制造工艺紧密结合，确定自身的智能工厂推进方案。

（三）智能制造

智能工厂是在数字化工厂基础上的升级版，但是与智能制造还有很大差距。智能制造系统在制造过程中能进行智能活动，诸如分析、推理、判断、构思和决策等。通过人与智能机器的合作，去扩大、延伸和部分地取代技术专家在制造过程中的脑力劳动，它把制造自动化扩展到柔性化、智能化和高度集成化。

智能制造系统不只是人工智能系统，而是人机一体化智能系统，是混合智能。系统可独立承担分析、判断、决策等任务，突出人在制造系统中的核心地位，同时在智能机器配合下，更好发挥人的潜能。机器智能和人的智能真正地集成在一起，互相配合，相得益彰，最终实现人机一体化。智能制造的特征包括了产品智能化、装备智能化、生产方式智能化、管理智能化和服务智能化五个方面。

本节思考：

1. 写出自己对中国制造的认识。
2. 分析图 1–1–8 和图 1–1–9 某智能工厂的架构图，描述图中各系统或设备之间的关系。
3. 根据你的认知设计中国版智能工厂的架构图。

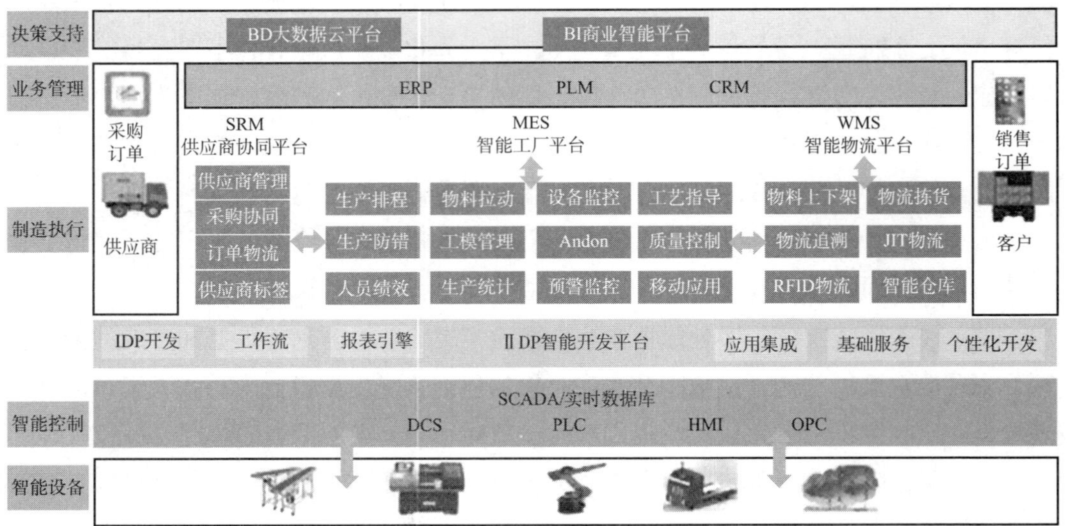

图 1–1–8 某智能工厂示意图 1

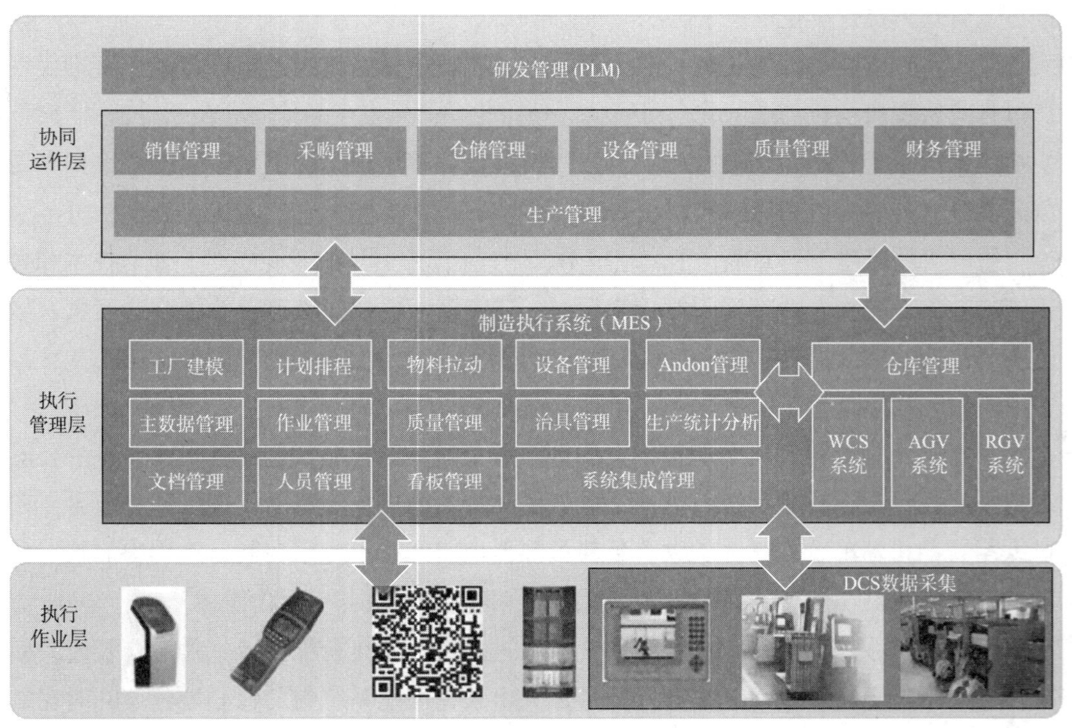

图 1–1–9 某智能工厂示意图 2

第二节　智能教学工厂及智能装配车间认知

一、SX-TF14 智能教学工厂概述

SX-TF14 智能教学工厂包括了一个智能服务中心、一个智能控制中心、一个智能加工车间、一个智能装配车间、一个智能仓储车间、若干台 AGV 运输小车以及 MES 和 ERP 系统。若按产品的生产流程，则该智能教学工厂又可分为智能服务中心、智能控制中心、智能原料仓库、智能加工区、智能绕线区、智能装配区、智能检测区、智能包装区、智能成品仓库九部分，如图 1-2-1 所示（扫描二维码可获得本节完整视频资源）。该智能教学工厂将“智能控制、网络通信、信息安全、信息物联、大数据识别、虚拟仿真”等技术融为一体，集成了“下单、加工、组装、检测、包装、物流和仓储”等生产工序，能进行“35A、35B、42A、42B”共 4 种型号的步进电机的生产，实现了从“客户下单、虚拟仿真设计、产品生产、质量管控、产品配送”等各环节的自动化、信息化与智能化。

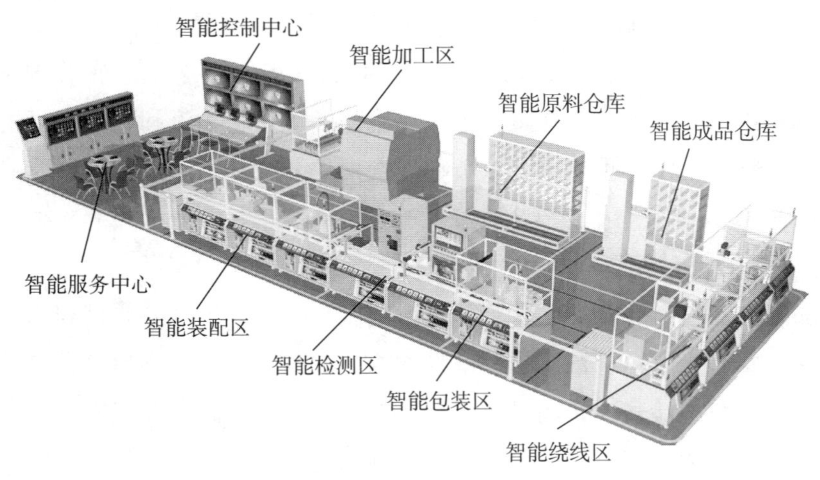

图 1-2-1　智能教学工厂总体布局图

智能制造教学工厂视频

（一）智能服务中心

智能服务中心由硬件和软件两部分组成。硬件部分有人机交互式触控机、下单机和移动终端（如 PC 机、手机、平板电脑等）。软件部分使用工业设备物联网软件系统，PROFINET 是新一代基于工业以太网技术的自动化总线标准，它为自动化通信领域提供了一个完整的网络解决方案，囊括了诸如实时以太网、运动控制、分布式自动化、故障安全以及网络安全等当前自动化领域的热点话题，并且作为跨供应商的技术，可以完全兼容工业以太网和现有的现场总线（如 PROFIBUS）技术，保护现有投资。利用全公司范围内应用的、高度集成的 ERP 系统，使数据在各业务系统之间实现高度共享，所有数据只需在某一个系统中输入一次，保证了数据的一致性，对公司内部业务流程和管理过程进行了优化，从而使主要的业务流程实现了自动化。

（二）智能控制中心

智能控制中心的硬件主要分为智能控制墙、控制台、中央控制柜、主配电柜、无线路由器五大部分组成。智能控制墙包含屏幕及其监控系统，监控系统主要有前端视频采集系统（摄像机、镜头、云台等）、视频传输系统（传输线缆、光纤传输、同轴电缆传输、网线传输、无线传输、光端机等）、终端显示系统（硬盘录像系统、视频矩阵、画面处理器、切换器、分配器远程拓展系统等）。控制台主要由操作桌面、工业计算机、服务器、普通计算机、移动终端（手机或者平板电脑）组成。中央控制柜主要由主站 PLC、主站触摸屏等组成。主配电柜主要给整个智能教学工厂进行供配电。

智能控制中心的软件部分主要由 ERP 系统和 MES 构成。

智能控制中心是 SX–TF14 智能教学工厂的控制中枢，主要有监控管理设备、显示反馈信息等功能。对“下单、加工、组装、检测、包装、物流和仓储”等生产工序进行实时监控和管理，能实现从“客户下单、虚拟仿真设计、产品生产、质量监控、产品配送”等各环节的信息化与智能化。

（三）智能加工车间

智能加工车间包括智能加工区和智能绕线区。智能加工区主要是利用机器人对传送带上的原材料进行上料、机床对零部件的柔性加工、清洗、下料及送料的过程，主要完成步进电机前后端盖、转轴等加工和清洗。智能绕线区主要完成步进电机定子绕组的绕制。

（四）智能装配车间

智能装配车间包括智能装配区和智能检测区。智能装配区主要由智能装配单元、智能拧螺丝单元和智能充磁单元等组成，主要完成步进电机的组装工作。智能检测区主要完成步进电机装配后的性能检测工作。

（五）智能仓储车间

智能仓储车间包括智能包装区、智能原料仓库、智能成品仓库。智能包装区包含一条传送带、RFID 读写器、一台激光打标机、一台四轴机器人、I/O 转换端口模块、电气控制模块、控制面板等组件。步进电动机测试合格后通过传送带进入到物料包装区，激光打标机选择与之规格型号相对应的打标程序，对步进电动机进行激光打标。打标好的步进电动机通过皮带运送到指定位置并由四轴机器人将步进电动机打包，包装完成后呼叫 AGV 小车将其送入成品仓库。

智能原料仓库由 12 行 10 列的原材料仓库和取料部分组成。取料部分主要由两台西门子 1FL6 系列电机（由西门子 V90 系列驱动器控制）、西门子 S7–1200 系列 PLC、气动模块、对射式光电传感器、磁性接近开关、取料模块、RFID 识别器等组成。智能原料仓库是 SX–TF14 智能教学工厂的起始单元，在整个系统中，起着向系统的其他单元提供原料的作用，相当于实际生产系统（生产线）中的自动上料系统。它的具体功能是按照需要将放置在料仓中的待加工工件（原料）根据客户的需求自动取出，并将其传送到智能加工单元。

智能成品仓库包含 12 行 4 列的成品仓、12 行 1 列的废品仓、直线驱动模块、工件退料装置、I/O 转换端口模块、电气控制模块、控制面板等组件。智能成品仓库用于接收已经加工完成及包装好的步进电机，按照预定的步进电动机信息自动运送至相应指定的仓位口，并将步进电动机推入立体仓库，完成步进电动机的存储功能。在该 SX–TF14 智能教学工厂中，智能成品仓库作为最后一个单元，模拟工厂自动化生产过程中成品及废品的分类存储功能。

（六）AGV 小车

AGV 小车是装备有电磁或光学等自动导引装置，能够按照规定的导引路径行驶，具有小车运行和停车装置、安全保护装置以及各种移载功能的运输车辆。它具有自动化程度高、方便美观、操作安全等优点。AGV 小车由机械系统、动力系统、控制系统三大系统组成，其中，机械系统由车体、车轮、移载装置、安全装置、转向装置等组成；动力系统由运行电动机、转向电动机、移载电动机、蓄电池及充电装置等组成；控制系统由驱动控制装置、转向控制装置、移载控制装置、信息传输及处理装置等组成。

二、智能装配车间简介

智能装配车间是在装配车间的基础上增加了智能控制（MES）和智能管理（ERP 系统）。智能装配车间包括了轴承装配单元、整机装配单元、拧螺丝单元、充磁单元和检测单元，如图 1–2–2 所示。

（一）轴承装配单元

轴承装配单元是将步进电动机的转子、前后轴承、前后橡胶垫片按照一定的工艺要求组装到一起，成为步进电动机生产过程中的半成品，即转子组件，然后通过机器人的搬运进入整机装配单元。

（二）整机装配单元

整机装配单元是将步进电动机的转子组件、前后端盖、定子、波纹垫片按照一定

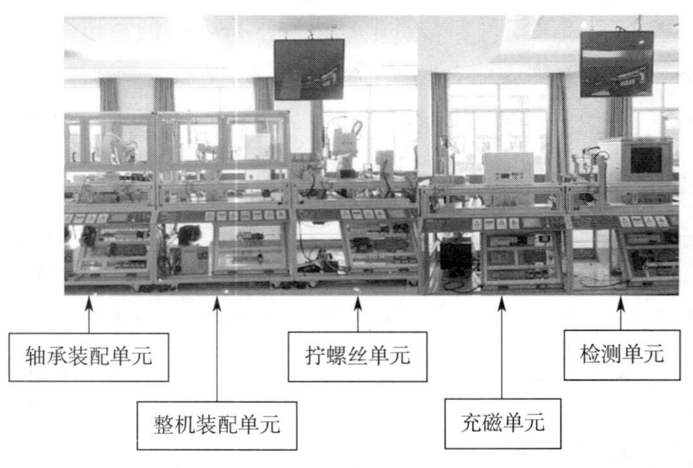

图 1-2-2　智能装配车间

的工艺要求组装在一起，成为步进电动机生产过程中的半成品，即步进电动机组件，然后通过托盘送到拧螺丝单元。

（三）拧螺丝单元

步进电动机装配完成后，托盘将步进电动机组件经传输带送到拧螺丝单元，搬运机构将步进电动机组件搬运到拧螺丝平台，机器人通过螺丝机给步进电动机的 4 个角拧上螺丝进行紧固，然后经视觉系统进行外观检测，不良品经 AGV 小车运往废品区，合格品则进入充磁单元。

（四）充磁单元

步进电动机拧好螺丝后，托盘将紧固好的步进电动机经传输带送到充磁单元，充磁单元的龙门机械手将紧固好的步进电动机搬运到充磁机进行充磁。充磁完成后，龙门机械手又将充好磁的步进电动机搬运到托盘，进入检测单元。

（五）检测单元

步进电动机充好磁后，托盘将步进电动机经传输带送到检测单元，检测单元的龙门机械手将步进电动机搬运到检测系统进行检测。检测完成后，龙门机械手又将检测好的步进电动机搬运到托盘，进入包装单元。

本节思考：

1. 参观 SX-TF14 智能教学工厂时，你是否注意到如图 1-2-3 所示警告标志，分别是什么含义？

2. 参观 SX-TF14 智能教学工厂时，你是否注意到如图 1-2-4 所示安全注意事项的等级区分，分别是什么含义？

3. 参观 SX-TF14 智能教学工厂时，对照图 1-2-1 所示找到对应的实物部分，说明各部分的具体功能。

4. 观察 SX-TF14 智能教学工厂的运行，对其工作运行有初步认识，写下自我感想。

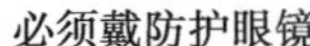

必须戴护耳器

必须戴安全帽

必须系安全带

必须加锁

图 1-2-3　安全标志

⚠注意

图 1-2-4　安全注意事项的等级

第二章
ERP 管理及应用

第一节　ERP 应用分析及技术实现

一、ERP 应用分析

ERP 即企业资源计划，也称企业资源规划，其由美国高德纳咨询公司于 20 世纪 90 年代初首先提出，经过 20 余年的时间，ERP 已由概念发展到应用。顾名思义，ERP 就是对企业的所有资源进行计划、控制和管理的一种手段。

（一）ERP 系统概述

1. ERP 的内涵

高德纳咨询公司是通过一系列功能标准来定义 ERP 系统的。

（1）超越 MRP Ⅱ（manufacturing resource planning，制造资源计划）范围的集成功能，ERP 系统的直接来源是 MRP（material requirement planning，物料需求计划）系统。这也是人们常说的 ERP 系统是由 MRP 和 MRP Ⅱ演变的结果。实际上，ERP 是以 MRP Ⅱ为核心的多系统集成的结果，集成的 ERP 系统解决方案已经成为竞争优势的代名词。ERP 系统的本质是取代那些由一个个单独软件包形成的解决方案，集成企业内部所有传统的管理职能，如财务管理、成本核算、工资管理以及制造和分销管理等，彻底解决“信息孤岛”现象，确保企业级业务的系统整体性和一致性。

（2）支持混合方式的制造环境，混合方式的制造环境包括以下 3 种情况。

1）生成方式的混合。这首先是离散型制造和连续型制造的混合，造成的原因是企业的兼并与联合。随着企业多元化经营的发展，加之高科技产品中包含的技术复杂程度高，使得单纯的流程或离散的生产企业越来越少。其次是按单设计、按单装配、按单生产和库存生产等生产方式，以及大批量生产方式的混合。

2）经营方式的混合。这是指国内经营与跨国经营的混合。由于经济全球化、市场国际化、企业经营的国际化，使得纯粹的国内经营逐渐减少，而多种形式的外向型经营越来越多。这些外向型经营可能包括原料进口、产品出口、合作经营、合资经营、对外投资，直到跨国经营等各种形式的混合经营方式。

（3）支持能动的监控能力，该项标准是关于 ERP 能动式功能的加强，包括在整个企业内采用控制和工程方法、模拟功能、决策支持能力和图形能力。与能动式功能相对的是反应式功能。反应式功能是在事务发生之后记录发生的情况。能动式功能则具有主动性和超前性。例如，把统计过程控制的方法应用到管理事务中，以预防为主，就是过程控制在 ERP 中应用的例子。把并行工程的方法引入 ERP 中，把设计、制造、销售和采购等活动集成起来，并行地进行各种相关作业，在产品设计和工艺设计时，就考虑生产制造问题。在制造过程中，若有设备工艺变更，则要及时反馈给设计人员，这就要求 ERP 具有实时功能，并与工程系统（CAD/CAM）集成起来，从而有利于提高产品质量，降低生产成本，缩短产品开发周期。

决策支持能力是 ERP 能动式功能的一部分。传统的 MRP Ⅱ 系统是面向结构化决策问题的。就它所解决的问题来说，决策过程的环境和原则均能用明确的语言（数学的或逻辑的，定量的或定性的）清楚地予以描述。在企业经营管理中，还有大量半结构化和非结构化的问题，决策者往往对这些问题有所了解，但分析可能不全面，估计可能不确切。例如，新产品开发，企业合并、收购等问题均是如此。ERP 的决策支持功能则要扩展到对这些半结构化或非结构化问题的处理。

（4）支持客户开放的一致服务器计算环境，该项标准是关于 ERP 的软件支持技术的，包括要求客户一致服务器体系结构、图形用户界面、计算机辅助软件工程、面向对象技术、关系数据库、第四代语言、数据采集和外部集成。

为了满足企业多元化经营以及合并、收购等活动的需求，用户需要具有一个底层开放的体系结构。这是 ERP 面向供应链管理，快速重组业务流程，实现企业内部与外部更大范围内信息集成的技术基础。

以上 4 个方面分别从软件功能范围、软件应用环境、软件功能增强和软件支持技术上对 ERP 做了界定。这 4 个方面反映了 20 世纪 90 年代以来，对制造系统在功能和技术上的客观需求。

2. ERP 的目标

ERP 是反映企业实际运作的信息系统，企业中的每一项资源在 ERP 中都有对应的软件模块。用系统观念来看企业资源，企业就是一个系统。这个系统由输入、处理和输出组成，系统必须顺应环境，整个 ERP 系统就是在仿真企业这个实际系统，根据系统现况及环境的变化提出适应的方法，或根据对系统及环境的判断来提示未来可采取的策略。

（1）ERP 能解决的现实问题。

1）ERP 能通过客户跟踪和预测子模块来解决多变的市场和均衡生产之间的矛盾。市场是多变的，而企业希望自己的生产是均衡的。这是制造业面对的一对基本矛盾。ERP 计划生产时，包括预测和客户订单管理，可以得到一份相对稳定的生产计划，由于产品或最终项目的主生产计划是稳定和均衡的，据此得到的物料需求计划也将是稳定和均衡的。

2）ERP 能解决有关库存管理的难题。企业经常处于悖逆的利益中，一方面库存可以缓解需求，另一方面库存增加库存维持费用，造成积压和浪费。面对动态的生产过程，用手工方式来计算采购需求量是非常困难的。ERP 的核心 MRP 就是解决库存问题的金钥匙。MRP 的基本逻辑是根据主生产计划（要生产什么）、物料清单（产品的结构文件，用什么生产）和库存记录（已有什么），对每种物料进行计算（需要什么），指出何时将会发生物料短缺，在恰当的时候投入恰当的量。

3）ERP 可以保证对客户的供货承诺。在产品生命周期越来越短的今天，客户对交货期的要求也越来越苛刻。要提高市场竞争力，就要迅速地响应客户需求，并按时交货。这需要计划和市场、销售紧密的结合，在手工管理和缺乏集成的条件下，得不到很好的解决，而 ERP 具有这样的优势。

（2）产销协调原则。

1）营销部门先编制销售计划。

2）生产部门根据已编制的主生产计划，确定是否能满足销售计划的需求，若能，则向营销部门确认其销售计划，否则，要求营销部门适当地修正原销售计划。

3）营销部门与生产部门不能达成一致意见时，由上级部门共同主管出面裁决。

4）企业依可承诺量接受订单，也就是 ERP 中的粗能力平衡。

5）企业制订关于主生产计划及其修改的规程。

ERP 改变了企业的本位观。企业中通常有这样一个问题，各部门总是过于关注本部门的利益，而忽略了对其他部门的利益和企业的整体利益。类似于供应链管理中各个环节的企业只注重自己的利益而忽略了其上游和下游企业的利益，对于客户来说，总的费用不减少，只是从某个部门利益转移到另一部门。这对客户是不利的。企业不能赢得客户就无法生存。要解决这个问题，关键是使企业的员工能够树立流程的观点，并按企业流程来管理企业，ERP 的思想集中体现了制造企业生产经营过程中的客观规律和需求，其功能全面覆盖了市场预测、生产计划、物料需求、能力需求、库存控制、车间管理直到产品销售的整个经营过程以及相关的所有财务活动。从而为制造业提供了有效的计划、控制工具和完整的知识体系。

ERP 把生产、财务、销售、工程技术、采购等各子系统结合成一个一体化的系统，所有的数据来源于企业的中央数据库。各子系统在统一的数据环境下工作。此外，ERP 也是企业高层领导的决策工具，如扩大企业的生产能力。

把 ERP 作为整个企业的通信系统，使得企业整体合作的意识增强了，通过获取准确的信息，把大家精力集中在同一方向上。应用 ERP，为全面提高企业管理水平提供了工具，同时也为全面提高员工的素质提供了帮助。通过应用 ERP，各个部门之间，特别是市场营销和生产制造部门之间可以形成从未有过的、深刻的合作，共同努力满足客户需求，赢得市场。

3. ERP 的效益

ERP 可以为企业带来巨大的效益，这些效益可以分为定性和定量两个方面。

（1）ERP 定性效益。

1）可以大大减少库存量，从而降低库存成本。

2）可以大大加快订单的处理速度、提高订单的处理质量，从而降低订单的处理过程成本。

3）通过自动化方式及时采集各种原始数据，提高了数据的处理速度和处理质量，从而降低了财务记账和财务记录保存的成本。

4）由于提高了设备的管理水平，可以充分利用企业的现有设备，从而可以降低设备投资。

5）生产流程更加灵活，可以有效地应对生产过程中各种异常事件的发生。

6）由于提高了生产计划的准确性，从而降低了生产线上的非正常停产时间。

7）更加有效地确定生产批量和调度生产，提高生产效率。

8）减少生产过程中由于无法及时协调而出现的差错率，提高管理水平。

9）可以降低生产过程的成本。

（2）ERP 定量效益。

1）降低库存资金占用 15%～40%。

2）提高库存资金周转次数 50%～200%。

3）降低库存误盘、误差，控制在 1%～2%。

4）减少 10%～30% 的装配面积。

5）减少 10%～50% 的加班工时。

6）减少 60%～80% 的短缺件。

7）提高 5%～15% 的生产率。

8）降低 7%～12% 的成本。

9）增加 5%～10% 的利润。

（二）ERP 的发展与形成

ERP 的形成大致经历了 4 个阶段，分别是基本 MRP 阶段、闭环 MRP 阶段、MRP Ⅱ阶段及 ERP 的形成阶段。ERP 理论的形成是随着产品复杂性的增加，市场竞争的加剧及信息全球化而形成的。

20 世纪 40 年代初期，西方经济学家通过对库存物料随时间推移而被使用和消耗的规律研究，提出了订货点的方法和理论，并将其运用于企业的库存计划管理中。20 世纪 60 年代中期，美国 IBM 公司的管理专家约瑟夫·奥列基博士首先提出独立需求和相关需求的概念。

20 世纪 60 年代的制造业为了打破“发出订单，然后催办”的计划管理方式，设置了安全库存量，为需求与订货提前期提供缓冲。

20 世纪 70 年代，企业的管理者们已经清楚地认识到，真正的需要是有效的订单交货日期，因而产生了对物料清单的管理与利用，形成了物料需求计划——MRP。

20 世纪 80 年代，企业的管理者们又认识到制造业要有一个集成的计划，以解决阻碍生产的各种问题。要以生产与库存控制集成方法来解决问题，而不是以库存来弥补或以缓冲时间方法去补偿，于是 MRP Ⅱ产生了。

20 世纪 90 年代以来，随着科学技术的进步及其不断向生产与库存控制方面的渗透，解决合理库存与生产控制问题所需要处理的大量信息和企业资源管理的复杂化，要求信息处理的效率更高。传统的人工管理方式难以适应以上系统，这时只能依靠计算机系统来实现。而且信息的集成度要求扩大到企业的整个资源的利用和管理，因此产生了新一代的管理理论与计算机系统——ERP。

ERP 是当今国际上先进的企业管理模式。其主要宗旨是对企业所拥有的人、财、物、信息、时间和空间等资源进行综合平衡和优化管理，面向全球市场，协调企业各管理部门，围绕市场导向开展业务活动，使得企业在激烈的市场竞争中全方位地发挥足够的能力，从而取得最好的经济效益。下面分别介绍 ERP 形成过程中有关理论和思想。

1. 订货点法

早在 20 世纪 30 年代初期，企业控制物料的需求通常采用控制库存物品数量的方法，为需求的每种物料设置一个最大库存量和安全库存量。最大库存量是为库存容量、库存占用资金的限制而设置的，安全库存量是指为防止未来需求的不确定性因素而准备的库存量。由于物料的供应需要一定的时间（供应周期，如物料的采购周期、加工周期等），因此不能等到物料的库存量消耗到安全库存量时才补充库存，而必须有一定的时间提前量，即必须在安全库存量的基础上增加一定数量的库存。这个库存量作为物料订货期间的供应量，即应该满足当物料的供应到货时，物料的消耗刚好到了安全库存量。20 世纪 70 年代，企业的管理者们已经清楚地认识到，真正的需要是有效的订单交货日如图 2–1–1 所示。

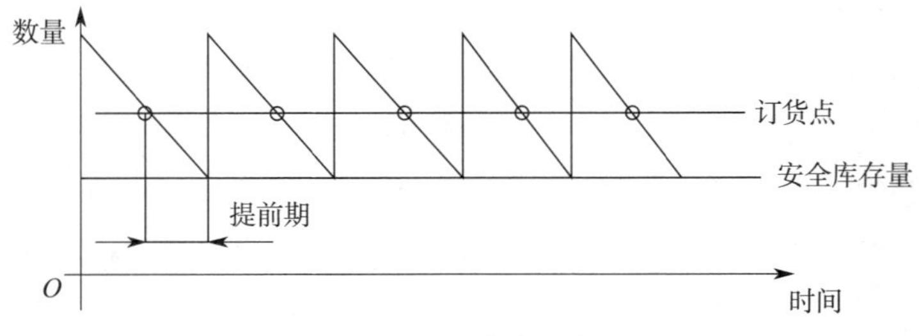

图 2–1–1　订货点示意图

这种模型在当时的环境下起到了一定的作用，但随着市场的变化和产品复杂性的增加，它的应用受到一定的限制。订货点应用的条件是物料的消耗相对稳定及物料的供应比较稳定。表 2–1–1 和表 2–1–2 分别针对均匀需求和不均匀需求两种情况说明了

表 2-1-1 均匀需求的订货点法（订货批量为 90，提前期为 2 周）

周		1	2	3	4	5	6	7	8	9	10
需求量		15	15	15	15	15	15	15	15	15	15
计划收到			90								
现有库存	40	25	100	85	70	55	40	25	10	–5	70
计划交付								90			

表 2-1-2 不均匀需求的订货点法（订货批量为 90，提前期为 3 周）

周		1	2	3	4	5	6	7	8	9	10
需求量		15	15	0	0	0	0	90	0	0	30
计划收到			90								
现有库存	40	25	100	100	100	100	100	10	10	10	–20
计划交付								90			

采用订货点法的应用。

订货点的基本公式：

$$订货点 = 单位时期的需求量 \times 订货提前期 + 安全库存量$$

例如，某项物料的需求量为每周 800 件，提前期为 4 周，并保持 1 周的安全库存量，那么该物料的订货点为

$$800 \times 4+800=4\ 000$$

在目前现有库存和已发出的订货之和低于订货点时，马上订货。订货点法的应用特点如下。

（1）各种物料需求相互独立。订货点法是在当时社会物资匮乏、供不应求的背景下提出的，其应用的前提是物料需求的独立性。而制造业中，产品基本是由多个零部件装配组成，各个零部件的需求在数量和时间上是密切相关的，若将其需求视作独立的，必将引起产品相关物料供给上的大幅度误差，使订货点法失去其应用效果。

（2）物料需求的连续性。订货点法应用的假定条件之一是物料需求具有连续性，即认为自己的需求是连续且均匀的，这样物料库存量的消耗也是均匀、稳定的。这种假设在市场竞争激烈、需求不固定的社会背景下无疑暴露出了致命的缺点，在此情况下应用订货点法控制库存往往会出现库存积压或者供给不足等现象。如表 2–1–1 所示，均匀的需求环境下，订货点法能保证有效的供给；而如果是表 2–1–2 所示的非均匀需求，则应用订货点法会造成大量的库存积压。

（3）提前期已知且固定。在订货点确定模型中，提前期作为已知且固定的量存在，即物料是按预定时间到货的。实际上，提前期是一个时间段，若将这个时间范围浓缩成一个数字来作为确定订货点的已知量，显然是不合理的。同时，提前期受到各种因

素的影响，经常会发生提前或延期到货现象。这种由供方、运方造成的问题，同样会使企业遭受超储或缺货的损失。

（4）库存消耗后应被重新填满。按照订货点法模型要求，当物料的库存量低于订货点时发出补货通知，在物料库存下降到安全库存量时，库存重新被填满。但若物料需求不均匀、不连续，这种确定订货时间和数量的方法往往会造成库存的积压或者供给不足。

订货点法的意义与缺陷：采用订货点法，实现了库存的科学管理，改变了传统库存管理的无序、混乱局面，降低了库存成本。其能在消耗稳定的情况下保证物料不会出现短缺，但不能保证在消耗多变的情况下也不出现短缺或库存积压。因此，不能从根本上解决不出现短缺，同时又降低库存的矛盾，更不能解决应该何时订货、订货多少的问题。

20 世纪 60 年代，IBM 公司的约瑟夫 · 奥列基博士提出了把对物料的需求分为独立需求与相关需求的概念，以及时间分段的产品结构理论。

独立需求是指某项物料的需求量不依赖于企业内其他物料的需求量而独立存在。独立需求的需求量通常由预测和客户订单等外在因素来决定。例如，客户订购的产品（如水壶、电视机）、科研试制需要的样品、售后维修需要的备品备件等。相关需求是某项物料的需求量可由企业的其他物料的需求量来确定。例如，半成品、零部件、原材料等的需求。相关需求又分为垂直相关和水平相关。

在时间分段的产品结构理论中，时间分段就是给库存状态数据加上时间坐标，即按具体的日期或计划时区，记录和存储库存状态数据。这样，可以准确回答和时间有关的各种问题。产品结构是将产品所有物料的需求联系起来，通过考虑不同物料的需求之间的相互匹配关系，使各种物料的库存在数量和时间上趋于合理。产品结构示意图如图 2–1–2 所示（括号内数字为数量）。

任何制造业的产品，都可以按照从原料到成品的实际加工装配过程，划分层次，建立上下层物料的从属关系和数量关系，确定产品结构。通常，称上层物料为母件，称下层物料为子件。如图 2–1–2 中，A 为母件，B 为 A 的子件。下面以简单的方桌为例解释时间分段的产品结构。

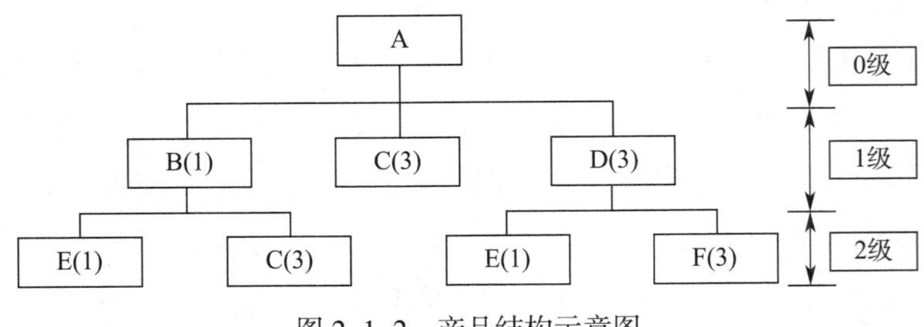

图 2–1–2　产品结构示意图

图 2–1–3 左侧是方桌这类产品的产品结构，是一个上小、下宽的正锥形树状结

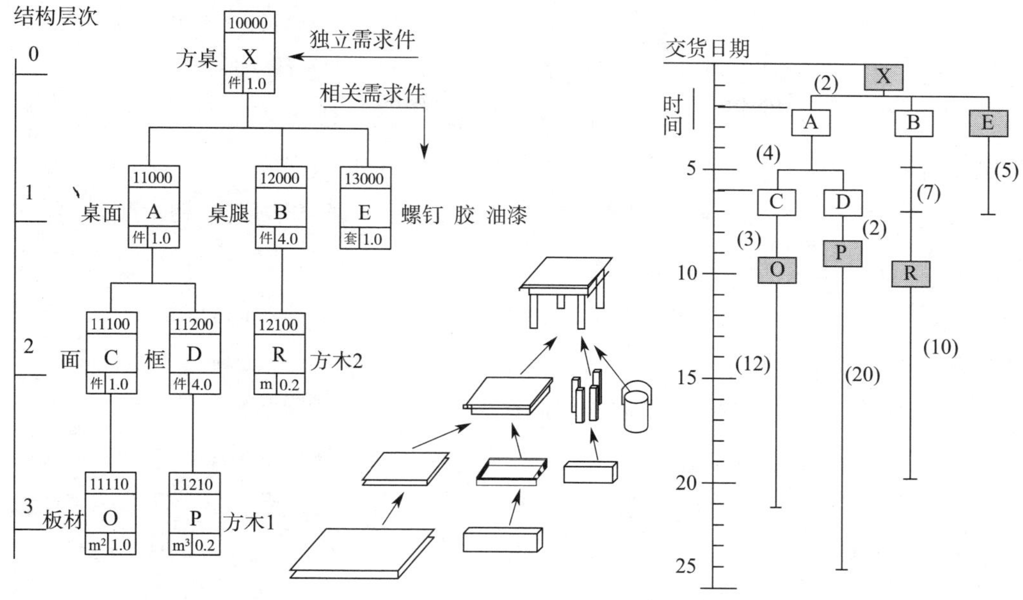

图 2-1-3 方桌时间分段的产品结构图

构，其顶层方桌是出厂产品，是属于企业营销部门的业务（也是生产部门的最后一道装配或包装工序）；各分枝最底层物料均为采购的原材料或配套件，是企业供应部门的业务；介于其间的是加工制造件或装配组件，是生产部门的业务。由市场（企业外部）决定性能、规格和需求量的物料为独立需求件，由出厂产品决定性能、规格和需求量及需求时间的各种加工和采购物料为相关需求件，这些物料的需求受独立需求件的制约。

如果我们把结构层次的坐标换成时间坐标，产品结构各方框之间的连线代表生产周期和采购周期，得到的是时间坐标上的产品结构图，如图 2-1-3 右侧图所示。现在，我们就可以根据需求的优先顺序（完工日期或需用日期的先后），按照加工或采购周期的长短，以需求日期为基准倒排计划。时间坐标上的产品结构图相当于关键路线法中的网络计划图，累计提前期最长的一条线相当于产品生产周期中的关键路线，它把企业的销、产、供、物料的数量和所需时间的信息集成起来，是物料需求计划基本原理的核心。

这些概念和理论的提出，使人们形成了在需要的时候提供需要数量的重要认识。理论研究与实践的推动，发展并形成了物料需求计划理论，即基本的 MRP。

2. MRP

MRP 就是在解决订货点法的缺陷的基础上发展起来的，MRP 的出现和发展，引起了生产管理理论和实践的变革。

（1）MRP 与订货点法的 3 点区别

1）通过产品结构将所有物料的需求联系起来。订货点法是彼此孤立地推测每项物料的需求量，而不考虑它们之间的联系，从而造成库存积压和物料短缺同时出现的不良局面。MRP 则通过产品结构把所有物料的需求联系起来，考虑不同物料的需求之间的相互匹配关系，从而使各种物料的库存在数量和时间上均趋于合理。

2）将物料需求区分为独立需求和非独立需求并分别加以处理。MRP 把所有物料按需求性质区分为独立需求项和非独立需求项，并分别加以处理。

3）对物料的库存状态数据引入了时间分段的概念。在传统的库存管理中，库存状态的记录只包含库存量和已订货量，没有时间坐标。当库存量与已订货量之和由于库存消耗而小于安全库存点时，便是重新组织进货的时间。因此，在这种记录中，时间的概念是以间接的方式表达的。

20 世纪 50 年代，库存状态记录中增加了需求量和可供货量这两个数据项。其中，需求量是由客户订单、市场需求预测以及非独立需求推算等几个方面的数据决定的。可供货量是指可满足未来需求的量。至此，物料的库存状态记录由 4 个数据项组成，它们之间的关系可表示为

$$可供货量 = 库存量 + 已订货量 - 需求量$$

当可供货量为负值时，意味着库存不足，需要组织订货。这样的库存控制系统更好的回答了“订什么货”和“订多少货”的问题，但仍然没有回答“何时订货”的问题。即使可供货量为负值时可作为订货时间的参考，但仍存在很多问题，例如，具体什么时间需要这些需求量？这些需求量是一次性需求还是分时间段需求？什么时间订货最佳？是一次性订购全部需求量好，还是分期订购好？这些订购的物料什么时间到货最好？物料何时发放？这些问题的答案不仅与物料需求量有关，而且与这些物料需求量的需求时间有关。

MRP 是一种分时段的优先计划管理方式。时间分段法的应用将库存状态数据与具体的时间联系起来，较好地解决了物料需求量与需求时间的问题。表 2–1–3 的案例说明了时间分段的概念。

表 2–1–3　　时间分段法

时间（周）	1	2	3	4	5	6	7	8
库存量（件）	25	25	0	–15	0	0	0	0
已订货量（件）	0	0	0	20	0	0	0	0
需求量（件）	0	25	15	5	0	0	0	20
可供货量（件）	25	0	–15	0	0	0	0	–20

从表 2–1–3 中可以看出，有一批已经发出的订货预计在第 4 周到货，数量为 20 件。在第 2 周、第 3 周、第 4 周和第 8 周分别出现 25 件、15 件、5 件和 20 件的需求。在第 8 周之前，库存量与已订货量之和是够用的，但已订货的到货时间与需求时间不一致，第 2 周的需求消耗掉所有库存量，而已订货量第 4 周才到，导致第 3 周的可供货量出现负值。库存计划员可以提前 3 周通过库存状态数据得知短缺问题，并采取相

应措施解决。第 8 周的库存短缺通过新的库存补充订货来解决，其需求日期为第 8 周，订货下达日期可通过提前期推算。

（2）MRP 的数据处理。MRP 的数据处理是依据产品结构树（产品结构层次图）展开的。图 2–1–4 给出了产品结构层次图，顶层的是最终产品（是指生产的最终产品，但不一定是市场销售的最终产品），最下层的是采购件（原材料），其余为中间件。这样就形成了一定的结构层次。在由直接构成的上下层关系中，把上层的物料（组件）称为母件（有时称为父件，其道理是一样的），下层的构成件都称为该母件的子件。因此，处于中间层的所有物料（组件、部件），既是其上层的子件，又是其下层的母件。由于产品构成的层次性，产品在生产时的生产和组装就存在一定的顺序，先生产层次最低（2 层）的子件，再组装中间层次的组件，最后总装为最终产品。以这样的顺序安排生产，排出主生产计划。

MRP 从主生产计划、独立需求预测以及厂外零部件订货的输入可以确定我们将要生产什么。通过 BOM（Bill of Material，物料清单）可以回答用什么来生产。把主生产计划等反映的需求按各产品的 BOM 进行分解，从而得知为了生产所需的产品，我们需要用些什么。然后和库存记录进行比较来确定物料需求，即回答我们还需要再得到什么。通过这样的处理过程，使得在 MRP 控制下的每项物料的库存记录都总能正确地反映真实的物料需求。其处理逻辑如图 2–1–5 所示。

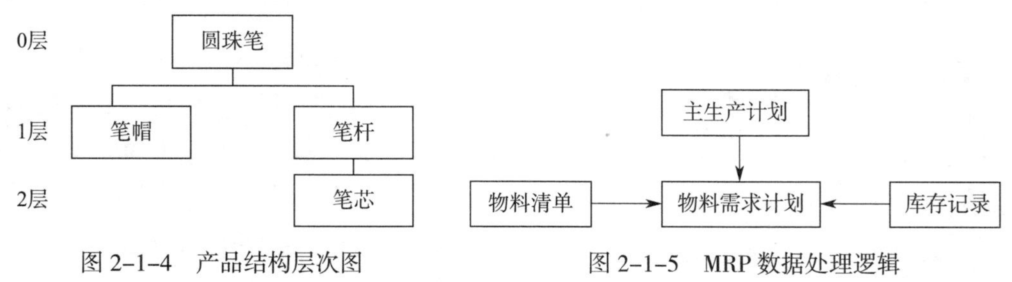

图 2–1–4 产品结构层次图　　图 2–1–5 MRP 数据处理逻辑

具体的数据处理过程如下：

MRP 对每项物料的库存状态按时区作出分析，自动地确定计划订货的数量和时间，并提醒人们不断地进行调整。物料的库存状态数据包括库存量、预计入库量和毛需求量。

库存量也称库存可用量，是指某项物料在某个时区的库存数量。预计入库量是指本时区之前各时区已下达的订货，预计可以在本时区之内入库的数量。毛需求量是为满足市场预测或客户订单的需求或上述物料项目的订货需求（可以是多项订货需求）而产生的对该项物料的需求量，这是一个必须提供的数量。净需求量则是从毛需求量中减去库存可用量和预计入库量之后的差。在计算上，净需求量的值可以通过库存量的变化而得到；方法是首先按下面公式求各时区的库存量：

某时区库存量 = 上时区库存量 + 本时区预计入库量 – 本时区毛需求量

当库存量出现第一个负值时，就意味着第一次出现净需求，其值等于这个负值的绝对值。以后出现的库存量负值，则以其绝对值表示了直至所在时区的净需求量累计值。物料的净需求及其发生的时间指出了即将发生的物料短缺。因此，MRP 可以预见物料短缺。为了避免物料短缺，MRP 将在净需求发生的时区内指定计划订货量，然后考虑订货提前期，指出订货计划下达时间。

3. 闭环 MRP

闭环 MRP 是两种完整的生产计划与控制系统，它在基本 MRP 的基础上，增加了能力需求计划、计划控制和反馈等功能，使生产计划与控制形成了两个封闭的系统。闭环 MRP 是在 MRP 的基础上，增加对投入与产出的控制，也就是对企业的生产能力进行校检、执行和控制。闭环 MRP 理论认为，主生产计划（master production schedule，MPS）与物料需求计划（MRP）应该是可行的，即要充分考虑能力的约束，或者对能力提出需求计划，在满足能力需求的前提下，MRP 才能保证物料需求的执行和实现。在这种思想要求下，企业必须对投入与产出进行控制，也就是对企业的能力进行校检和执行控制。因此，在编制物料需求计划外，还要制订能力需求计划，与各个工作中心的能力进行平衡。执行 MRP 时要用派工单来控制加工的优先级，用采购单来控制采购的优先级。这样，在基本 MRP 的基础上，将能力需求计划和执行以及控制计划的功能包含进来，形成一个环形回路。

闭环 MRP 的特点：一是主生产计划来源于企业的生产经营计划与市场需求（如合同、订单等）；二是主生产计划与物料需求计划的运行（或执行）伴随着能力与负荷的运行，从而保证计划是可靠的；三是采购与生产加工的作业计划与执行是物流的加工变化过程，同时又是控制能力的投入与产出过程；四是能力的执行情况最终反馈到计划制订层，整个过程是能力的不断执行与调整的过程。

闭环 MRP 实现了物料的完整计划与控制管理，大大提高了生产计划管理的科学性和合理性。其缺点在于仅着重对物流的管理，而产品从原材料的投入到成品的产出过程都伴随着企业资金的流通，闭环 MRP 没有与企业效益相联系，造成物流与资金流信息不一致。

4. MRP Ⅱ

MRP 解决了企业物料供需信息集成，但是还没有说明企业的经营效益。MRP Ⅱ与 MRP 的主要区别就是它运用管理会计的概念，用货币形式说明了执行“物料计划”带来的效益，实现物料信息同资金信息集成。衡量企业经营效益首先要计算产品成本，产品成本的实际发生过程还要以 MRP 的产品结构为基础，从最底层采购件的材料费开始，逐层向上将每一件物料的材料费、人工费和制造费（间接成本）积累，得出每一层零部件直至最终产品的成本。再进一步结合市场营销，分析各类产品的获利性。MRP Ⅱ把传统的账务处理与发生账务的事务结合起来，不仅说明财务的资金现状，而且追溯资金的来龙去脉。例如，将体现债务、债权关系的应付账、应收账与采购业务和销售业务集成起来，同供应商或客户的业绩或信誉集成起来，同销售和生产计划集成起来等，按照物料位置、数量或价值变化，定义交易处理，使与生产相关的财务信息直接由生产活动生成。在定义交易处理相关的会计科目时，按设定的借贷关系，自动转账登录，保证了资金流（财务账）与物流（实物账）的同步和一致，改变了资金信息滞后于物料信息的状况，便于实时作出决策。

为了提高企业的管理水平，单考虑物料信息是不完整的，应该把财物信息添加到MRP中，将制造与财物集成起来。MRP Ⅱ的出现是在集成企业更多资源方面和更大范围地监视制订的计划与实际的结果等方面有了重大突破。

MRP Ⅱ以物料需求计划为核心，运用管理会计的概念，用货币形式说明了执行企业物料计划带来的效益，实现物料信息与资金信息的集成。当产品生产完毕发货后，系统自动提示应收账款的生成。MRP Ⅱ将MRP的信息共享程度扩大，使生产、销售、财务、采购以及工程紧密结合在一起，共享有关数据，组成一个全面生产管理的集成优化模式。

（1）MRP Ⅱ与闭环MRP的区别。闭环MRP在生成物料需求计划后，依据生产工艺，推算出生产这些物料所需的生产能力，再与已有的生产能力进行对比，核查需求计划的可行性，解决生产与负荷的矛盾。而MRP Ⅱ融入了财务会计信息，实现了物料信息与资金信息的集成。

（2）MRP Ⅱ的特点。

1）管理的系统性。MRP Ⅱ系统是一个完整的经营生产管理计划体系，是实现企业效益的有效管理模式，它必须把企业所有经营生产活动与企业总体战略目标保持一致。

2）数据共享性。企业各部门都依据同一数据库提供的信息，按规范化的处理程序进行管理和决策。

3）动态性。通过不断跟踪、控制和反馈瞬息万变的实际情况，使企业的管理层能够对企业内外环境的变化作出迅速的反应，提高企业在市场中的应变能力和竞争力。

4）模拟预见性。通过对经营生产信息的逻辑分析进行能力仿真，回答“If-Then”之类的问题，据此对未来情况作出合理决策，保障企业的平稳运行。

5）物流和资金流的统一性。MRP Ⅱ所具有的产品制造计划控制功能与财务会计功能，可使实物形态的物料流动转换为价值形态的资金流动，使物流与资金流具有一致性。

5. ERP

20世纪90年代以来，由于经济全球化和市场国际化的发展趋势，制造业面临的竞争更趋激烈。以客户为中心，基于时间、面向整个供应链成为在新的形势下制造业发展的基本方向。实施以客户为中心的经营战略是20世纪90年代企业在经营战略方面的重大转变。

传统的经营战略是以企业自身为中心的。企业的组织形式是按职能划分的层次结构；企业的管理方式着眼于纵向的控制和由产品驱动的生产过程，并按标准产品组织生产流程；客户对于企业的大部分职能部门而言都被视为外部对象，除销售和客户服务部门之外的其他部门都不直接与客户打交道；在影响客户购买的因素中，价格是第一位的，其次是质量和交货期。于是，企业的生产目标依次为成本、质量、交货期。

以客户为中心的经营战略则要求企业的组织为动态的、可组合的弹性结构，企业的管理在于按客户需求形成增值链的横向优化，客户和供应商被集成在增值链中，成为企业受控对象的一部分。在影响客户购买的因素中交货期成为第一位的，企业的生产目标也转为交货期、质量和成本。

实施以客户为中心的经营战略就要对客户需求迅速作出响应，并在最短的时间内向客户交付高质量、低成本的产品。这就要求企业能够根据客户需求迅速重组业务流程，消除业务流程中非增值的无效活动，变顺序作业为并行作业，在所有业务环节中追求高效率和及时响应，尽可能采用现代技术手段，快速完成整个业务流程。这就是基于时间的含义。而基于时间的作业方式的真正实现又必须扩大企业的控制范围，面向整个供应链，把从供应商到客户的全部环节都集成起来。

实施以客户为中心的经营战略涉及企业的再造工程。企业的再造工程是对传统管理观念的重大变革。在这种观念下，产品不再是定型的，而是根据客户需求选配的；业务流程和生产流程不再是一成不变的，而是针对客户需求，以减少非增值的无效活动为原则而重新组合的；特别是企业的组织也必须是灵活的、动态可变的。显然，这种需求变化是传统的 MRP Ⅱ所难以满足的，而必须转向以客户为中心、基于时间、面向整个供应链为基本特点的 ERP。这就是 ERP 产生的客观需求背景。而面向对象的技术、计算机辅助软件工程，以及开放的计算环境为实现这种转变提供了技术基础。

（1）ERP 的内涵。ERP 是整个企业范围内调整供需平衡的管理工具。ERP 提供了联系客户和供应商并使之成为完整供应链的系统，是一个面向企业内部的供应链，是专门为解决企业信息集成应运而生的专业性的系统解决方案。其精髓就是信息集成，通过 ERP 把整个企业的销售、营销、生产、运作、后勤、采购、财务、新产品开发以及人力资源等各个环节集成起来，共享信息和资源，有效地支撑经营决策，达到降低库存、提高生产效能和质量、快速应变的目的。这也正是集成的真正意义所在。

（2）MRP 是 ERP 的核心功能。只要是制造业，就必然要从供应方买来原材料，经过加工或装配，制造出产成品，这也是制造业区别于金融业、商业、采掘业（石油、矿产）、服务业的主要特点。任何制造业的经营生产活动都是围绕其产品开展的，制造业的信息系统也不例外。MRP 就是从产品的结构或物料清单（对食品、医药、化工行业则为配方）出发，实现了物料信息的集成。一个上小下宽的锥状产品结构，其顶层是生产成品，是属于企业市场销售部门的业务；底层是采购的原材料或配套件，是企业物资供应部门的业务；介乎其间的是制造件，是生产部门的业务。如果要根据需求的优先顺序，在统一的计划指导下，把企业的销、产、供信息集成起来，就离不开产品结构（物料清单）这个基础文件。在产品结构上，反映了各个物料之间的从属关系和数量关系，它们之间的连线反映了工艺流程和时间周期。所有 ERP 都把 MRP 作为其生产计划与控制模块，MRP 是 ERP 不可缺少的核心功能。

（3）ERP 与 MRP Ⅱ的区别。ERP 是一个高度集成的信息系统，它必然体现物流信息与资金流信息的集成。传统的 MRP Ⅱ主要包括制造、供销和财务三大部分，依然是 ERP 不可缺少的重要组成。所以，MRP Ⅱ的信息集成内容既然已经包括在 ERP 之中，就没有必要再突出 MRP Ⅱ。形象地说，MRP Ⅱ已经“融化”在 ERP 之中，而不是“不再存在”。ERP 有更深的内涵和更强大的集成功能。

1）ERP 是一个面向供需链管理的管理信息集成。ERP 除包含传统 MRP Ⅱ系统的制造、供销、财务功能外，在功能上还增加了支持物料流通体系的运输管理、仓库管理（供需链上供、产、需各个环节都有运输和仓储的管理问题）；支持在线分析处理、售后服务及质量反馈，实时、准确地掌握市场需求的脉搏；支持生产保障体系的质量管理、试验室管理、设备维修和备品备件管理；支持跨国经营的多国家（地区）、多工厂、多语种、多币制需求；支持多种生产类型或混合型制造企业，汇合了离散型生产、流水作业生产和流程型生产的特点；支持远程通信、电子数据交换、电子商务；支持工作流（业务流程）动态模型变化与信息处理程序命令的集成。此外，还支持企业资本运行和投资管理，各种法规及标准管理等。事实上，当前一些 ERP 的功能已经远远超出制造业的应用范围，成为一种适应性强、具有广泛应用意义的企业管理信息系统。但是，制造业仍然是 ERP 的基本应用对象。

2）采用计算机和网络通信技术的最新成就。网络通信技术的应用是 ERP 与 MRP Ⅱ的又一个主要区别。ERP 除已经普遍采用的诸如图形用户界面（GUI）技术、关系数据库管理系统（RDBMS）、面向对象技术（OOT）、第四代语言计算机辅助软件工程、客户服务器和分布式数据处理系统等技术之外，还要实现更为开放的不同平台相互操作，采用适用于网络技术的编程软件，加强了用户自定义的灵活性和可配置性功能，以适应不同行业用户的需要。网络通信技术的应用使 ERP 得以实现供需链管理的信息集成。

（4）ERP 的应用效果。

1）提高效率。实施了 ERP 后，通过产品结构和物料清单，定义了每个物料期的数量标准，把企业的产、供、销这三项主要业务信息集合起来，同步地将生产计划和采购计划一次生成。如果需求有了变化，不到半个小时，就可以把上千种物料的管理计划重新编排，使得采购计划员从忙忙碌碌的事务中彻底解放出来。

2）降低采购成本，提高效益。ERP 通过规范业务处理流程，对降低采购成本起到一系列的保证作用。

①通过物料分类查询，对每一类物料，按需用的频度规定优选原则，以简化物料

的品种规格并保持一定批量，争取优惠。

②周密计划。ERP 的计划可以延续到未来某个任意日期，这样不但可以按需采购，而且可以保证足够的采购提前期和采购预算，防止因突发性采购而增加额外的采购费用。

③设置目标成本（标准成本）。每两个会计年度，企业都必须通过运行 ERP 的模拟成本以确定标准成本，即必须严格控制的成本限额，在保证一定利润的前提下，确定标准成本。

④控制采购权限。要严格控制成本，首先要控制资金流出。采购管理系统要设置每一个采购员的采购物料范围和支付权限，同时规定超过限额的审批层次和权限，以规范采购管理。

⑤控制存量。在 ERP 中，要对每一种物料规定最大存储量和最长储存期限。超过最大值时，系统会发出提示信号，以便管理人员采取纠正措施。

⑥供应商认证。根据 ISO 9000 的要求，为了保证产品质量，首先要保证进厂材料的质量。各种物料的供应商都必须经过认证。

⑦跟踪采购订单。ERP 可以提供多种查询途径，可以从采购单编码、物料号、供应商号、采购员代码、交货日期等进行查询，跟踪采购合同执行情况。严格控制付款程序。付款前，系统将自动进行一系列的对比，如物料的规格性能、合格数量、交货日期是否与采购单一致，报价单与发票金额是否一致。各方面必须都相符才能执行付款程序，以严格控制不良资金流出。

3）重组与供应商的业务流程。产品的质量首先取决于原材料的质量。对供应商进行认证是质量保证体系的必要条件，要从行业地位、信誉、履约率、产品发展、工艺技术、质量、成本、服务、运输、通信联系方法等方面综合考量，正确选择供应商。传统采购管理往往倾向于一种物料有多个供应商，而现代化管理的趋势是减少供应商的数量，并与某些供应商建立互信、互利、互助的长期稳定合作伙伴关系。这样做的好处是简化采购计划及调配，可以形成经济采购批量，争取优惠，减少供方的专用工艺装备费用，简化运输管理，减少库存，从而有利于控制质量，降低成本。

除此以外，ERP 还在人力资源管理、设备管理、绩效考核等方面为企业带来实实在在的效益和价值。

二、ERP 技术实现

（一）ERP 技术实现要素

在企业中，直接使用软件开发商提供的 ERP 对 IT 部门来讲，既是机遇也是挑战。虽然与开发大规模的定制应用相比，购买 ERP 可以增加 IT 系统的投资回报率，但也可能大大增加相应基础设施的复杂程度。因此，企业 IT 部门在为 ERP 选择适当的结构平台时，必须考虑以下技术实现问题。

1. 系统结构

目前，几乎所有的 ERP 都采用多层次的客户机 / 服务器结构，并且绝大多数都采用了客户机 / 服务器模型。这种模型可以更有效地进行应用管理，降低网络的复杂性并保证数据库的完整性。

IT 部门在设计 ERP 结构时必须考虑 3 个层次：表示层、应用层和数据库层。表示层、应用层与数据库层分离（不管是物理的，还是逻辑的）已经成为创建模块化、可更新的客户机 / 服务器应用的一种最常见的方法。这样一来，用户可以从数据库服务器中装载可执行的应用，从而简化对应用的管理，同时在需要时，每个服务器还可以请求它自己的可执行模块。类似地，可伸缩性也相应地变得简单并且可通过增加应用服务器来进行升级。

此外，ERP 的成功在很大程度上还有赖于其网络运行能力。在实施 ERP 的过程中，许多企业最常犯的一个错误就是在计划和实施 ERP 项目时没有充分考虑网络带宽问题。因此，为了确保 ERP 实施以后拥有足够的性能，IT 部门在规划 ERP 项目时必须了解目标网络的速度并且详细理解应用结构的网络性能需求。

2. 系统集成

绝大多数用户在实施企业 ERP 项目时一般都会采用来自多个不同厂商的 ERP，因而经常需要不同的数据库和硬件平台。而且，随着这些独立系统的实现，IT 部门需要将这些分离的 ERP 子系统相互集成起来，同时还必须将现有的应用同已有的应用和决策支持系统集成起来，只有这样才能最大限度地发挥 ERP 项目的作用。有鉴于此，用户应该选择市场前景最广阔的基础设施组件，原因是这些组件以后集成起来更容易一些。

最理想的集成方法是在一个单一的操作系统和数据模型上运行多个应用。然而，虽然这种方法可以减少集成相关应用的复杂性，但却增加了实施的时间。除此之外，这种方法一旦实施完成，其灵活性就要相对差一些。不过，在绝大多数情况下，选择单一厂商方法是很有必要的，因为绝大多数应用软件开发商都依赖专用的或特定的数据库系统。

3. 可扩展性与数据仓库

企业在自身发展的过程中需要不断地调整自己的核心商业过程，包括财务、人力资源、制造、后勤、客户服务和销售等。发展越快的企业其核心商业过程的调整频率就越高，因此在安装 ERP 时一个主要的考虑因素就是可扩展性。可扩展性是指将应用扩展到其他企业系统中，特别是数据仓库中的能力。在这里，将数据在系统之间进行转移的能力是最为关键的。

ERP 和数据仓库打包应用时，允许 IT 人员在应用系统中集成基础设施。这种方法简化了对基础设施的管理，也使增值销售商可以利用用户已经具有的基础设施进一步开发相关的 ERP 数据分析应用。ERP 系统的增值销售商还可以提供额外的数据仓库应用功能。这些数据仓库可能很少提供与其他 ERP 包或现有资源的集成。这种做法将大大限制它们的功能，因为即使一个相对受限的（在用户的数量方面）数据库应用也可能需要访问来自多个数据源的数据。

4. 操作系统

用户在实施 ERP 项目时应该考虑到操作系统的可移植性，因为有些服务器只能在某些硬件平台上运行。比如，NT 服务器（NTS）应该只考虑基于英特尔的硬件平台，因为在非英特尔的硬件平台上运行 NT 服务器的效果通常都不会很好。

现在最常用的两种操作系统就是 Unix 和 Windows NT。Unix 是能够支持高可伸缩的数据库服务器，它在高端市场占有领先地位，虽然基于 Unix 的方案将提供更大的可伸缩性，但对用户的技术经验和软件工具资源提出了更高要求。到 2000 年左右，Windows NT 与 Unix 相比将具有更多的商业功能，因为它在可用性方面进行了改进，且会得到 ERP 软件商更多支持。因此，IT 部门就需要深入了解 Windows NT 与 Unix 核心技术的异同，深入了解与商业部门有哪些紧密合作，从而确定到底是使用 Windows NT 平台还是 Unix 平台。

5. 系统管理

（1）分布式系统管理。用户在实施 ERP 项目时必须认真考虑是否能将系统管理扩展到其他应用。为了可扩展性，ERP 希望采用分布式系统管理。当前，针对 ERP 产品的系统管理方案仍然很不成熟，其原因主要是没有统一的标准，并且缺乏来自 ERP 厂商的合作以及在分布式系统管理厂商中缺乏相应的 ERP 专家。不过这种形势将在今后的 ERP 中得到改进。思爱普公司现在已通过发布编程接口和分布式系统管理接口，加强与系统管理软件的集成，其他 ERP 厂商也将会逐步涉足这一领域。

分布式系统管理软件厂商正在推出补充、扩展、填补 ERP 产品系统管理空白的软件，如日程安排、性能监视和存储管理功能等。现有的分布式系统管理软件大部分仅限于对应用组件 / 资源的外部监控，而 ERP 的有效管理需要对内部应用结构和功能有深入的了解。不过，分布式系统管理产品的性能将会不断提高，并逐渐满足 ERP 的需求。

目前，没有一个单一的产品或框架能够满足所有 ERP 应用的分布式系统管理需求。每种系统管理功能必须针对客户服务环境中的 ERP、平台要求和已有系统管理设施的集成问题一一进行解决。

（2）数据的备份 / 检索与成本。随着企业数据通信流量的不断增加，在满足存储空间的需求方面企业已面临越来越大的挑战。企业开始越来越多地选择第三方独立软件厂商和系统厂商提供的三层备份 / 检索方案。

据估计，与数据存储相关的成本（如磁盘、控制器复杂性、备份 / 检索软件、硬件以及额外的人员）将占服务器总成本的 75%。企业必须考虑每个服务器、存储管理和应用备份 / 检索功能的购买成本。尽管企业服务器的选择对 ERP 来说是非常重要的，但它只占 ERP 总成本的一小部分，即使在前端数据库创建成本降低时，数据库维护成本一般仍占整个前端数据库成本的 15%。

（二）ERP 接口实现技术

ERP 是由销售管理、财务管理、人事管理及客户关系管理等子系统组成的。企业内外各系统之间以及 ERP 各子系统内部都存在着数据传递（共享）关系。销售管理系统要完成产品销售数据采集，同时要向财务管理系统和决策支持系统提供有关的数据和资料；财务管理系统在对数据进行进一步加工处理的同时，也要向决策支持系统提供有关的分析资料和管理信息，以便决策支持系统作出相应的分析预测，并且给出各种决策方案。很明显，企业要想作出一个全面的、系统的决策，实现企业内外部供应链的一体化，任何系统都不可能完全独立，总是与其他系统存在着这样或那样的直接或间接联系，这种联系更多地表现在系统间的数据传递。

企业内外部系统之间的数据传递是通过数据接口完成的，有时，甚至系统内部数据传递也需要由数据接口完成，而不是简单的采集。在网络环境下，ERP 的整合、开发与应用就更应该注意系统间的数据传递，明确系统间在业务上的合理分工，这些都需要对系统的数据接口技术进行研究和探讨。

1. 数据接口

数据接口是指用于完成各系统间和系统内部数据传递的接口。在系统中，通常设计成一个数据库文件或接口转换模块，传出数据的系统通常对数据事先进行必要的加工处理，需要接收数据的系统按照用户的要求（用户事先定义的数据模式），从对方系统中采集需要传递的数据，然后送往数据接口。企业内外的两系统之间或系统内部通过数据接口完成了数据传递的任务。

（1）数据模式。数据接口的核心是数据模式，所谓数据模式是指应用系统对要传递的数据应在数据的来源、内容、公式定义、分类、汇总、数据格式、数据去向等方面的处理上作出相应的规定。一般情况下，数据模式是在软件初始化阶段由用户设定的，投入应用时大量的数据采集完全自动化。同时，根据系统的实际需要，用户也可以对数据模式进行修改和维护，甚至重新定义。

（2）传递数据的形式。传递数据的形式，不同的软件系统可采用不同的方式。一种是由接收数据系统采取主动按照数据模式到对方系统去识别、采集。另一种是由要传出数据的系统先对数据进行加工，然后按照数据模式将数据传递过去。如果是系统内接口一般采用的是两种方式，企业内外系统间的数据传递一般是第一种方式。

2. 数据接口的应用及适用范围

ERP 数据接口通常有以下 3 种形式：

（1）系统内的数据接口。系统内的数据接口适合于企业内各系统内各子系统之间的数据传递，要传递的数据的格式、内容基本上相同，无须再加工处理，只要传递过去就可以了。是系统内部数据自动结转。比如，账务处理系统内的数据结转：账务处理系统在期末结账之前要进行账项调整，某些账户的余额或发生额要结转到另外一些账户上。这种接口需要事先确定数据传递的模式，并根据数据模式自动采集数据，自动生成数据库文件，送入系统内提供的数据接口，从而自动完成数据在系统内部的传递。这种情况直接进行数据传递，从设计到实现相对来说就简单多了。但是要注意的是，这种数据库文件的自动生成必须按规定顺序，否则容易造成混乱。

（2）系统间的数据接口。系统间的数据接口可以定义为系统间要传递的数据须在数据模式的基础上，依据数据模式的定义，对数据进行一定的汇总、加工等处理才能进行传递。这种数据接口普遍适合企业内各系统间的数据传递，比如，从审批系统与ERP财务模块的数据传递关系来看，审批系统负责业务审批流转，而审批系统处理完成之后需要生成财务凭证，因此审批系统处理结果要传递给账务模块，这需要事先确定数据模式，即数据的来源、公式定义、数据格式等，然后经过分类、汇总，按照指定的数据格式送入数据接口。账务模块从数据接口读取数据，并进行核对检查，然后生产财务凭证流，同时ERP也可以按照同样的传递方式来实现与经营管理平台之间的数据传递。

（3）企业间系统的数据接口。前两种数据接口适用于企业系统内部或系统间数据传递，第三种数据接口是企业间系统数据的传递问题。由于不同的企业采用的系统的数据模式可能相差很大，要想实现数据的传递相对来说就比较困难。所以这种类型的接口，就要首先由接收数据系统采取主动按照数据模式到对方系统去识别、采集，然后转换成本系统能够识别和利用的数据模式。从而实现数据的实时动态处理和及时决策。这种接口相对就复杂了许多，因为它识别的可能是预先不知道的数据模式，这样就必须采用智能化的数据模式识别。

本节思考：

1. ERP的定义和特点。
2. ERP的经济效益有哪些？
3. ERP技术实现的要素有哪些？
4. ERP接口实现技术有哪些？

第二节　ERP物料需求分析及应用

在对ERP有了一个初步认识的基础上，本节将向大家介绍ERP物料需求分析（MRP）技术实现的方法，包括MRP的输入、MRP参数的确定、MRP的运行方式，从而掌握MRP的制订方法。

一、MRP的制订

MRP的工作原理是根据产品的生产量，自动地计算出构成这些产品的零部件与材料的需求量及时间；根据物料需求的时间和生产周期、订货周期确定各零部件的生产时间和订货时间。当计划的执行情况有变化时，还要根据新情况分出轻重缓急，调整生产优先顺序，重新编制出符合新情况的作业计划。MRP 的目标是保证按时供应用户所需的产品，及时取得生产所需要的原材料及零部件；保证尽可能低的库存水平；计划生产活动、交货进度与采购活动，使各车间生产的零部件、外购配套件与装配的要求在时间和数量上精确衔接。

（一）MRP 的输入

MRP 的输入信息系统有四种输入信息，即主生产计划、库存状态信息、产品结构信息和外部零件信息。

1. 主生产计划（master production schedule，MPS）

将计划时间内（年、季、月）每一时间周期（月、旬、周）最终产品的计划产量制订出主生产计划，它表明计划需求每种成品（产品）的数量和时间，是企业生产什么和什么时候生产的权威文件。产品的生产计划根据市场预测和订货情况来确定，但它并不同于预测，因为预测未考虑企业的生产能力，而计划则要在进行生产能力平衡后才能确定；预测的需求量可能随时间起伏变化，而计划可以通过提高或降低水平作为缓冲，使实际各周期生产量趋于一致，以达到生产过程均衡、稳定。产品的生产计划是 MRP 的基本输入，MRP 根据主生产计划展开，并计算出这些产品零部件和原材料的各期需求量。在 MRP 中还需输入独立需求项目的信息，这些独立需求信息依据独立项目的订货及预测得到。

2. 库存状态信息

库存状态信息应保存所有产品、零部件、在制品、原材料（统称为项目）的库存状态信息，主要包括以下内容：

（1）当前库存量。这是指工厂仓库中实际存放的可用库存量。

（2）计划入库量。这是指根据正在执行的采购订单或生产订单，在某个时间周期中这些订单的标的物的入库量。在这些订单标的物入库的那个周期内，把它们视为库存可用量。

（3）提前期。这是指执行某项任务从开始到完成的所耗时间。对采购件而言，是从企业向供货商发出项目的订单到项目到货、入库所耗时间；对于制造或装配件而言，则是指从下达工作单到制造或装配完毕所消耗的时间。

（4）订购（生产）批量。这是指订购的批次或数量。

（5）安全库存量。这是指为防止需求或供应方面的不可预测的需求波动，在仓库中应经常保持的库存量。

（6）组装废品系数、零件废品系数、材料利用率等信息。

3. 产品结构信息

产品结构信息又称零件（材料）需要明细表，如图 2-2-1 所示。在图 2-2-1 中，以字母表示零部件组件，数字表示零件，括号中数字表示装配数。从图 2–2–1 中可以看出，最高层次 0 层的 M 是企业的最终产品，它由部件 B（每组装 1 件 M 需 1 件 B）、部件 C（每组装 1 件 M 需 4 件 C）及部件 E（每组装 1 件 M 需 3 件 E）组成。而每一个第一层次的 B 件又是由部件 C（1 件）、零件 1（1 件）、零件 2（1 件）组成，以此类推。这些零部件组件和零件中，有的是工厂自己生产的，有些则是外购的，如果是外购件（如图 2–2–1 中 E），则不必进一步分解。

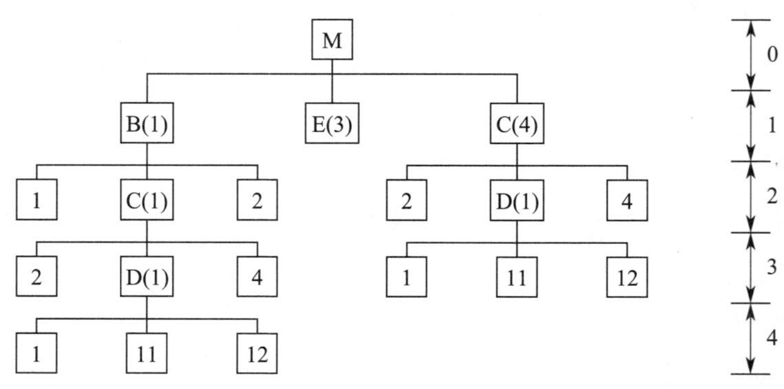

图 2–2–1　产品 M 的结构

当产品信息输入计算机后，计算机根据输入的产品结构文件信息自动赋予各部件、零件一个低层代码，低层代码的引入，是为了简化 MRP 的计算。当一个零件或部件在多种产品结构的不同层次中出现或在一个产品的多个层次上出现时，该零件就具有不同的层次码。如图 2–2–1 中部件 C 处于 1 层次也处于 2 层次，其层次代码是 1 和 2。在产品结构展开时，是按层次码逐级展开的。相同零部件处于不同层次就会重复展开，增加计算工作量。因此，当一个零部件有一个以上层次代码时，应以它的最底层代码（其层次代码数字中较大者）为层次代码。图 2–2–1 中各零部件的低层次代码表如表 2–2–1 所示。

表 2–2–1　　　　产品 M 的各零部件代码

零部件号	底层代码
M	0
B	1
E	1
C	2
D	3
1	4
2	3
4	3
11	4
12	4

一个零部件的需求量为其上层对其需求量之和。在第二层分解时，每件 M 需 4 件

部件 C，部件 B 需一件部件 C，因此，生产一件 M 需 5 件 C，部件 C 的需求量可以在第二层次展开中一次求出，从而简化了运算过程。

为了满足设计和生产情况不断变化的需要，灵活适应市场对产品需求的多品种、小批量增加的趋势，产品结构文件必须设计得十分灵活，使企业在应用 MRP 的过程中既能从 BOM 取得与每种产品相应的零件清单，又不致在计算机中存储大量重复数据。

4. 外部零件信息

外部零件信息是指备品、备件的订货以及用于设备维修、实验等零部件的订货。这类零件企业自身并不生产。在 MRP 中必须输入此类信息，使企业的整个生产过程能够顺利、正常运行。

（二）MRP 参数的确定

MRP 的运行除需要主生产计划、产品结构以及项目的库存情况等反映生产情况的信息外，还涉及一系列的参数，如时间参数（计划展望期、时间段）、提前期、批量等。这些参数是在运行 MRP 前必须要确定的。

1. 时间参数

（1）计划展望期。它是指系统生成物料需求计划所覆盖的未来时间，在计划展望期内分为许多时间段或周期。MRP 计划展望期的长度应足以覆盖计划物料中最长累计提前期。最长累计提前期是产品结构层次上最长提前期之和，由层次最长提前期求和得出。

（2）时间段（周期）。计划展望期被分为称为时间段的小时间区间，把各项目的需要量、预计到货、可利用库存量、生产指令下达等一系列连续时间分割为时段，按时段组织生产作业。规定各段时间的生产活动一定要在该时段内完成，对生产活动的调整，也要在时段交界处进行。在全部计划展望期内，通常采用相等长度时段。

2. 提前期

提前期即指执行某项任务由开始到完成所耗时间。下达订单之前的一段时间为管理提前期。实践表明，由于受多种原因的影响，实际的生产提前期一般大大超过真正用于加工产品（零件）的时间，其中包括大量的闲置时间。按照其占生产提前期的比重的重要次序，可将生产提前期的构成要素排列如下：

（1）排队等候加工时间。

（2）加工时间。

（3）更换作业准备时间。

（4）停放时间。

（5）检验时间。

（6）运输时间。

（7）其他时间。

如果需求紧急，管理提前期可降为 0。采购件的提前期由管理提前期、供应商提前期以及验收时间等组成，制造件的提前期是管理提前期以及制造工艺路线中每道工序的移动、排队、等待与准备、加工时间之和。

3. 批量

在MRP的计算中，计划订购的数量不一定正好等于净需求量，经常要进行一些调整。在实践中，常用决定批量的方法对之进行调整。这一方法又分静态与动态两种。静态是指批量进货量为一常数。常用静态方法有固定批量法与经济订货批量法。在动态方法下，不同周期的订货数量不同，常用的动态方法有直接批量法与固定周期批量法。

（三）MRP的运行方式

MRP有两种基本的运行方式：全重排式和净改变式。

全重排式从数据处理的角度来看，效率比较高，但由于每次更新需要间隔一定周期，通常至少也要一周，所以不能及时反映出系统的变化。净改变式可以对系统进行频繁的，甚至是连续的更新，但从数据处理的角度来看，效率不高。以上两种方式的主要输出形式是一样的，原因是不论以何种形式执行MRP，对同一个问题只能有一个正确的答案。两种方式的输入形式也基本上是相同的，只是在物料库存状态的维护上有些不同。两种方式最主要的不同之处在于计划更新的频繁程度以及引起计划更新的原因。在全重排式中，计划更新是由主生产计划的变化引起的；在净改变式中，则是由库存事务处理引起的。

理论上讲，任何一个标准的MRP运行方式都只能是以上两种形式中的一种，但在实际应用中却很难分出两种形式的界限。一个全重排式系统可能会渗入一些净改变系统的特点，反之亦然。实际上，一般MRP都提供两种运行方式进行选择。

MRP的传统做法是建立在计划工程全面重排的想法之上的。根据这种做法，系统要将整个主生产计划进行分解，求出每一项物料按时间分段的需求数据。

在使用全重排方法时，主生产计划中所列的每一个最终项目的需求都要加以分解，每一个BOM文件都要被访问到，每一个库存状态记录都要经过重新处理，系统输出大量的报告。

在全重排式MRP中，由于主生产计划是定期重建的，所以每次所有的需求分解都是通过一次批处理作业完成的。在每次批处理作业中，每项物料的毛需求量和净需求量都要重新加以计算，每一项计划下达订单的工程也要重新安排。由于采用批处理方式，这种作业也就只能按一定时间间隔定期进行。在两次批处理之间发生的所有变化，如主生产计划的变化、产品结构的变化，以及计划因素的变化等，都要累计起来，等到下一次批处理作业中一起处理。重排计划的时间间隔常要从经济上考虑其合理性。就制造业已安装的MRP来说，全面重排的时间间隔通常为1~2周。由于全面重排计划的数据处理量很大，所以计划重排结果报告的生成常有时间延迟。这就使得系统反映的状态总是在某种程度上滞后于现实状态。

这个缺点的严重程度取决于 MRP 的作业环境。在一个动态的生产环境中，生产状态处于连续的变化之中。在这种情况下，主生产计划经常更改，客户需求时时波动，订货每天都可能发生变化，常有紧急维修的订单，也有报废的情况发生，产品的设计不断更新——所有这些都意味着每项物料的需求数量和需求时间也要随之迅速改变。

在这类生产环境中，要求系统有迅速适应变化的能力。而全重排式 MRP 至多也只能每周重排一次计划。由于这类系统不能适合生产作业的节奏，所以相对来说，它的反应太慢了。比较稳定的生产环境中，仅就物料需求而论，全重排式 MRP 或许能满足需求。然而 MRP 并不只局限于库存管理，它还要确保已下达订单的到货期符合实际要求。已下达订单的到货期是正确制定车间作业任务优先级和作业顺序的基础。因此，保证订单的完成期能随时更新，使它总能符合当前情况，这是非常重要的。然而，一个以周（甚至更长时间）为周期重排计划的 MRP，显然不能使订单的完成期时时处于与当前情况相符的状态。

由以上讨论可以看出，在 MRP 系统的使用中，重排计划的时间间隔是一个重要问题，也是系统设计的一个重要参数。要想以小于一周的时间间隔来运行全重排式系统是不切实际的。为了能以更小的时间间隔重排计划，必须寻找一种新的方法，这种方法既考虑数据处理的经济性（重排计划的范围、时间区段和输出数据量），又能避免批处理作业中时间滞后的弊端。于是，净改变式 MRP 便应运而生。在运行 MRP 时，需求分解是最基本的作业。它既不能省略，又无捷径可走，仅可以将分解的工作分散进行。净改变式就是从这一点出发，采用频繁地进行局部分解的作业方式，取代以较长时间间隔进行全面分解的作业方式。

局部分解是使净改变式系统具有实用价值的关键，因为局部分解缩小了每次制订需求计划运算的范围，从而可以提高重排计划的频率。由于分解只是局部的，作为输出结果的数据自然也就少了。在净改变式 MRP 中，所谓局部分解是从以下两种意义上说的：一是每次运行系统时，都只需要分解主生产计划中的一部分内容；二是由库存事务处理引起的分解只局限在该事务处理所直接涉及的物料项目及其下属层次上的项目。

二、ERP 物料需求分析的操作实施

前面介绍了 MRP 的制订方法。这里结合金蝶 ERP 物料需求计划管理系统，介绍该管理系统的操作方法。

（一）金蝶 ERP 物料需求计划管理系统概述

金蝶 ERP 物料需求计划管理系统为用户提供了方便的产品类、具体产品的预测处理和预测均化功能，为面向库存生产或预测结合订单方式生产的企业提供方便的工具。同时，也提供销售订单产生需求的处理方法。

ERP 物料需求计划管理系统融入了先进的 MRP 管理思想，通过物 MRP，将独立的销售或预测作为需求，考虑现有库存、已分配量、预计入库等因素，通过 BOM 向

下展开需求，得到主要产品（MRP 类物料）的计划量。主计划员可以对该计划量进行维护、确认，对确定的计划订单，也可作为预计入库量，实现滚动计划。

ERP 物料需求计划管理提供灵活的预测处理：支持手工录入普通自制物料、配置类物料、虚拟物料的产品预测；对不同时间范围的预测，可以按月、按周、按日等不同间隔对预测进行均化处理，对应企业实际运作中的月计划、周计划、日计划管理。

系统提供 MRP 计算向导功能，将正确进行 MRP 计算的必要步骤集成在一起，帮助初次使用者学习、理解、掌握 MRP 计算。其具体的 8 个步骤如下：

欢迎页：该步骤给用户展示 MRP 运算的计算流程，让用户明白 MRP 运算一共包括哪些步骤。对于那些对系统操作不熟悉的用户，这个界面可以让他们对 MRP 运算过程有更直观的了解。

预检查：对 BOM 的合法性、完整性及物料的低位码进行检查及维护。

指定计划方案：指定运算编号、运算方案和设置运算开始、结束日期。

获取需求：根据运算方案指定的计划计算范围，指定参与本次计算的需求信息，主要是获取参与运算的销售订单、产品预测单；指定参加计算的物料；指定计划人员。

显示预计量：对参与计算的所有预计量信息进行展示。

进行 MRP 计算：由 ERP 系统根据前面步骤产生的信息进行需求分解，产生计划订单。如果方案上选择运算完成直接投放计划订单，则系统将自动将产生的计划订单投放成生产任务单、重复生产计划单、委外加工任务单、采购申请单等目标单据。

查看结果：查看 MPS/MRP 计算结果和 MPS/MRP 计算报告。

完成页：计算结束。

（二）MRP 的应用基础

物料需求计划系统与财务、物流等系统不同，需要在 ERP 中录入初始数据。但在进行 MPS/MRP 系统切换准备时，需要系统对基础数据和生产数据管理进行处理，同时需要对库存精度及采购、销售、生产三大订单的业务流程进行处理，其复杂程度可能会高于其他系统。

1. 系统初始化

（1）设置基础数据，与 MPS/MRP 计算有关系的基础数据有物料、仓库、工厂日历、展望期。

在【系统设置】-【基础资料】-【公共资料】-【物料】中设置计划部分的参数，具体内容参见本章第三节的系统设置 - 物料基础资料。

在【系统设置】-【基础资料】-【公共资料】-【仓库】中设置计划部分的参数，具体内容参见本章第三节的系统设置 - 仓库属性。

在【生产管理】-【生产数据管理】-【多工厂日历】-【多工厂日历 - 查看】中设置工厂日历，具体内容参见本章第四节生产数据管理。

在【生产管理】-【物料需求计划】-【系统设置】-【计划展望期维护】中设置

计划展望期。

（2）设置并检查 BOM，根据实际的产品构成整理 BOM 清单。在【生产管理】-【生产数据管理系统】-【BOM 维护】-【BOM 录入】中输入 BOM 数据，BOM 的准确度要达到 98% 以上。

（3）确保库存精确度，组织企业相关业务部门进行实际盘存。对系统中的库存与实际库存进行比较，检查库存数据的准确度，保证准确性大于 95% 以上。

（4）检查业务流程，金蝶 ERP 提供灵活的业务流程管理，但是如果希望使用 MPS/MRP 进行生产计划的管理，建议对关键销售订单、采购订单、生产任务单三大订单的业务严格按流程进行。

2. 系统设置

物料主文件中与计划相关的参数决定了物料的计划属性，如何正确地设定相关的参数对计划的执行非常重要。

其中，物料基础资料是最重要的基础资料，它的设置决定了物料在计划中如何进行计算，不同的设置将会得到不同的结果。以下是物料基础资料中与计划相关的参数。

（1）物料属性。物料属性表示了物料的来源及其特殊属性。不同的属性在系统里的处理有较大的差别，如表 2-2-2 所示。

表 2-2-2　物料属性及配置

物料属性	配置
规划类物料	其对应的物料是产品类，不是具体的产品。在 BOM 中，该类物料只能为规划类物料的子项物料。在产品预测单中可以录入对规划类物料的预测，在计算过程中会自动按比例分解到具体的物料
配置类物料	其表示该物料存在可以配置的项，可配置表示可以由用户选择什么样的组件，如用户可以在购买汽车时选择不同的颜色、发动机功率
特征类物料	其与配置类物料配合使用，表示可配置的项的特征，不是实际的物料，在 BOM 中只能是配置类物料下级。特征类物料的下级才是真正由用户选择的物料，如汽车的颜色零件作为特征件，颜色本身不是实际的物料，表示颜色是可由用户选择的，其下级可能是黄色、黑色的车门，这才是实际的物料
委外加工件	其是由企业提供原材料，支付加工费，委托其他供应商生产的产品或组件
虚拟件	其是为管理目的而设的物料，如生产过程中的一些中间组件。在计算展开过程中向下展开其需求
自制件	企业生产的产品或组件
组装件	组装件由多个物料组成，不在生产环节进行组合，而在仓库进行组装，组装后在仓库又可以拆开用于其他组装件或生产领用出库用于其他产品及单独销售
外购件	其是从供应商处购买的原材料或零件

（2）计划策略。物料基础资料中的“计划策略”设置是指明物料以什么方式进

行计划，其值共有【主生产计划（MPS）】【物料需求计划（MRP）】【总装配（FAS）】【无计划】4 个选项。

【主生产计划（MPS）】类的物料：指需求来源为独立需求，要进行主生产计划运算。如果业务流程中不进行主生产计划计算，只运行 MRP，则 MPS 物料也在 MRP 里进行计算。

【物料需求计划（MRP）】和【总装配（FAS）】：目前暂不区分，都表示用 MRP 方式进行计划；如果 MRP 物料的下级物料包含 MPS 物料，该 MRP 物料也会在 MPS 计算中进行处理。

【无计划】：表示此物料不进行需求计划计算。

（3）订货策略及相关参数。在【订货策略】设置中，其值共有【期间订货量（POQ）】【批对批（LFL）】【固定批量（FOQ）】【再订货点（ROP）】4 个选项。【订货策略】设置主要用于【主生产计划（MPS）】或【物料需求计划（MRP）】运算时对批量调整的不同处理。

【期间订货量】：将一段固定期间内的净需求量进行汇总，并且在各个期间的第一天产生一个计划订单。定义物料订货策略为期间订货量时，一定要设置订货间隔期。

【订货间隔期】：系统会依据订货间隔期栏位设定的天数，先计算该期间各天的净需求，然后将期间内各天的净需求进行汇总后再进行批量调整，并且在各期间的第一天生成计划订单。

【批对批】：因需定量，完全根据需求量决定订货量，不加修订，是一种动态方法，需求产生的计划订单不进行合并。

【固定批量】：由于生产或者运输条件的限制，不管需求量多少都必须按照固定的数量进行订货。

【再订货点】：当库存降低到再订货点以下时，系统将产生需求，计划订单量为固定或经济批量指定的数量。

（4）需求时界和计划时界。需求时界是在 MPS/MRP 计划期间的一个时间点，设定于计划展望期开始日期与计划时界之间。在目前日期到需求时界之间，包含确认的客户订单，在此期间内，除经过仔细分析和上级核准修改外，不能修改生产计划。

计划时界介于需求时界和计划期间的最后日期之间，在需求时界和计划时界之间包含了实际以及预测的订货，而在计划时界之后则只考虑预测。

需求时界和计划时界是计划过程中的两个时间点，在不同的计划时间段里，计划的准确性是不同的。在近期，计划比较准确，可能只包含确定的销售订单；但在较远计划时间段里，计划可能包含了销售订单和预测，或者仅是预测。因此，在 MPS/MRP 运算时，用需求时界和计划时界来区分不同的计划阶段，在需求时界内取订单作为需求的来源，在需求时界和计划时界之间，取订单和预测的较大值（按时区比较），在计划时界以外，取预测的值作为需求。

只有当计算方案参数【是否考虑需求时界和计划时界】选中时，才进行上述处理。

物料的需求时界一般设为等于或略大于该物料的总装提前期（物料本身的提前期），其意义在于提醒计划人员，在该期间内，因已下达订单，且订单已经在进行最后的总装，变更订单将带来巨大损失，不应该改变订单。

计划时界需大于或等于需求时界，通常设置为等于或略大于物料的累计提前期，其意义在于提醒计划人员，在这个时界和需求时界之间的计划已经确认，且一些采购或生产周期较长的物料采购、生产订单已经下达，计划的修改需受控。

（5）提前期和提前期偏置。提前期分运输提前期、生产提前期、采购提前期等。运输提前期是指向客户交货时因运输时间而需要提前出货的日期（运输提前期在客户资料中进行定义）。生产提前期是指从发出生产订单开始生产，到完工入库的日期。采购提前期是指从发出采购订单到收到物料的日期。生产及采购提前期在物料资料中进行定义。

提前期一般会受到需求批量的影响，在实际设置中将提前期分为固定提前期和变动提前期。

固定提前期是指生产 / 采购不受批量的影响，主要包括产品设计、生产准备和设备调整、工艺准备等必须用到的时间。

变动提前期是指生产受到需求批量影响的提前期部分，在取数时，表示生产变动提前期批量所需要的总的时间减去固定提前期。变动提前期批量是与变动提前期联合使用的一个参数，用户可以定义为一个最佳生产批量或其他比较容易统计的生产量。

提前期偏置是指子项物料的需求日期相对于父项物料的开工日期提前或者推后的时间偏差。正常情况下，父项物料开工时，子项物料就应该已经准备好了。但是对于存在多道工序的生产而言，物料并不全部需要在第一道工序或者一开始就投入，特别是对一些组装工艺，物料是在需要的工序才进行投料。如造船，材料的投入就是逐步的。为降低提前生产导致库存积压成本，使子项物料在父项需要的时候才采购或生产完成。这就需要在 BOM 上设置提前期偏置。

（三）报表操作

1. 查询方法

在进入业务报表界面之前，首先要进行所有已存在数据的过滤工作。这项工作非常重要，是所需查询的业务结果反映正确的基本条件。只有查询确定的业务数据，所反映的业务信息和结果才会正确和有效。

（1）关键字组合查询。在“报表过滤”界面的右方，可以设置查询条件，系统保持空白，用户通过选择筛选框筛选的方式来设置。如果要清除条件，使用左方的【清除】按钮，即可把所有设置的条件清空，便可重新设置。

在报表的筛选条件中，已经提供 F7 查询的核算项目，在调用 F7 时，提供模糊查询的功能。如果核算项目中设置的 F7 查询默认字段为代码，则可以按代码进行模糊查询；如果核算项目中设置的 F7 查询默认字段为名称，则可以按名称进行模糊查询；并且对于自定义的核算项目也可以提供该功能。对于不是核算项目的筛选条件，在调用 F7 时，也提供模糊查询的功能。

如果筛选条件中存在单据的过滤时，F7 选单时只要有报表的权限，就可以查看单据，但如果没有单据的金额查看权限，则不能查看单据的单价和金额。

关键字组合查询虽然具有很强的针对性，但是其条件设置工作显然比较烦琐和重复。因此建议用户将这类查询条件作为过滤方案加以保存，以备以后查询方便。

关键字组合条件在具体的报表中进行具体的描述。

（2）单据状态设置。单据状态设置就是对所包含的单据是否进行了业务审核进行确定。系统默认为已审核单据，并提供已审核、未审核和全部状态以供选择，用户可以根据自己的业务处理习惯进行选择。

在“报表过滤”界面的右方，可以设置单据状态，即通过选择下拉列表框中的选项的方式来设置。

当设置完单据状态查询条件后，单击【确定】，便进入了报表界面，系统把符合条件的所有业务数据显示在当前界面。

（3）过滤方案。系统提供了多条件组合查询功能，这些灵活的查询条件如果每次输入，不但重复、烦琐，而且容易输入错误。因此，系统提供过滤条件的方案保存功能，方便用户快捷、准确地查询所需要的业务单据。

1）保存方案。方案是用户设置的所有过滤条件（和排序）的总称，用户可以把烦琐的条件保存为一种方案。方法是设置了过滤条件后，在“报表过滤”界面的左边单击【保存】按钮，然后系统弹出输入框，由用户输入方案名称，确定后该方案即被保存。

2）修改方案。当某些过滤方案已不符合当前查询需要，但是稍加修改即可再次使用时，用户可以首先选中该方案，修改过滤条件（或排序）后，再次单击【保存】，系统将会提示“是否覆盖原有方案”，用户根据需要选择确认还是放弃修改。

3）删除方案。当某个过滤方案已完全不需用、不可用时，可以选中该方案，单击【删除】，即可实现方案的删除。

4）方案查询。用户只要调出以前保存的方案，单击【确定】，即可准确、快捷地完成业务单据的查询。针对方案的查询方案可设置多种，可以选择按大图标、小图标、详细、列表 4 种形式进行查询，只要单击相应的按钮即可完成相应查询。这样可方便查询所有设置方案，以便可以快速地调出所需方案。

（4）查询结果的数据重取。在进入报表界面后，用户还可以按过滤条件所筛选出来的业务数据进行再查询。

在报表界面，可以通过以下步骤完成查询。

1）在当前界面单击【条件】按钮。

2）选择【查看】→【条件】。

3）直接使用快捷键 F4，系统将再次弹出“报表过滤”界面，用户再次选择过滤，系统根据用户设置的过滤条件进行再次查询，并将结果重新显示在报表界面上。

2. 功能

进入报表后，用户可以查询到当前根据过滤条件筛选出的数据，即各仓库、各物料、各月份的收发存情况，就此可以反映库存情况。

此外，报表还可以执行报表连查、精度确定等功能，以下分别说明。

（1）报表连查。在所有业务单据序时簿、凭证序时簿、明细业务报表中提供了单据、凭证、账簿、报表的全面关联和动态连续查询功能。业务连查是对业务系统、财务系统整体业务流动关系、业务结果等进行全面、综合查询。该功能非常强大，不仅实现了业务流程的贯通，即不同子系统之间关联单据、汇总表、明细表之间的连续查询，同时处理了单据、凭证之间更紧密的关联关系，完整实现财务和业务资料的整体贯通管理。

为实现业务资料和管理资料的贯通管理，在汇总表界面可以查询到明细报表、同时在明细报表界面提供对所发生业务的单据的连查功能，着重解决报表与单据、凭证之间更紧密的关联关系。

业务报表中提供汇总表、明细表、业务单据的连查，即在汇总报表上可以查询明细表，通过明细表还可以连续查询业务单据，从而对业务流程实现全景掌握。

在业务系统核算单据序时簿上，可以查询由核算单据生成的记账凭证，即原始凭证和记账凭证之间关系的查询。

因此，ERP 系统的业务查询流程可以表示为业务汇总表→业务明细表→业务单据→关联单据、钩稽单据、合同、记账凭证。

（2）精度确定。ERP 系统提供对固定报表自定义汇总数量和汇总单价精度确定的功能。

该功能符合很多用户的需求。由于报表统计的是不同物料的数据，而不同物料数量、单价又可能不同，明细行尚可以根据相应的物料的精度进行显示，但汇总行的精度就需要有一定的规则了。系统中默认的处理是将这些精度统一取为 4 位，但用户的需求是多样的，这种整齐划一的方式，对于用户来说比较单调，不适应具体情况。为了全面满足用户的各种需要，将数据精度由用户自定义是最佳的选择。

系统自动按照报表所列物料中数量和单价小数精度的最大值进行显示。若用户自己自行设置数量和单价的精度时，具体的方式是在报表界面上使用工具条上的【精度】按钮，选择【查看】→【设置汇总行精度】，再直接使用快捷键 F6，系统即弹出“汇总行精度设置”界面，上面包括数量精度和单价精度两个设置。

1）数量精度。即对报表的数量行小计、合计字段设置精度。系统自动默认为“自动”，用户也可以指定数值，指定精度值最大十位，系统则按指定的数值精度进行报表小计、合计行的显示。

2）单价精度。即对报表的小计、合计行的单价字段设置精度。系统默认为小数点后两位，用户也可以指定单价精度。

（3）选择报表。其为了用户查询更方便，在当前报表查询界面可以再次调出报表选择界面，选择其他报表进行查询。

在报表查询界面，选择【查看】→【选择报表】或直接使用快捷键 F7，系统会调出“选择报表”界面，用户可以双击某报表名称的方式再次选择其他报表进行查询。

（4）自定义显示内容。其为了用户查询更方便，提供用户根据企业自身的实际业务需要，设置报表自定义显示列功能。

在报表查询界面，选择【查看】→【显示 / 隐藏列】，系统会调出“显示 / 隐藏列”界面，用于设置报表的显示字段，即该列数据是否需要显示。用户可以通过界面单击该界面来确认是否显示，如果以“☑”形式呈现，即表示该字段需要显示。选择后，使用【确定】或【应用】来保存所设置的显示格式。同样，在当前报表界面的每个显示字段上单击选中后，向前、向后拖动鼠标，可以将该字段移动到相应位置，通过这种方式达到报表表格位置的重新排列。

（5）页面设置。ERP 系统的报表提供了非常实用的页面设置功能，在报表界面中，单击【页面】按钮即进入“页面设置”界面。页面设置中包括页面、颜色 / 尺寸、页眉页脚、表格附注 4 个页面。

1）页面。其可进行打印选项、打印页选择、居中方式及页边距的设置，各选项均设有默认值，用户可以根据具体要求进行修改。页面设置只对打印有效。

2）颜色 / 尺寸。其可进行表格字体、网络线、网络线颜色、节纸打印条目间隔等的设置。单击【表格字体】，在弹出的“字体”窗口进行表格字体及其效果的设置；利用键盘中的上、下移动键或鼠标可进行表格网络线条的设置；单击【网络线颜色】，可在弹出的“颜色”界面进行表格线颜色的设置；在节纸打印条目间隔中设置间隔。颜色 / 尺寸的设置对显示和打印同时有效。

3）页眉页脚。这是对页眉页脚相关打印选项及页眉页脚项目名称的设置。系统分别提供了多个页眉、页脚的自定义项目，还预设了报表名、公司日期两个页眉。用户可以选中需要编辑的页眉或页脚，然后单击【编辑】，或者直接在选中的页面或页脚上双击鼠标，系统即进入页眉页脚编辑界面。在光标所在的编辑栏中设置页眉或页脚的取数公式，&【公司名】|&【日期】| 表示取公司名称及系统日期，宏变量在“显示设置”的“宏变量”页面进行设置。在页眉页脚编辑窗口还能进行页眉页脚字体、字体颜色及背景色的设置。设置后，单击【确认】即可保存并返回页眉页脚设置界面。页眉页脚的设置只对打印有效。

4）表格附注。其主要用于录入报表的附属信息。录入后可利用页面的【字体】【前景色】【背景色】等进行附注信息的相应设置。表格附注的设置只对打印有效。

以上 4 个页面全部设置完毕后，单击【确认】或【应用】，即可保存所有设置的参数，并体现到报表显示或打印中。

（6）数据引出。报表同单据序时簿一样，可以针对数据执行引出功能，即将报表所反映的业务数据信息导出，形成 EXCEL、TXT、XML 等文件，以形成其他文件格式的业务资料，为业务信息多途径管理提供可能，并保证业务信息的安全可靠。

这种引出是对当前报表上所筛选出的所有数据执行引出。因此，用户需要首先调出“报表过滤”界面，进行过滤条件设置，确定引出范围；其次在筛选出的报表数据上单击【文件】→【引出内部数据】，系统即弹出引出数据类型选择界面，由用户决定选择哪种数据文件格式引出；确定后，系统再次提供文件名称确定界面，由用户确定引出文件以何种文字标识；最后引出成功。

在 Windows 操作平台下，用户可以打开保存的引出数据文件，检查引出是否正确实现。

（7）打印和打印预览。同单据序时簿一样，报表的打印也是“所见即所得”方式，即系统按界面上数据的显示进行打印，界面上显示什么内容，包括显示列、是否有合计栏等，系统就会按用户的选择进行打印。

在当前报表界面上：

1）使用工具栏上的【打印】和【打印预览】按钮。

2）选择【文件】→【打印】或【文件】→【打印预览】或【文件】→【打印设置】，来进行打印的相关操作。

（8）数量列尾数为 0 显示。在 ERP 系统报表中，提供“数量列尾数为 0 显示”的选项，如果用户选择了该选项，则报表中的数量信息列即使尾数为 0，仍然要按照列的精度显示出所有位数（包括 0 尾数）；如果用户不选择该项，则报表仍按照原来报表的显示方式显示，即数量列如果尾数为 0，则尾数不显示（仅限于小数点后面的数字）。

本节思考：

1. MRP 的输入有哪些？
2. MRP 的参数设定有哪些？
3. MRP 有哪两种基本运行方式？
4. 金蝶 ERP 物料需求计划管理系统提供 MRP 计算向导有哪些步骤？
5. MRP 的系统应用初始化基础设置有哪些？
6. MRP 的报表如何操作？

第三节 ERP 采购管理及应用

一、ERP 采购管理分析

采购管理是供应链管理的重要环节。供应链管理系统与生产制造管理系统、财务管理系统、客户关系管理系统一起，构成了企业信息化管理系统的有机体，是提高企业服务水平、降低企业经营成本的必要工具。

（一）ERP 采购管理

1. 采购管理概述

采购即是从其他组织或个人处获得组织发展所需要的物料或服务的活动。采购管理是指为保障企业能可靠地、经济地获取这些物料和服务的一系列管理行为。

采购成本是企业成本控制中的主体和核心部分。据统计，产品直接材料成本占产品总成本近 80%，降低采购成本，将直接增加企业的利润和价值，有利于企业在市场竞争中赢得优势。

同时，合理采购对提高企业竞争能力、降低经营风险也具有极其重要的作用。一方面，科学的采购不仅能降低产品生产成本，而且也是产品质量的保证；另一方面，合理采购能保证经营资金的合理使用和控制，从而以有限的资金有效开展企业的经营活动。

随着经济全球化和信息网络技术的高速发展，全球经济运行方式和流通方式产生了巨大变化，企业采购模式也随之不断发展。供应链中各制造商通过外购、外包等采购方式从众多供应商中获取生产原料和生产信息，采购已经从单个企业的采购发展到了供应链上的采购。

2. 采购管理目标

采购管理目标可以简单地概括为以下 4 个方面。

（1）获得所需数量和质量的物料及服务，提供不间断的物料和服务供应，以便使整个企业正常运转，这是采购管理的最基本也是最重要的职能。物料和零部件缺货会使企业的经营中断，由此可能带来的成本和损失有固定成本和运营成本的增加；人员闲置导致人力成本的增加；可能导致紧急插单而使生产成本的增加；延迟交货，导致客户服务水平的下降。

（2）以最优的总成本获取物料及服务，总的拥有成本包括材料成本、持库成本和采购成本。

材料成本是产品最重要的成本之一，采购价格也是需方与供方博弈的焦点之一。供应商往往会诱使采购人员增加采购批量来降低采购价格，但这同时会带来持库成本的增加和风险的增加。因此，采购人员在采购时，一方面应尽量争取更多的采购折扣，另一方面也应充分评估批量增加可能带来的风险和其他方面的成本。

另外，企业采购部门的活动消耗资金是相当可观的，如采购人员工资、电话费、邮资、办公用品、差旅费以及其他管理费用等。采购管理应通过流程优化、采用先进的采购方法和技术来提高采购过程的效率和降低采购成本。

（3）确保供应商尽可能提供最好的服务及快速交货。每一项物料都要达到一定的质量要求，否则最终产品或服务将达不到期望的要求或使其产品成本远远超过消费者可以接受的程度。

材料质量是影响产品质量的最重要因素。原因是产品质量问题可导致成本增加，客户服务水平降低，公司声誉受损甚至是毁灭性的。

此外，采购过程中对质量的要求是由产品本身决定的，采购过程中不应追求采购最好质量的原材料，因为质量越好，就意味着成本越高。例如，完全没有必要为儿童遥控车采购一枚可以在火箭上使用的螺钉。

（4）开发和维持良好的供应商关系。供应商的成功就是企业的成功，这句话一点都不夸张。

不断寻找满足企业要求的供应商，分析其供应的能力，在适当的时候选择合适的供应商，并与其达成供需关系是采购部门一项长期任务。其性质好比人体的新陈代谢，是维持企业良性发展的必要条件。

维持和发展供应商关系既包括对现有供应商进行考核评审，帮助其提高产品和服务质量，也包括发展与供应商的战略伙伴关系，共享信息，共同降低产品在整个供应链上的成本。

3. 主要业务活动

不同规模、不同性质的企业，采购管理的职能不尽相同。对制造企业而言，采购管理的主要业务活动有采购活动、供应商管理、采购分析、采购计划、采购制度与规范等，其中尤以采购活动最为重要，采购活动是采购管理的核心。

（1）采购活动。采购活动是采购组织日常活动之一，完整的采购活动包括获取采购需求；挑选合适的供应商；协商采购的条款和条件，包括价格、付款方式等；下达和跟踪采购订单；根据采购订单接收和检验供应商交货；发票处理及付款。

（2）供应商管理。供应商管理包括不断寻找满足企业条件的供应商，供应商评估与考核，供应商资料管理，发展与供应商的战略伙伴关系。

（3）采购分析。采购分析报告是企业决策的依据，采购分析包括采购成本分析，采购结构分析，采购价格分析，企业采购政策的分析与改进。

（4）采购计划。采购计划是整个企业供应链系统的重要组成部分。采购计划也是供应链系统的入口，及时准确的采购计划，对降低库存、避免出现物料短缺、保证生产的正常进行具有重要意义。

采购组织应参与企业运作计划的讨论与制订，并制订相应的采购计划来支持企业销售计划与生产运作计划。

（5）采购制度与规范。信息系统可以更好地辅助采购制度与规范的执行，但信息系统不能替代采购制度与规范，必要的采购制度与规范对规范企业采购管理有积极作用。

采购制度与规范包括：

1）采购管理流程：包括订货流程、收货检验流程、付款流程等；

2）采购价格管理制度：包括价格资料收集、管理，价格限制等措施与规范。

4. 适用业务角色

采购管理活动是由企业内部多个部门协同完成的，主要涉及计划员、采购员、采购经理、应付会计、库管员、质检员等。

（1）计划员：根据 MRP 生成的计划订单，提出采购需求。

（2）采购员：是采购管理活动中的主要角色，其主要活动有需求确认、供应商开发、采购价格确定、采购订单下达、采购订单执行情况跟进、采购发票核对以及采购过程意外情况的处理。

（3）采购经理：审批合格供应商，审批采购价格及交易条款，审批采购计划、订单，检查库存周转情况，编制采购预算，检查采购计划、资金计划执行情况等。

（4）应付会计：核对应付款往来业务、核实付款申请、结算应付款。

（5）库管员：根据采购订单或原材料检验结果对原材料进行接收，根据材料检验结果和采购部门的退货通知办理供应商退货手续。

（6）质检员：根据物料规划说明书和检验标准，对供应商供货进行检验，并给出检验结果。

（二）ERP 采购管理系统

ERP 采购管理系统是通过采购申请、采购订货、进料检验、仓库收料、采购退货、购货发票处理、供应商管理、价格及供货信息管理、订单管理、质量检验管理等功能综合运用的管理系统，对采购物流和资金流的全过程进行有效的双向控制和跟踪，实现完善的企业物资供应信息管理。

ERP 采购管理系统以采购管理的目标为系统目标，以采购管理业务流程为主线，提供了集成的采购业务支持，其主要功能包括以下 6 点。

1. 供应商管理

系统不仅提供了供应商档案管理、供应商供货资料管理等基础资料管理功能，还提供了供应商评估以及供应商供货质量、交货期、价格分析功能，帮助企业在选择供应商、制订供应商改善方案时更快速、准确进行决策。

2. 请购处理

系统提供 MRP 计算生成、配套查询产生、库存缺料分析产生、销售订单下推、手工录入等多种采购需求生成方式，并可按照物料、供应商等信息进行采购需求的灵活合并，满足不同企业对不同业务的采购需求管理要求，同时还可根据设置的供应商供货配额自动生成采购订单，帮助企业有效地规范采购业务。

3. 采购订单处理

系统提供完整的订单管理功能，支持订单手工和自动关闭方式及采购订单变更管理，帮助企业有效地规范采购订单作业流程，提高采购业务处理效率。同时，提供严格的价格管理、订单按比例允收控制等多种控制方式，帮助企业管理人员有效地管理采购业务。

4. 采购结算处理

系统通过采购发票的钩稽进行发票与入库的匹配来确认入库成本。采购发票可通过采购合同、采购订单、外购入库单关联等多种途径的生成，支持采购发票通过三方关联方式严格取采购订单的价格，实现企业灵活的开票处理及有效的发票管理，帮助企业准确核算外购入库成本。

5. 采购价格管理

系统可按不同的供应商、不同的有效期间、不同的采购数量、不同的计量单位、不同的币种进行价格管理，同时，系统还提供最高采购价格控制帮助企业有效地规范内部管理和控制采购成本。

6. 委外加工处理

系统提供全面的委外加工作业流程，同时提供委外加工材料核销功能，支持按加工单位或委外生产任务单为核销方式，手工核销、按 BOM 核销等核销依据，能灵活快速地对委外加工材料进行核销处理，帮助企业随时掌握委外加工商处的材料结余情况，及时地对委外加工入库成本进行核算，全面管理企业委外加工物资。

二、ERP 采购管理的操作实施

采购过程强调企业内部各部门之间的协作，更注重企业与外部环境之间的联系，这就要求企业不但需要有完备的信息系统，而且要求采购活动所涉及的各部门之间具有相同的步调。定义良好的采购流程，可以保障企业采购活动的有序进行。在这里主要针对一般采购业务的特点，以 ERP 系统为支撑，介绍如何设计相应的业务流程，开展良好的采购活动。

一般采购任务

对于制造企业，原材料采购是企业采购活动的最重要部分。一般采购业务流程主要是针对企业这部分采购活动而设计的。

一般采购业务流程包括需求管理、采购订货、采购检验、采购收货、结算处理和付款处理等活动。此外，为了进一步改进企业采购管理，有必要对采购的效率进行跟踪与分析。

1. 请购处理

采购需求来源于企业不同的部门，如计划部、研发部、客户服务环节等。ERP 使用采购申请单处理采购需求。采购申请中包括了需求的物料、数量和需求时间。采购申请有多种产生方式，包括库存缺货查询、MRP 自动投放以及手工输入。

在 ERP 物料需求计划模块，通过 MRP 运算，对于有净需求的外购件系统产生“采购申请类”的计划订单，通过对该计划订单进行投放而产生采购申请单。

当然，并不是任何情况都适用于 MRP，对于价值不高的材料，也可以直接在采购申请中，使用“库存缺货查询”功能生成采购申请订单。库存缺货查询功能提供“再订货点策略”“安全库存策略”“最低库存策略”3 种库存控制策略，企业可根据实际情况选择使用。对于零星采购或紧急采购，也可以直接手工新增采购申请单。

2. 采购订单处理

采购订货管理是以采购订单为中心的一系列管理活动，主要活动包括采购订单下达、采购订单变更控制、采购订单执行跟踪。

（1）采购订单下达。采购订单是企业管理三大订单之一，是采购活动的基准。采购订单是采购交易的协议，是采购交易活动信息传递的媒介。采购订单中记录了所采购物料的名称、规格特性、价格、交期等。

1）供应商选择。选择合适的供应商是采购订单下达时的首要决策。供应商来源有 3 种：唯一来源、多种来源和单一来源。

唯一来源是指因为技术特点、原材料、地点等因素，只有一个供应商可以使用。多种来源是指使用一个以上的供应商提供物料。多种来源的优点是，在供应商之间引入竞争，企业可以获得更优惠的价格和更好的服务。单一来源是公司有计划地只选择某一家供应商提供所需要的物料，其目的是发展一种长期的合作伙伴关系。

采购订单下达时，一般是从已经通过企业认证的供应商中，选择一家进行采购。对于具有多种来源的物料，也可以根据一定的配额，同时向多家供应商采购。

2）确定采购价格。采购价格始终是采购订单的重要因素。采购价格往往是采购员与供应商进行博弈的焦点。采购订单中的采购价格，可以来源于供应商的最新报价、历史采购单价、最新采购单价等。另外，为了避免对企业造成重大损失，采购订单往往需要进行最高限价控制。

3）交货日期。订单交货日期是根据采购需求确定的。采购员在下达订单之前，有必要与供应商进行沟通，以保证供应商能在指定的日期完成交货。对于大批量采购，在满足需求的条件下，建议进行分期交付。

4）ERP 采购订单管理。在 ERP 中，采购订单可以由采购申请单直接生成。生成时，系统自动携采购申请中的物料、数量、交货日期等信息到采购订单中。当该订单的供应商确定后，系统可根据订单中的供应商、物料、数量等信息，自动从价格资料中匹配相应的价格。

当所采购材料同时由多家供应商供货时，可使用采购申请中的“按供货比例自动分解生成订单”功能，系统会根据在“采购物料对应表”中维护的供货比例，自动分解生成多张采购订单。

采购订单在下达之前，有必要由主管负责人进行审核。ERP 支持多级审核，并可以设置采购订单的金额不同时，由不同的人员进行审核。如：当采购订单金额小于 1 万元时，采购部经理审核采购订单就可以生效；当采购订单金额超过 1 万元，必须由总经理审核采购订单才能生效。

（2）采购订单变更控制。在采购订单序时簿，系统提供了采购订单变更功能。注意，只有审核后的订单才可以实施变更。ERP 在采购订单单据界面实现了订单的变更。用户可以更改数量、单价、交期等，也可以添加新的分录。在变更采购订单数量时，若当前订单已经生成了下游单据，如采购检验申请单、外购入库单等，变更后的订单数量不能小于订单的已关联数量。

当采购订单中的某些行，不再需要执行时，可以对这些行进行行业务关闭，行业务关闭也可以看作是一种订单变更。

ERP 支持采购订单变更，不仅是保持订单与执行的一致，更重要的是系统维持着真实的供需信息，系统在进行 MRP 计算时，才能得出更准确的结果。

（3）采购订单执行跟踪。采购管理过程中，其中一个重要的活动就是对采购过程的跟踪。采购过程跟踪的目的在于，随时掌握订单的进度，并对订单执行过程的风险进行控制。

ERP 订单执行过程跟踪主要提供了采购订单执行情况汇总表、采购订单执行情况明细表以及采购订单全程跟踪报表，从不同维度跟踪采购订单的执行情况。

1）采购订单执行情况汇总表。采购订单执行情况汇总表是按关键字汇总数据，以综合反映订单执行情况的报表，即可以按物料类别、供应商类别等汇总反映根据不同条件所查询到的汇总数据。

所谓执行是指采购订单的实际入库数量，并与订单数量进行比较，并显示其中差异。它是订单执行管理功能在报表处理的延续，也是对订单执行结果的综合体现。

2）采购订单执行情况明细表。采购订单执行情况明细表是按供应商反映每张采购订单的详细执行情况，它与汇总表一起，分别从详细和汇总的角度反映订货的入库情况。该报表的生成与采购明细表生成的操作方式一致。

采购订单执行情况明细表是对订单执行结果的详细体现，是采购订单执行情况汇总表的有效补充。

3）采购订单全程跟踪报表。采购订单全程跟踪报表对采购入库、开票、付款全过程进行了跟踪，包括数量和金额，并与订单数量进行对比，显示其差异。

（4）采购检验处理。ERP 在采购检验管理方面，提供了灵活的流程。对于免检物料，可以直接入库；而对于需要检验的物料，必须经过检验员检验后，才可入库。采购检验业务流程如图 2–3–1 所示。

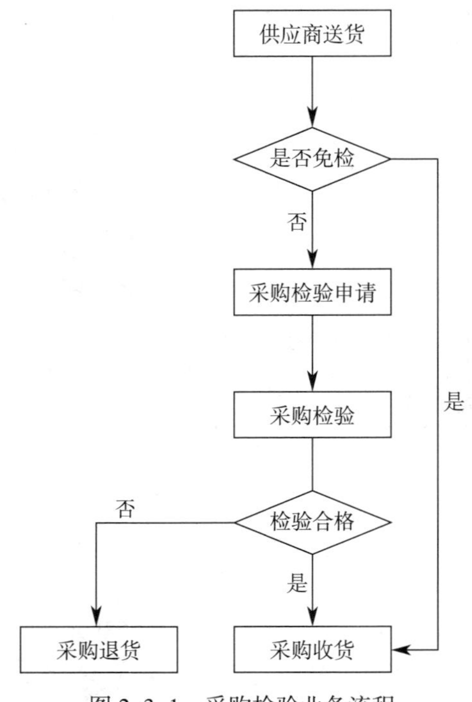

图 2–3–1　采购检验业务流程

在仓库收货时，首先应判断材料是否需要检验，若不需要检验，则直接进行入库处理；否则，应先制作采购检验申请单。采购检验申请单可直接由采购订单下推生成，检验员根据采购检验申请单进行检验，并在系统中填写采购检验单。系统将采购检验单的检验结论，自动填写到采购检验申请单中，包括合格数、不合格数、让步接收数等，仓管员将根据该数量，生成外购入库单，对检验不合格的做退货处理。

（5）采购入库处理。采购订单交付是采购过程信息流、物流、资金流的交汇点。采购订单交付，通常意味着物料所有权的转移和企业库存的增加。

ERP 可以严格控制订单超收，并对欠收的订单进行预警，也可以通过选项“订单执行数量允许超过订单数量”和“订单按比例入库”两个参数来控制是否严格控制或允许适当超收或欠收。表 2–3–1 详细地列出了不同选项组合以及系统在控制超收上的处理逻辑。

表 2–3–1　　采购订单收货控制

订单执行数量允许超过订单数量	订单按比例入库	系统处理
选中	选中	系统根据物料中设置的超收比例，控制超收数量；根据物料中设置的欠收比例，控制采购订单的行业务关闭
选中	未选中	允许超收；当入库数量大于等于采购订单数量时，采购订单行业务自动关闭

续表

订单执行数量允许超过订单数量	订单按比例入库	系统处理
未选中	选中	严格按订单执行，不允许超收；根据欠收比例，控制采购订单行业务关闭
未选中	未选中	严格按订单执行，不允许超收；当入库数量等于采购订单数量时，采购订单行业务自动关闭

在 ERP 中，采购收货是通过外购入库单实现的。如果是免检材料，供应商送货直接收货，这时可以直接由采购订单下推外购入库单，采购订单中的供应商、物料、数量均携带到外购入库单中。如果是非免检材料，收货前还必须进行检验，因此，外购入库单是由采购检验申请单下推生成。下推时，系统携带采购检验申请单中的供应商、物料、合格数量与让步接收数量之和到外购入库单中。外购入库单中的单价，来源于采购订单中的实际不含税单价。

新建外购入库单将会增加即时库存，ERP 在更新即时库存的时机上，做了灵活处理。系统在初始化时，可以选择是单据审核时更新还是单据保存时更新，不过，出于保证即时库存的准确性，建议选择审核时更新即时库存。

（6）采购结算处理。采购发票是财务付款的重要凭据，采购发票处理的重要活动就是核对发票与采购订单和收货单据是否一致。ERP 采购发票处理包括的内容有以下 5 点。

1）采购发票创建。通常，供应商的采购发票应该与送货清单及货物一同交付。采购发票可根据外购入库单的下推生成，此时发票携带外购入库单的物料、数量及订单中的币别、单价、税率、折扣等信息到发票中；采购发票也可直接根据订单下推生成，此时发票中的供应商、币别、物料、单价、数量、折扣等信息全部由订单携带过来，核对收货数量的工作则在发票钩稽时进行。

2）发票拆分。在企业采购业务中，供应商多次送货一次开票的情况经常出现，如果供应商所开的发票中所对应的送货跨越了两个会计期间，出于核算的考虑，系统必须在两个期间对该发票进行钩稽。ERP 发票的拆分功能，很好地解决了这一矛盾。

拆分时，用户在采购发票序时簿中选中一张发票，执行菜单【编辑】→【拆分单据】功能，系统将调出该张采购发票的界面。单据的“物料代码”“日期”等大部分字段均处于不可编辑状态，只增加了一列“拆分数量”为可编辑状态，用户在该字段上直接录入拆分数量并保存即可完成拆分。

3）采购费用发票。在 ERP 费用发票中，可通过“应计成本费用”字段进行标识。对于应计成本费用，在存货核算时，由用户选择按金额还是按数量进行分摊后计入物料成本中。对于不计入成本费用，则直接在账务系统进行付款和凭证处理。

在 ERP 中，采购费用发票可以单独存在，也可以与采购发票形成一种依存关系。

系统在处理上，提供了两种不同的生成方式。

4）依附于采购发票的费用发票生成。在已保存的采购发票界面上，选择【查看】→【费用发票】，系统将调出一张空白的费用发票录入界面，系统自动带入供应商信息、当前采购发票单据号等信息，用户可录入费用明细（费用明细在【系统设置】→【基础资料】→【公共基础资料】→【费用】中进行维护）、金额等信息后保存，即可生成一张依附于该采购发票的费用发票。用户也可以在采购发票序时簿选择一张发票，执行菜单功能【查看】→【费用发票】，生成依附于该采购发票的费用发票。依附于采购发票生成的费用发票，在钩稽时，会自动带到钩稽界面的“费用发票”页。

5）手工生成。当采购费用发票不依于任何采购发票而独立存在时，用户可以在主控台执行【供应链】→【采购管理】→【费用发票】→【费用发票 - 新增】直接新增一张费用发票。

（7）采购付款处理。采购付款是采购环节的最后一个环节，采购付款在维持良好的供应商关系中，起着很重要的作用，同时，采购付款意味着资金的流出。如何平衡供应商关系与现金流，是采购付款活动的一个重要任务。

采购员在核对完发票并确认无误后，采购发票原始凭证必须传递到财务部门，财务人员需要根据企业与供应商达成的付款条件准备款项。由于 ERP 是一个集成的管理系统，采购发票从采购系统传递应付系统是自动完成的。

1）付款日期确定。ERP 在付款方式的处理上分 3 个步骤。

在【基础资料】中定义付款方式。付款方式包括月结和信用天数，起算日可以为单据日期，也可以为单据月末日期。在供应商的基础资料中，引用付款方式。在单据中，根据单据日期（外购入库单、发票）和供应商的付款方式，计算付款日期。例如：某供应商的付款方式为月结 30 天逢 20 日付款，若外购入库单日期为 9 月 15 日，则付款日期为 10 月 20 日；若外购入库单日期为 9 月 25 日，则付款日期为 11 月 20 日。

2）付款处理。ERP 采购付款处理是在应付管理系统完成的。图 2-3-2 是一个典型的采购付款流程，采购发票和采购费用发票传递到应付系统后（费用发票传递到应付系统后，生成其他应付单），财务人员制作付款单并进行付款处理。付款完成后，财务人员需将付款单与采购发票、其他应付单进行核销处理，并生成凭证。对于一些需要进行现金管理的企业，系统可以通过付款申请单来与现金管理系统进行集成。

3）采购付款跟踪与分析。应付款明细表可以在应付款汇总表中通过双击汇总表的某一行来打开，也可以直接在主控台应付款管理系统的【账表】子功能下，执行相应的功能打开。应付款明细表帮助用户进一步跟踪应付款情况。应付款明细表罗列了满足查询条件的应付单据的单据类型、编号、本期应付、本期实付、期末余额等信息。

付款预测统计了截止将来的某一个时间点的应付款情况，包括付款总额、货款、其他应付款、已付款，其中，付款总计 = 货款 + 其他应付款 - 已付款，付款总计即为未来一段时间需要付给供应商的款项。付款预测在应付款管理系统的【分析】子功能下。

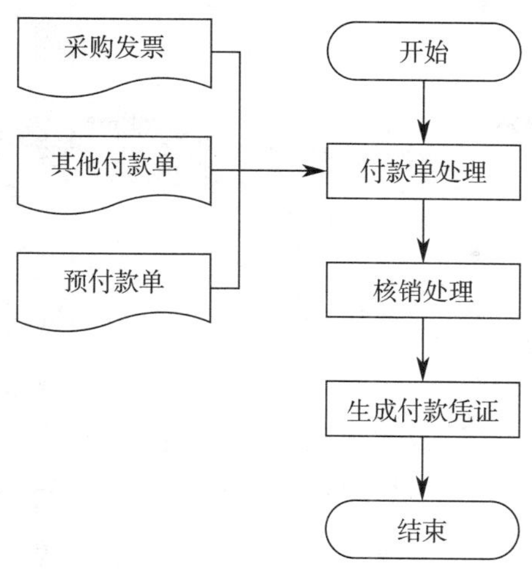

图 2-3-2　采购付款流程

（8）严格按订单执行控制。ERP 实现严格按订单执行控制的机制。①在物料中，通过物料属性定义该物料是否要进行按单生产（MTO，make to order）跟踪。②在销售订单录入时，必须指明该订单行是否要进行 MTO 跟踪，如果需要进行 MTO 跟踪，则必须在订单分录中录入 MTO 跟踪号。③对于进行 MTO 跟踪的订单产生的需求，如果是需要进行 MTO 跟踪的物料，在其一系列单据中，包括物料需求计划、采购申请、采购订单、采购检验申请单、外购入库单、采购发票等单据的相应分录行，均保存销售订单中的 MTO 跟踪号，同时，在库存中，对该 MTO 号相应的库存，进行单独标识。

在采购活动中，对于进行了 MTO 跟踪的物料，系统均进行了特殊处理，如 MTO 跟踪号不同的采购申请或外购入库单不可合并、MTO 跟踪严格携带等，以保证销售订单的执行过程的可追溯性。

（9）采购统计与分析。

1）供应商供货 ABC 分析。ERP 供应商供货 ABC 分析，位于采购管理系统【报表分析】子功能中，分析时，企业可自定义分级比例。供应商供货 ABC 分析不但显示了供应商供货金额、供货金额所占比例、ABC 分类，而且还显示了供应商所下订单金额、所下订单金额所占比例。

2）物料采购结构 ABC 分析。物料采购结构 ABC 分析是根据采购金额，按 ABC 分类方法，分析一定时期以内各物料的不同等级。ERP 物料采购结构 ABC 分析的使用与 ERP 供应商供货 ABC 分析类似。

本节思考：

1. ERP 采购管理的定义。
2. ERP 采购管理的主要业务活动、适用业务角色有哪些？
3. ERP 采购管理系统的主要功能有哪些？
4. ERP 采购管理系统进行一般采购任务的标准流程是怎样的？
5. ERP 采购管理系统如何操作使用？

第四节 ERP 生产数据管理及应用

一、ERP 生产数据管理分析

（一）ERP 生产数据管理

生产数据管理是对产品设计、生产计划、加工制造、物料管理等需高度共享的基础数据进行集中统一管理，减少数据冗余，确保数据的完整性、准确性和可靠性，并对这些数据进行动态维护和更改控制。

生产数据包括 BOM（物料清单）、工程变更单、工艺路线、资源清单、多工厂日历（工厂日历是描述企业作息时间的一组程序或数据）等基本制造数据，这些数据是计划管理和生产控制的应用基础。因此，数据的准确性对保证生产数据管理系统的顺利上线和使用具有重要的意义。为了对生产数据进行管理，生产数据管理系统提供了以下特色功能。

BOM 的批量处理功能。为了提高 BOM 的增加、修改和删除子项的效率，系统提供 BOM 的成批新增、修改和删除的功能，避免了重复劳动，加快了数据维护的进度，缩短了维护时间。

BOM 灵活多样的查看功能。在日常的业务处理过程中，可能出于各种各样的原因需要对已有的 BOM 进行内容的查询，系统提供了 BOM 正查、反查、单级、多级以及树型查看等多角度的查询功能。

BOM 的产品配置功能。不同的客户可能对同一产品的某个配件的颜色要求不同，系统强大的产品配置功能可以提供对产品的单层、多层配置，以及对配置过程中不同零部件固定搭配或互斥关系的处理，真正实现客户对产品的个性化需求。

BOM 的有效期管理。工艺的不断改进，技术的不断提高，BOM 中的构成物料也会有生命周期。BOM 有效期管理能够满足 BOM 中物料的有效性管理，避免物料的过多采购，填补漏洞与缺失。

工程变更管理。工程变更单的使用保证了 BOM 数据的准确性，并且记录了变更的内容和原因，方便对变更内容的跟踪。

成本模拟功能。通过对 BOM 的综合结转和分项结转计算，可以对产品的成本作大概的预估，对售前报价和盈亏计算有重要的参考作用。

与产品数据管理系统的集成。ERP 开发产品数据管理系统接口，通过产品数据管理系统和 ERP 的集成，将产品数据及相关信息在两个系统间往来传送，实现信息及时、有效同步与共享。

工艺路线的管理和工序替代处理。工艺路线的设定和工序替代的处理为生产加工过程提供了依据，为车间加工过程控制和工时的统计奠定基础。

物料替代管理。完善的物料替代处理可以解决紧急缺料的临时替代，维护日常物料之间的替代关系，有效避免因物料短缺导致生产线停工。

（二）与其他系统的接口

1. 与主生产计划的接口

BOM 中的物料是主生产计划正确运行，正确进行需求传递的基础。主生产计划计算的过程中，根据物料清单进行需求的层层传递，计算出原材料的确切购买数量。工厂日历等数据也是主生产计划运行的重要基础数据。

2. 与 MRP 和 MTO（按订单生产）的接口

物料清单结合物料基础属性为 MRP、MTO 计划界定了参加 MRP 运算的物料范围，同时也是需求传递的基础和依据。

3. 与粗能力计划的接口

粗能力计划计算的过程中需要根据工艺路线、工厂日历和资源清单中的数据进行粗能力计划清单的建立和粗能力计划的计算。

4. 与细能力计划的接口

工艺路线、工厂日历和资源清单等基础数据的完整设置，是保证细能力计划结算准确并具有管理参考价值的前提和保证。

5. 与销售管理的接口

在销售管理过程中，对配置类物料客户 BOM 的选择和使用，与生产数据管理中的 BOM 数据的完整性是分不开的。

6. 与生产任务管理的接口

生产任务和重复生产任务生成的过程中一定要有完备的 BOM，其中工序跟踪类型的生产任务单在生成的过程中同时要求有工艺路线。

7. 与成本管理的接口

生产数据管理系统为成本管理系统提供 BOM 和其他基本信息和数据。

8. 与委外加工管理的接口

物料需要委外加工时，可以在业务类型为“订单委外”的采购申请单中指定 BOM 或者在委外订单中指定 BOM，根据此 BOM 发料给加工商进行生产。

二、ERP 生产数据管理的操作实施

为了能够使大家掌握 ERP 生产数据管理系统的操作方法，下面对 ERP 生产数据管理系统的物料基础资料维护、系统初始化、系统设置、单据公用功能和报表公用功能进行介绍。

（一）系统应用基础

1. 物料基础资料维护

物料基础资料是 ERP 进行管理所必须的各项基础数据的总称，在系统中具体包括

科目、账号、币别、凭证字、计量单位、结算方式、仓位、贷款用途、各种核算项目、辅助资料等。在 ERP 中，物料基础资料存在于每一个子系统，用户可以在每一个子系统方便地进行物料基础资料的维护。

（1）计划策略。物料基础资料中的“计划策略”设置，其值共有“物料需求计划（MRP）”“主生产计划（MPS）”“总装配（FAS）”“无”4 个选项。

计划策略是指明物料以什么方式进行计划。“主生产计划（MPS）”类的物料指需求来源为独立需求，参与主生产计划运算；“物料需求计划（MRP）”和“总装配（FAS）”类目前暂不区分，都要参与物料需求计划（MRP）运算；“无”计划物料表示此物料不参与任何计划运算，由计划人员人工进行计划的安排。

一般情况下 MRP 的下级物料不能设置为 MPS 件，否则会影响到 MPS/MRP 运算结果的正确性。可以将产成品，重要的半成品，提前期特别长的、价值比较大、公司需要进行特别管理的物料设为 MPS 物料，进行主生产计划运算；将一般的自制件、采购件设为 MRP 类物料；数量大、金额小的不重要的物料采用再订货点法进行管理。

（2）最小、最大订货批量及批量增量、固定 / 经济批量。最小订货批量是指每次订货量不能低于此值；最大订货批量是指每次订货量不能大于此值（最大订货量在计算过程中未做限制，只会在计算日志里进行提示）；批量增量是指物料的最小包装单位或最少生产数量；固定 / 经济批量是指每次订货的最佳批量。

（3）订货策略及相关参数。“订货策略”设置，其值共有“期间订货量（POQ）”“批对批（LFL）”“固定批量（FOQ）”“再订货点（ROP）”4 个选项。该设置主要用于 MPS 或 MRP 运算时对批量调整的不同处理。

对于期间订货量，生成计划订单来满足某期间的需求。用户只需输入“订货间隔期”，系统会依订货间隔期栏位设定的天数，先计算该期间各天的净需求，然后按期间将各天的净需求进行汇总后再进行批量调整，在各期间的第一天生成计划订单。批量调整的公式如下：

计划订单量 = 最小订货量 + 取大整数［（净需求 − 最小订货量）/ 批量增量］× 批量增量

批对批法表示对每一次的净需求都产生计划订单。批对批同样会考虑最小订货批量、批量增量。对大多数没有特殊要求的物料，可以采用这种方法进行设置。

对于固定批量法，计划订单数量是以净需求为基础，订单数量必须为固定 / 经济批量所定数量的整数倍。此时系统将设定：最小订货批量 = 批量增量 = 固定批量。

对于再订货点的物料，当库存降低到再订货点以下时，系统将产生需求，计划订单量为固定 / 经济批量指定的数量。如果库存大于再订货点，则用（库存 − 再订货点）/ 日消耗量的最小整数算出库存还可维持的天数，在该日期后再产生计划订单。

（4）需求时界和计划时界。需求时界是在 MPS/MRP 计划期间的一个时间点，设定于计划展望期开始日期与计划时界之间。在目前日期到需求时界之间，包含确认的客户订单，除经过仔细分析和上级核准修改外，不能修改生产计划。

计划时界介于需求时界和计划期间的最后日期之间，在需求时界和计划时界之间包含了实际以及预测的订货，而在计划时界之后则只考虑预测。

需求时界和计划时界是计划过程中的两个时间点，在不同的计划时间段里，计划的准确性是不同的。在近期，计划比较准确，可能是确定的销售订单；但在较远计划时间段里，计划可能包含了销售订单和预测，或者仅仅是预测。因此，在 MPS/MRP 运算时，用需求时界和计划时界来区分不同的计划阶段，在需求时界内取订单作为需求的来源；在需求时界和计划时界之间，取订单和预测的较大值（按时区比较）作为需求的来源；在计划时界以外，取预测值作为需求。

物料的需求时界一般设为等于或略大于该物料的总装提前期（即物料本身的提前期），其意义在于提醒计划人员，在该期间内，因已下达订单，且订单已经在进行最后的总装，变更订单将带来巨大损失，不应该改变订单。

计划时界需大于等于需求时界，通常设置为等于或略大于物料的累计提前期，其意义在于提醒计划人员，在这个时界和需求时界之间的计划已经确认，且一些采购或生产周期较长的物料采购、生产订单已经下达，计划的修改需受控。

（5）提前期和提前期偏置。提前期分运输提前期、生产提前期、采购提前期等。运输提前期是指向客户交货时因运输时间而需要提前出货的日期（运输提前期在客户资料中进行定义）。生产提前期指从发出生产订单开始生产到完工入库的日期。采购提前期指从发出采购订单到收到物料的日期（生产及采购提前期在物料资料中进行定义）。

提前期一般会受到需求批量的影响，在实际设置中将提前期分为固定提前期和变动提前期。固定提前期是指生产采购不受批量调整的提前期部分，主要包括产品设计、生产准备和设备调整、工艺准备等必须用到的时间。变动提前期是指生产受到需求批量影响的提前期部分，在取数时，表示生产变动提前期批量所需要的总的时间减去固定提前期。变动提前期批量是和变动提前期联合使用的一个参数，用户可以定义为一个最佳生产批量，或者其他比较容易统计的生产量。

提前期偏置是指物料的需求日期与根据提前期计算出来的需求日期的时间差。因有的物料并不需要在一开始就投入，而是等一定的时间才需要。例如造船时，材料的投入是逐步的而不是一次性的，为降低库存，在需要的时候才进行采购或生产。

（6）核算参数设置。在系统初始化中，需要对系统的基本参数进行设置，录入实施时的实际业务数据，设置企业的工作日历。在初始化阶段，业务操作不允许发生。启用业务系统后，初始化的参数设置和业务数据不允许改变，但可以进行所有车间业务操作。

2. 系统初始化

（1）初始数据录入。初始数据录入是将截至启用期前库存物料结余数量和成本输入系统，实现初始化与正常业务操作融合，以便在初始化处理过程中尽可能为用户提供丰富的信息，保证启用期前和启用后业务数据的平滑连接。

初始数据录入是初始化设置的重要功能，除提供初始数据的录入、查询等必要功能外，还提供排序、过滤、引入引出、对账、传递等具有工业系统特色的功能。

（2）工厂日历相关内容见表 2-4-1。

表 2-4-1　工厂日历

数据项	说明	必填项（是 / 否）
主工厂日历起始日	设置主工厂日历的起始日期，它一般不能晚于账套的启用会计期间的开始日期	是
周六 / 周日是休息日	这是系统提供的两个方便用户进行初始化主工厂日历的功能；如果设置周六 / 周日为休息日，则其他非周六 / 周日的日期为工作日	否

（3）启用业务系统。启用业务系统就是将初始化工作中所输入的业务和管理信息进行处理和转化，将其转变为业务日常处理所需的格式，为日常处理提供基础信息、初始数据及管理信息来源。这里必须注意的是，一旦启用账套，就意味着关闭初始化界面。启用业务系统后，初始化设置的数据很多都不能再修改。因此，在完成初始化工作之后，应该再仔细核对一下初始化数据，确保无误后再执行启用。

在启用业务系统之前，最好在【账套管理】中将该账套进行备份，以防由于种种原因造成贸然启用，从而给业务处理带来不便。

1）初始化业务启用功能的权限只赋予系统管理员。

2）由于结束初始化是账套基础资料设置完毕、开始日常业务的标志，具有承前启后的作用，所以对启用新账套的权限要慎重处理。

3）生产数据管理系统处于初始化阶段时，在系统的主界面下，系统管理员选择【初始化】→【生产管理】→【启用业务系统】，系统就会对以下事项进行检查：执行操作人的权限；启用期前的单据是否经过审核和金额是否为 0；网络控制。

如果有不符合要求的情形出现，系统会给予相关提示。如果可以成功启用，系统将显示系统登录界面，用户重新登录后，就会发现系统已转为日常操作状态。

3. 系统和单据设置

（1）系统设置。单击【系统设置】→【生产管理】→【系统设置】，可以查询到账套的基本信息。这些信息包括公司名称、地址、税务登记号、开户银行及账号、公司代码、折扣率精度位数、专用发票精度、系统名称等。

如果用户要对某项信息进行修改或设置，双击所在条目或单击界面右上角【修改】按钮，即调出相应“修改系统参数设置”窗口，用户修改后保存即可。

（2）单据设置。单据设置包括单据编码规则以及单据保存后是否自动审核的设置。

1）单据编码规则的设置。编码规则是指业务单据的编码规则。单击【系统设置】→【单据设置】，系统转入“单据设置”的显示界面。

单据设置包括单据类型、编码格式、允许手工录入，用户可根据企业习惯和业务要求自行设置。将光标移至所要设置的单据所在条目，双击所在条目或单击界面右上角【修改】按钮，系统调出该单据的“修改单据参数设置”窗口，就可以进行该单据的编码格式设置了。

“修改单据参数设置”由两个页签组成：编码设置和编码选项，单击可分别进入相应的页面。

在编码设置页面可以进行单据编码规则的设置。编码设置页签主要通过组合各种变动项目（自定义项目、日期项目、流水号、核算项目）产生单据编码规则，例如，自定义 + 日期 + 流水号，项目级次理论上无限制。在编码选项设置页面主要设置与单据编码相关的各种参数，例如，允许手工编码等。

编码项目由以下类型构成：自定义、日期、流水号、业务员、部门、客户、供应商。单据保存时可以根据项目定义携带单据上的项目值，产生单据编码。设置之后保存，则返回“单据设置”界面并把定义规则填入相应的字段。编码项目描述见表 2–4–2。

表 2–4–2　　编码项目描述

项目	格式	长度	补位符	替代符
自定义	用户自定义的字符串，可在格式栏直接录入字符串，注意字符串不包括“'”“$”“|”特殊字符，至少包括字母（大小写）、数字、中文、“/”“\”“–”“.”等特殊字符	根据格式栏自定义字符串长度产生，锁定、不可编辑	锁定、不可编辑，注意：字符支持同格式描述	锁定、不可编辑，注意：字符支持同格式描述
日期	支持 yyyy/mm/dd、mm/dd/yy、yy/mm/dd、yyyy–mm–dd、mm–dd–yy、yy–mm–dd、yyyymmdd、yymm、mmyy、yy–mm、mm–yy 格式，注意增加年月日起格式	根据格式长度系统产生，锁定、不可编辑	锁定、不可编辑	指如果单据不存在日期，能够替代的字符
流水号	整数值 >=0，标志单据流水号的起始值，标志当前单据流水号当前值，单据保存后根据最新的流水号进行更新，对应原当前值	决定流水号的起始值及格式，以整数（正）表示，例如 3 表示从 00X 产生流水号，X 为格式值	锁定、不可编辑	锁定、不可编辑
业务员	长代码：携带单据上业务员的长代码产生单据编码 短代码：携带单据上的业务员短代码产生单据编码 名称：携带单据上的业务员名称产生单据编码。如果单据上不存在业务员，则不携带	用户自己定义核算项目的长度，单据携带时超过长度则截断，不足长度则根据补位符追加	单据携带时，不足长度则根据补位符追加	指如果单据不存在核算项目，能够替代的字符

续表

项目	格式	长度	补位符	替代符
部门	长代码：携带单据上部门的长代码产生单据编码 短代码：携带单据上的部门短代码产生单据编码 名称：携带单据上的部门名称产生单据编码。如果单据上不存在部门，则不携带	用户自己定义核算项目的长度，单据携带时超过长度则截断，不足长度则根据补位符追加	单据携带时，不足长度则根据补位符追加	指如果单据不存在核算项目，能够替代的字符
客户	长代码：携带单据上客户的长代码产生单据编码 短代码：携带单据上的客户短代码产生单据编码 名称：携带单据上的客户名称产生单据编码。如果单据上不存在客户，则不携带	用户自己定义核算项目的长度，单据携带时超过长度则截断，不足长度则根据补位符追加	单据携带时，不足长度则根据补位符追加	指如果单据不存在核算项目，能够替代的字符
供应商	长代码：携带单据上供应商的长代码产生单据编码 短代码：携带单据上的供应商的短代码产生单据编码 名称：携带单据上的供应商名称产生单据编码。如果单据上不存在供应商，则不携带	用户自己定义核算项目的长度，单据携带时超过长度则截断，不足长度则根据补位符追加	单据携带时，不足长度则根据补位符追加	指如果单据不存在核算项目，能够替代的字符

2）单据编码规则的应用。如果“使用编码规则”复选框选中，单据新增时，系统按照编码规则产生单据编号；单据修改时，核算项目更改后，系统重新刷新生成单据编码；如果单据修改，不调整核算项目，单据编码维持原状。

单据断号：由于删除产生的单据断号，所以当前应手工编码解决。如果单据编码重复，保存时系统提示：单据编码重复，是否系统编码？如果选择“是”，系统根据编码规则产生单据编码（如果重复，系统后台根据当前流水进行流水号递增），并保存单据；“否”则返回单据编辑状态。

如果“使用编码规则”复选框未选中，当手工录入的单据编码重复，保存时系统提示：单据编码重复，保存不成功！“确认”后返回单据编辑状态。

系统重新调整单据编码后，按照新设置的规则（考虑系统中已存在相同编码规则的历史单据）产生单据编码。例如，调整流水号后，按照新的流水号编号。

单据审核后自动保存设置：设置物流和生产各个系统的业务单据在审核后是否自动保存。这也是在【系统设置】→【单据设置】中进行。

3）单据类型。单据类型是为对业务单据进行细分类，以最大限度利用单据来实现实际工作中纷繁复杂的业务处理而设置的。

目前，单据类型主要应用于对其他入库单和其他出库单的分类管理。这是因为在企业实际业务中，不属于主要业务处理的货物入库、出库会使用其他入库单和其他出库单来完成。但是，各种业务虽然都是非采购或销售的主要业务类别，但它们之间的区别还是比较明显的，“其他”有着非常丰富的含义。为了进一步细分业务处理类型，提高对业务信息的掌握程度，特提供该项设置。

单据类型设置。单击【系统设置】→【单据类型】，系统转入单据类型设置的显示界面。该界面类似基础资料的录入界面，列示了设置的所有单据类型，用户可按照设置基础资料的方式增加、修改或删除单据类型。系统预设“库存转换”“分销调拨”“组装”和“批次转换”4种，预设的类型不能修改和删除，但用户可以新增。

新增：单击界面右上角【新增】按钮，系统调出“单据类型”窗口，用户就可以录入新的单据类型了。单据类型见表 2–4–3。

表 2–4–3　　单据类型

数据项	说明	必填项（是/否）
代码和名称	按录入基础资料的方式正常录入	是
科目代码	指该单据类型所代表的核算单据在核算系统生成记账凭证时所要自动对应的会计科目，录入方式是使用 F7 快捷键调出“会计科目”基础资料窗口，由用户来选择会计科目录入	否
备注	用户可以根据需要决定是否录入	否

修改：将光标移至所要修改的单据类型上，单击界面右上角【修改】按钮，系统调出“单据类型”窗口，用户就可以对该单据类型进行修改。修改所遵循的原则同新增单据类型。修改后，单击【保存】，即可完成修改。

删除：将光标移至所要修改的单据类型上，用鼠标单击界面右上角【删除】按钮，系统自动删除相应单据类型。这里需要注意的是，如果某单据类型已经在单据中使用过，则不能被删除。对这种单据类型执行删除操作时，系统会提示该单据类型已被使用，不能删除，然后中断删除操作。

（二）公用功能

1. 单据公用功能

单据录入人员对于单据体的列可能会有个性化要求，例如隐藏某些列、调整列宽、冻结某一列等。ERP 单据体提供单据体自定义设置功能，允许用户进行上述个性化操作，并按照用户的设置进行保存。

在单据体界面单击【选项】→【单据体设置】，即可弹出单据自定义界面。在自定义界面中用户可以定义任意栏位在单据下达、审核、查看、修改、录入状态下是否显示，系统默认必录栏位不允许隐藏。如果用户需要在上述 5 种状态中冻结某一栏位，可以单击【选择】。在【冻结列行号】中输入希望冻结列在定义设置界面中对应的行号，即可实现在单据体中将此列及前面所有列一并冻结。

用户在“单据体设置”界面设置完成后单击【确定】退出，系统即将用户设置按照用户保存，用户下次打开此单据，系统自动调用单据体设置。

（1）单据非默认显示信息及录入方法。用户进行一些系统设置和资料设置，会相应影响单据显示，主要可修改以下 4 项。

1）系统选项“单据编号可手工录入”。如果用户选择【系统设置】→【销售管理】→【供应链整体选项】中的“单据编号可手工录入”选项，则用户可手工修改该单据上的系统顺序编号；否则，用户不能修改该编号。

2）系统选项“使用双计量单位”。如果用户选中了系统选项“使用双计量单位”，单据体会相应增加基本单位名称、基本单位数量字段。

基本单位名称是所选物料的基本计量单位，由系统根据物料代码直接取得，用户不能修改。

基本单位数量是当前物料按基本计量单位计量的入库数量，为必录项，取得方法与数量字段一样，并且可以和数量字段相互换算，即录入了数量字段，系统自动运算基本单位数量，反之亦然。

3）系统选项“使用辅助计量单位”。如果用户选中了系统选项“使用辅助计量单位”，单据体会相应增加辅助单位、换算率、辅助数量。

辅助单位是指用于辅助计量的单位，和基本计量单位之间具有浮动的换算率。取值的方法是如果该张单据是手工录入的，系统自动携带物料或商品对应的辅助计量单位，用户不能修改；如果单据是关联生成的，则自动关联源单据相关分录生成，用户不能修改。

换算率是指辅助单位和基本计量单位之间的浮动换算率。取值的方法是如果该张单据是手工录入的，系统自动取物料或商品对应的换算率，用户可修改；如果单据是关联生成的，则自动关联源单据相关分录生成，用户可修改。

辅助数量是物料或商品使用辅助计量单位计量的数量。取值的方法是如果该张单据是手工录入的，用户手工维护；如果单据是关联生成的，则自动关联源单据相关分录生成，用户可修改。

4）系统选项“在 XX 系统应用物料对应表”。如果用户选中了系统选项“在销售系统应用物料对应表”，则销售管理中单据体会相应增加对应代码、对应名称字段；选中了系统选项“在采购系统应用物料对应表”，则采购管理中单据体会相应增加对应代码、对应名称字段；选中了系统选项“在仓存系统应用物料对应表”，则仓存管理中单据体会相应增加对应代码、对应名称字段。对应代码、对应名称，即当前客户或者供应商的货物的编码及名称，为非必录项，用户根据实际情况录入。如果该张单据是手工录入的，用户首先录入供应商或客户，然后直接手工输入物料对应代码；物料代码可使用快捷键 F7；或者选择【查看】→【基础资料查看】或【查看】→【查看编码】，系统弹出查询窗口，用户查询后选择所需要的对应代码信息，系统自动取出当前供应商或客户所对应的物料名称和当前对应物料代码，填入“物料名称”和“物料代码”字段。如果该张单据是通过关联生成的，则该字段是自动关联源单据相关分录而生成的。对应名称，即当前选中的对应物料名称，根据对应代码自动带出，用户不能修改。

如果该张单据是手工录入的，用户首先录入供应商或客户，然后录入“物料代码”，则系统自动取出当前供应商（或客户）和当前物料所一一对应的对应物料的代码和名称，填入“对应代码”和“对应名称”字段。无论用户选择录入哪种代码，系统都能根据供应商或客户和某一代码来自动获取另外相关代码。

2. 报表公用功能

详见“ERP 物料需求分析的操作实施”中的“报表操作”。

本节思考：

1. ERP 生产数据管理的定义。
2. ERP 生产数据管理的内容有哪些？
3. ERP 生产数据管理系统的主要接口有哪些？
4. ERP 生产数据管理系统的物料基础资料维护主要有哪些？
5. ERP 生产数据管理系统的系统设置主要有哪些？

第五节 ERP 仓库管理及应用

一、ERP 仓库管理

（一）ERP 仓库管理

分工使企业间的关系越来越紧密，上下游的企业必须紧密协作，使物流、信息流更加畅顺，提高运作效率，才能提升企业竞争力。上下游企业由于这种供应关系组成一个链条式的供应链。制造企业作为供应链一个节点，要处理好与上游供应商、下游客户以及组织内部之间物流、信息流、资金流的流动，以较低的成本满足客户的需求。简单来说，就是整合企业各种资源，协调企业人、财、物的高效运作，提供有竞争力的产品，满足客户的需求。

在制造型企业中，仓库管理是企业的基础和核心，支撑企业销售、采购、生产业务的有效运作。仓库管理对物料日常出入库控制、保证生产的正常进行发挥着重要作用，同时将库存控制在合理水平，为企业提供准确的库存信息，也为企业快速响应市场变化、满足市场需求、提高企业竞争力提供有力保证。

仓库管理目标：

（1）最大限度满足客户需求。

（2）降低运作成本。

（3）减少库存投资。

仓库管理主要涉及仓管员和仓管经理。

（1）仓管员。仓管员是仓库管理中的主要角色，完成日常的材料进出仓库的账务工作、材料的分类摆放和保管工作及各项材料管理工作，除此之外，还有仓库的日常搬运、清洁、检查等工作。

（2）仓管经理。仓管经理主要负责库存总量监控、库存成本控制，以及监督仓管员日常工作、制定仓管规章制度等工作。

（二）ERP 仓库管理的主要业务活动

ERP 仓库管理的主要业务活动包括仓库管理、日常物料的流转业务和库存控制 3 大部分，通过入库业务、出库业务、存货调拨、库存盘点、存货追踪、即时库存查询等功能的综合运用，对仓存业务的物流和成本管理全过程进行有效控制和跟踪，实现完善的企业仓储信息管理。

1. 存货出入库管理

存货作为企业主要的资产之一，需要严格记录出入库情况。ERP 通过企业日常仓存的存货入库、出库业务管理，为企业物料流动提供书面记录，准确反映存货的流转情况，为企业销售、生产、计划、采购环节提供最新的库存记录。ERP 中入库业务包括外购入库、产品入库、委外加工入库、其他入库、赠品入库，出库业务包括销售出库、生产领料、委外加工出库、其他出库、受托加工领料、赠品出库。

2. 存货调拨管理

调拨就是存货储存地点的改变，调拨业务一般不涉及存货所有权的转移。在企业中，存货一般存在三种调拨业务：一种是生产材料的调拨，一般应用是材料调拨到车间；另一种是销售上的调拨，从工厂调拨到销售渠道；还有一种是为满足仓库负荷正常化的需要，仓库间的调拨。

3. 库存盘点管理

企业中准确的存货库存记录非常重要，特别是对于价值高的存货。为减少由于存货库存记录不准确带来的损失，掌握库存的实际价值，对存货进行盘点非常重要。ERP 提供周期盘点和定期盘点两种盘点功能。

4. 存货追踪管理

不同的物料由于材质、外观、物理特性等而存在不同的特性，如有的物料容易变质，因此有一定的保质期。另外，不同的行业对于物料的关注、产品的流向要求不同。有些产品对其所使用到的物料追踪要求非常严格，有些物料还需要进行流向跟踪、售后服务等。针对以上情况，ERP 提供完善的物料管理、物料追踪、物料控制的功能，如物料的序列号管理、批号管理、保质期管理、条码管理等。

5. 库存控制

ERP 提供库存控制的基本功能，有最高最低库存控制、经济批量订购、批对批订购等模型；固定批量法库存控制等策略；灵活的库存分析报表，如分析存货出入库情况的库存台账、存货收发明细表 / 汇总表、出入库流水账、存货收发日报表等；库存分析控制类报表，如库存 ABC 分析、库存账龄分析、呆滞料分析、保质期预警分析、安全库存预警分析等。这可帮助企业快速、准确地控制库存，获取存货状况，以便采取正确的决策。

6. 即时库存查询

ERP 提供多种维度的库存查询，可以按照物料、仓库、批次查询，也支持在单据操作界面实时查询即时库存，在单据状态栏显示即时库存。

二、ERP 仓库管理的操作实施

（一）日常业务处理

1. 入库业务

入库作业是仓管员日常最基本的业务之一。当采购原料到货、车间生产完工的半成品 / 产成品、委外加工产品到货入库时，都要进行验收并完成入库业务。

入库作业的一般原则是仓管员根据入库的相关单据，对入库产品的品种、规格、数量进行验收和确认，准确、快速地完成入库作业。

（1）采购入库。采购原材料入库是企业最普遍的入库业务之一。供应商根据采购订单供货，到货后，对于不需质量检验部门检验的物料，入库时仓管员根据供应商送货单、收料通知单 / 采购订单对所收物料进行品种、规格、数量确认后入库，产生外购入库单。ERP 中一般流程：采购订单→外购入库单，或者采购订单→收料通知单→外购入库单。

对于需要检验的材料，在办理正式入库前，仓管员通知质量检验部门人员进行检验。检验人员根据检验结果开具检验单，仓管员根据检验结果进行入库。在 ERP 中，一般流程为通过采购订单开具采购检验申请单，质量检验部门进行来料检验，其检验结果记录在采购检验单中。如符合入库条件，材料正式入库；如不符合入库要求，则由采购人员通知供应商进行退货，具体如下：

采购订单→采购检验申请单→采购检验单

采购检验申请单（检验合格）→外购入库

采购检验申请单（检验不合格）→退料通知单

入库单关联单据生成时，可以携带源单的信息，如供应商、物料代码、规格型号、数量等关键信息，提高录入效率，减少手工录入出错的概率。

ERP 提供条形码技术应用，通过现场条形码前端扫描，方便入库数据维护。

（2）产品入库。产品入库一般包括产成品入库、半成品入库，是生产部门将完工产品入库的业务处理。不需检验的产品入库一般流程为生产部门根据此产品的生产任务号，关联生产任务单号建立产品入库单，由生产部门入库人员和仓库收货人进行核对后，办理入库，生成产品入库单。如果需要检验，入库前，必须由质量检验部门检验后才能入库。在 ERP 中流程如下。

1）无须检验的产品入库流程

生产任务单→产品入库单

生产任务单→任务单汇报 / 工序转移单→产品入库单

2）需要检验的产品入库流程

生产任务单→产品检验申请单→产品检验单→产品入库单

（3）委外加工入库。在 ERP 中，委外加工入库流程如下。

1）无须检验的委外入库流程

委外生产任务单→委外加工入库单

2）需要检验的委外加工入库流程

委外生产任务单→委外加工检验申请单→委外产品检验单→委外加工入库单

外购入库作业流程与委外加工入库类似，不再详细描述。

2. 出库业务

（1）销售出库。仓管员根据销售发货计划，预先对出库的物料进行拣货、配货、包装，然后等待出库，即准备要出库的货物。如发货前需要检验，先由质量检验部门对需要发货的货物进行检验。

正式出货时，仓管员根据销售发货计划对品种、规格、数量与实际出库品种、规格、数量进行核对，并且由对方或者货物接收方（可能为提货人、销售人员）对货物品种、规格、数量确认后进行发货，产生销售出库单，完成销售出库作业。

在 ERP 中，提供多种销售出库流程，其可以依据销售订单、发货通知单发货，也可以依据发票发货，或者依据产品入库单 / 外购入库单发货，具体如下：

销售订单→销售出库单

销售订单→发货通知单→销售出库单

销售订单→发货通知单 / 发票→销售出库单

产品入库单 / 外购入库单→销售出库

对于发货前需要检验的发货流程，销售业务员编制发货检验申请单，下达给质量管理部门；质检员根据检验申请单编制检验单，根据其检验结果 ERP 自动反写检验申请单；仓管员根据检验合格的产品进行出库处理。

对于需要批次管理的物料，发货时可从现有批次库存中选择，也允许手工维护；在维护系统“销售出库单”时，提供即时库存、库存状态查看功能，有助于仓管员监控系统库存状态，合理安排出库。

ERP 提供条形码技术应用，通过现场条形码前端扫描，方便出库数据维护。

参数“订单执行数量允许超过订单数量”，此参数对出库数量进行控制，控制是否允许出库数量超出销售订单的订购数量。其应用场景一般是价值高的产品，为控制发货数量，其出库数量必须严格按照订单数量执行，如电子、机械、汽车行业，严格按照订单数量出库。

参数“订单按比例出库”，控制订单出库时可以按照一定的上下浮动比率出库，如控制 –3% ~ +3% 的比例，即表示出库时订单数量在 97% ~ 103% 范围内都是允许的。以重量、体积计量的物料也都适用此参数。

（2）生产领料。生产领料为生产用料出库的业务，一般流程为生产车间按照生产任务，制作生产领料申请单，领料员据此领用材料，仓管员根据车间领料申请发放物料，车间与仓库确认发放物料的品种、规格、数量，形成领料单，完成领料。

3. 调拨

在库存管理中，调拨业务是不发生具体资金往来但发生物理货位移动的内部业务。

企业在异地或分散仓储之间，或者工厂内部各个仓库、库位之间，为了有效利用库存储备，降低各仓库的滞销 / 生产库存，以利于各分销 / 生产节点掌握有效库存数据，使其库存销售比合理化、仓库负荷正常化，有时候需要在各仓库之间进行调拨。

一般在 3 种情况下进行调拨：在工厂和销售仓库间调拨、在生产车间和仓库间调拨、在不同仓库间调拨。

调拨一般作业流程如下。

调货员（或其他有调拨需求的部门或人员），根据销 / 产需求、库存有效容量，例如生产任务单、委外生产任务单、发货通知单、退货通知单、外购入库单，在 ERP 中申请调拨单注明调拨原因、调拨出入仓库，并报主管部门审批确认。

仓管员严格根据调货员的调拨单进行发货、收货，并在 ERP 中对调拨单做最终的审核确认，确认后的调拨单将调整相应仓库库存。

理论上调拨出入仓管要严格按照调拨单进行出入库，如果存在差异（人为或自然因素），可报请相关主管确认后，通过“其他出入库”进行调整。

4. 盘点

盘点是一种核查库存记录是否正确的方法。盘点注意事项如下。

（1）已交货但未验收入库的不属于本公司的货物，或已验收完毕但一时来不及入库的货物，都不予盘点，并要注意分开堆放，标识清楚，以免混淆。

（2）整理所有单证，以便盘点时核实。

（3）清理、打扫仓库，使仓库井然有序。

盘点一般有以下几个步骤。

（1）确定需要盘点的物料范围和仓库范围，形成盘点方案。

（2）打印出盘点清单。

（3）仓管员、物料控制人员、财务人员实地盘点，记录盘点实存数量。

（4）财务人员对盘点数量进行核对、确认，确认无误后形成正式的盘点数据。

（5）录入盘点数据。

（6）分析盘点差异（盘盈或盘亏），财务、仓管主管人员确认后，形成正式的盘点报告单。

（7）仓管员录入盘盈或盘亏数量和金额，财务审核，正式调整账存数量和金额，完成盘点流程。

ERP 中盘点应用如下。

（1）确定盘点范围。在 ERP 中，这个步骤一般将库存单据正式审核入库，停止参与盘点物料的进出库业务，确定盘点物料和仓库范围，建立盘点方案和备份计算机账目清单。

以上一般为定期盘点的情况，周期盘点用以下方式进行处理。

周期盘点是根据物料的重要程度，设定盘点周期等信息，例如每周盘点一次，并且每周的第二天盘点。系统根据上次盘点日期，可以计算出下次的盘点日期，当到期时，系统可以自动建立此物料的盘点方案。由于周期盘点频率较高，系统可以提供到期需要盘点的物料预警或者提示，提醒仓管员及时盘点。

（2）盘点清单。盘点数据备份完成，根据备份数据打印盘点清单，以便盘点人员根据盘点清单记录盘点数据。在实际操作中，大部分根据系统提供的盘点备份的数据打印盘点清单，有的企业有专门的盘点卡片，供记录盘点数据用。

（3）实地盘点。根据盘点清单，按照仓库、物料逐一清点物料的实际库存数量并记录。此过程需要非常仔细，因为这个过程将影响到盘点的准确性。这个过程也称初盘，为保证盘点准确性，一般清点物料时一人清点，一人复核。

（4）盘点数据复核。这个过程即盘点数据的审查，在企业中一般叫复盘，是根据初盘阶段的盘点单去复查。复盘的目的就是再次对盘点数据进行确认，一般采取抽样盘查。如果发现有一定的差异，可以要求重新做一次初盘。

（5）盘点数据录入系统。盘点数据复核后，可以作为正式的盘点数据录入系统，作为正式的盘点结果。这个过程一般是使用系统盘点才有的流程。为方便录入，系统提供常用格式的数据导入功能，这个功能极大地减少盘点数据处理的工作量，同时也减少数据在录入过程中发生错误的概率。在 ERP 中，盘点数据备份后，支持将盘点数据引出，实际盘点数据复核后，盘点人员将数据再次引入系统，完成盘点的数据录入工作。一般引出为 Excel 表格文件，利于数据编辑和处理。

也可以在 ERP 盘点数量栏中直接录入盘点数据。在 ERP 中，还提供调整数量录入栏，调整数量录入栏用来调整账存数量。

应当注意的是，如果在盘点数据备份后，仓库还发生了出入库业务，可以通过选单的功能来调整仓库的实存数量。其规则是入库类单据增加实存数量，出库类减少实存数量，否则可能会人为导致盘盈或盘亏的情况。例如仓库备份完成后，账存数量为 100 个，后来出库 20 个，则实际盘点时得到的盘点数量、实存数量为 80 个。如果不通过选单调整，则可能认为盘亏 20 个，实际上没有盘亏，可以通过选单，使实存数量为 80 个，不会造成人为盘亏现象。

建议在盘点过程中、盘点数据备份后，尽量不要发生业务，以提高盘点的准确性。

（6）盘盈或盘亏差异分析。盘点数据录入，确认无误后，根据盘点数据和备份的账存数据，可以得到盘点的差异，即盘盈或盘亏数量。盘点会将一段时间以来积累的作业误差，以及其他原因引起的账物不符问题暴露出来，发现账物不符，而且差异超过允许误差时，应立即追查产生差异原因。

一般而言，产生盘点差异的原因主要有以下几个方面：仓管员素质不高，录入数据时发生错入、漏入等情况；账务处理系统管理制度和流程不完善，导致物料数据不准确；盘点时发生漏盘、重盘、错盘现象，导致盘点结果出现错误；盘点前数据未结清，使账面数据不准确；出入作业时产生误差；由于仓管员不尽责导致货物损坏、丢失等。

（7）盘点结果处理。盘盈或盘亏确认后，正式形成盘盈或盘亏单，由财务审核后，调整库存数量和库存金额，完成盘点工作。

对于周期盘点差异，由于近期的业务错误数据而导致的，一般追踪到错误源后，可以直接修改业务单据完成差异的调整。

在 ERP 中，盘点报告是确认货物在仓库中盘盈或盘亏的书面证明，是财务人员记账、核算成本的重要原始凭证。库存调整单表现形式为盘点报告单，包括盘盈入库单、盘亏毁损单。

（二）物料管理

在企业生产活动中，物料会在不同的环节进行流动，如从供应商处收货、生产领料、物料调拨、产品入库、销售出库等，如何控制物料高效、合理流动以及控制物料库存、降低物料处理成本等，这些是物料管理重点关注的内容。因此，在物料管理中，为了方便对物料进行管理、监控、跟踪，一般对物料的一些属性进行管理，例如保质期。在 ERP 物料管理中提供序列号、批号、保质期、条码扫描管理，以达到物料追踪和管理的目的。在物料的出入库过程中，可以应用批号管理与序列号管理。

1. 批号管理

一批加工原料，在经历了若干过程后到达生产环节，形成若干半成品、最终产品的全过程称为批。给对应的批赋予一个数值标志，该标志称为批号。

批号管理是物料管理的一个手段，主要用来跟踪物料的流向或者质量管理的追溯。在物料管理中，批号管理一般涉及两个方面的应用：物料批号管理和生产批号管理。

物料批号偏重于物料管理使用，根据企业在采购、库存、生产、销售、服务等方面的需要设置，还常与物料的保质期、序列号属性结合使用，使物料管理达到更细致层面。物料批号一般用于原料、半成品。生产批号仅限于生产方面的使用，可用于追踪、保质期管理、质量管理等方面，一些行业还要结合序列号使用，一般用于最终成品。为达到物料追踪的目的，企业常常把生产批号和物料批号合二为一进行应用。

在 ERP 中，建立物料基础资料时，根据物料是否是关键物料，是否需要质量追踪决定是否启用物料批号管理，并决定是否采取批次成本。物料启用批号管理后，业务中的库存单据将需要指定批号信息。即入库时，根据批次入库，系统将按照不同的批次记录不同的库存数量。出库时将根据批次库存出库。

（1）建立批号规则。物料启用批号管理后，在物料的出入库单据中，需要指定批号。在管理规范的企业中，一般批号代表一定的意义。批号是按照一定的规则产生的。ERP 支持入库类单据批号严格按照一定的规则产生，减少人为录入的随意性。

（2）库存单据中应用批号。物料启用批号管理后，物料在流转过程中将依据批号流转，因此在库存单据中批号信息将作为必录项存在，并且库存记录中根据批号记录库存，可以按照批次来查询库存情况。

（3）批号追踪应用。由于批号在业务单据中有记录，可以通过批号信息来查询物料某个批次的应用。可以用批号来跟踪物料用于哪些产品中，或者用产品来跟踪产品使用了哪些物料，以达到追踪物料流向和保证产品质量的目的。

物料批次报表和生产批次跟踪报表即可以达到以上目的。

2. 序列号管理

序列号是指用一个唯一的代码来定义企业生产的每一个产品。在 ERP 中，这个代码可以根据预定义的编码规则自动生成，也可以手工创建，其主要作用在于产品生产进程的控制、生产质量管理、物料库存的追踪、产品售后服务等多个方向。利用条码标签打印序列号，并与实际产品结合可以实现上述功能。

在某些行业，例如汽车、电器、手机、计算机等生产企业（一般表现为单件物料价值高、产品的技术含量高以及需要提供较多或较长期的售后服务等），序列号管理能够从业务操作层面上实现每一单品的全过程跟踪。

序列号针对单品管理，因此每个基本单位数量的产品指派一个序列号。

序列号切入 ERP 的时点定位于入库时点，无论在什么环节生成序列号，都集中到填制入库单时将相应序列号纳入 ERP 中管理。

序列号针对单品的生命周期（入库、出库、退货等业务环节）进行维护和流转。ERP 提供单品库存、制造、销售、服务等各个业务活动的追溯，能够追溯到单品的材料供应商、制造商、客户、售后服务情况等。

序列号产生后，其状态与库存状态一致，即入库后更新库存，序列号状态为在库状态。产品销售给客户，出库后更新库存，序列号状态为出库状态。

在 ERP 中，提供序列号跟踪表的查询，可查询序列号对应状态；提供序列号流转记录查询，可查询序列号的所有的流转记录，跟踪产品流转轨迹。对于需要序列号管理的物料启用序列号管理功能。

由于序列号针对单品管理，为管理方便与规范，序列号的产生一般遵循一定的规则，大部分企业有严格的序列号产生规则。这样，同一产品序列号编码方式、序列号所代表的含义完全一致。一般针对不同的产品建立不同的序列号产生规则。序列号一旦产生，将跟随物料的流转（主要入库、调拨、销售出库、退货等）过程，同时也记录物料的流转过程。

产品流转时，序列号随产品库存流转，如产品销售出库，更新库存时，序列号也将出库，其状态更新为出库状态。序列号在多次的出入库记录中，可以通过序列号流转明细查询到序列号详细的流转过程。

ERP 提供从序列号为源头，反向追溯产品的生产过程，查找质量根源。售后服务部门接到客户投诉时，可以根据质量追踪表查询产品的生产、发货过程信息；采购部门可以根据原材料导致的产品质量问题要求该供应商进行质量赔偿；质量部门可以根据质量追踪表找到产品质量问题发生的环节，以便于提出改正措施，提高产品质量。

（三）仓库管理

仓库作为物料流动重要的连接点，对于物料管理、物料流动起着重要的作用。在物料流动的每个仓库节点上，物料的流出、流入、库存量都有严格的记录和控制。另外，仓库中物料的搬运效率、空间利用率也影响仓库的效率和运作，因此，仓库的位置、仓库的分区等都十分重要。

1. 仓库分类

仓库管理首先要处理好仓库的定义与分类，形成规范合理的仓库系统。所有库存信息都会联系到物料存储的仓库和仓位，仓库和仓位是应用 ERP 的重要基础数据。定义仓库和仓位是仓库管理的重要内容。在企业中，仓库一般分为以下几类：

（1）一般仓库。这种类型的仓库存放公司所拥有的物料，一般原料仓、零部件仓、成品仓都属于此种类型。企业中以此种仓库形式为主。

（2）存放不拥有所有权的物料的仓库。这种类型的仓库一般为临时性场地，如用于外购材料质检入库前的存放，这种类型为待检类型仓库。如果为其他工厂加工产品而入库的加工材料，这些材料属于其他工厂的材料，其用途和所有权与一般材料不同，一般由代管类型的仓库存放，便于管理和区分。

（3）赠品仓。这种类型的仓库一般存放在财务上不需要计入成本的赠品物料。

2. 仓库 / 仓位设置

在企业中，仓库的设置可以根据自身的需要，将一个大的建筑划分出不同的区域，存放不同种类的物料。可以按照存放物料的种类进行划分，例如，某些物料易变质、腐败，需要特殊保管。如果存放体积细小的物料且比较多，还可以对仓库进一步细分，即启用仓位管理，将仓库划分成更小的区域，如仓库中的货架。这样，仓库中物料的位置更加精确，物料的查找、存取更加方便。

在 ERP 中，仓库 / 仓位属于基础资料，在启用 ERP 时，需要根据企业实际情况，对仓库进行分类、定义仓库的性质，然后录入到 ERP 中。

3. 仓库管理活动

管理一个仓库涉及很多的活动，有效的仓库管理取决于这些活动履行的效率如何。仓库管理活动包括以下内容。

（1）接收物品。仓库接收从外面或者工厂内部的物品或物料，并且承担管理它们的责任。

（2）验证物品。对接收的物品或物料进行验证并进行记录。

（3）安排物品或物料的存储。对物品或物料进行合理的分类、摆放。

（4）保管物品或物料。对仓库中物品或物料进行保管，防止失窃、破碎、失效。

（5）提取物品。完成需要的库存物品或物料出库前的挑选、合并。

（6）集合订单物品或物料。将同一订单物品或物料准备好，码放在一起，检查是否有遗漏或者错误。

（7）物品或物料装车发货。待出库物品或物料进行打包，以便装卸，准备相应的出库文档。

（8）更新库存记录。每一物品或物料的操作信息、库存信息必须及时更新，显示库存数量、发出数量、收到数量等。

本节思考：

1. ERP 仓库管理的意义是什么？
2. ERP 仓库管理的目标是什么？
3. ERP 仓库管理的主要业务活动有哪些？
4. ERP 仓库管理的适用业务角色有哪些？
5. ERP 仓库管理的日常业务处理有哪些？

第六节　ERP 销售管理及应用

一、ERP 面向订单生产模式下的销售业务

面向订单生产（MTO）是在接到客户订单之后再开始生产。按单生产表明企业标准的产品设计已经完成，只有当接到客户订单时，才开始进行制造、运输等几个阶段。相比按订单设计的制造策略，省去了设计时间、材料备库周期等。为了缩短向客户的交货期，对于具有较长提前期的子项要在订单到达之前进行预测。

小批量、多品种、面向订单生产，是当前越来越多的外资和民营企业最典型、最广泛的生产模式，这种类型的企业强调的是以销售订单驱动生产，从而实现最大限度地满足市场和客户的需求。面对快速变化的市场，如果继续采用传统按库存生产的模式，将会造成企业更多的库存和资金积压，因此需要一个支持面向订单生产的系统来

管理日常运作，以提高企业竞争力。

面向订单生产的业务处理是以销售订单为业务源头，通过销售订单这个“火车头”拉动整个企业的生产，实现销售、生产、采购三大业务以订单为核心的全程跟踪，帮助企业建立以销售订单驱动的生产管理模式。面向订单生产模式适用于产品结构简单、产品工艺简单、生产周期较短的制造企业。

（一）模拟报价

在面向订单生产中，由于其从生产到发货，都是听从销售订单的指令，因此其料、工、费与大批量按库存生产模式下的成本有所不同。

1. 销售价格的计算

在报价过程中，往往需要根据客户的询价资料，对询价产品进行料、工、费的计算，在计算的成本上加上利润及其他费用，得到销售价格。有的时候新产品与现有老产品结 构相似、工艺相近，在原有 BOM 上做相应改动后形成一个新的 BOM，然后以这个为底价加上利润等给客户进行报价。ERP 提供方便、易用的模拟报价功能。

（1）两种报价方式：新建模拟 BOM 报价、选择已有模拟 BOM 报价。

（2）三种模拟 BOM 来源：手工新建模拟 BOM、复制已有模拟 BOM、复制已有产品 BOM。

（3）三项费用自动计算：委外加工费、制造费用、人工费用。

（4）四种自定义待摊费用：摊入报价中的费用类型，名称可自定义。

（5）四种自定义不计入成本费用：不计入成本费用类型，名称可自定义。

（6）六种材料价格来源：最新入库价、最新报价、月初平均单价、计划价、采购单价、本期平均入库价。

（7）计算出的模拟报价结果可生成报价单，对客户进行报价。

（8）销售订单上应用模拟报价，验证销售价格合理性。

2. 模拟报价流程

ERP 销售管理提供模拟报价功能，具体操作流程如图 2–6–1 所示。

（二）销售报价

在签订销售合约之前，特别是在国际贸易中，有向客户进行报价的过程。它是卖方向买方提出各项交易条件，并表达愿意按照这些条件达成交易和订立合同的意愿。清晰而准确的报价应包括货物的名称、具体描述、价格、数量等内容。

在 ERP 中，销售报价单所需要的相关要素：客户、物料、币别、价格、数量、报价日期等，同时可将销售报价单作为邮件的附件发送给客户。

销售报价单来源可由用户手工建立，也可通过模拟报价单关联生成。销售报价单被确认后，销售订单可以关联销售报价单而生成，关联后销售报价单会自动携带销售信息至销售订单上，这样保证了报价信息准确传递至销售订单。

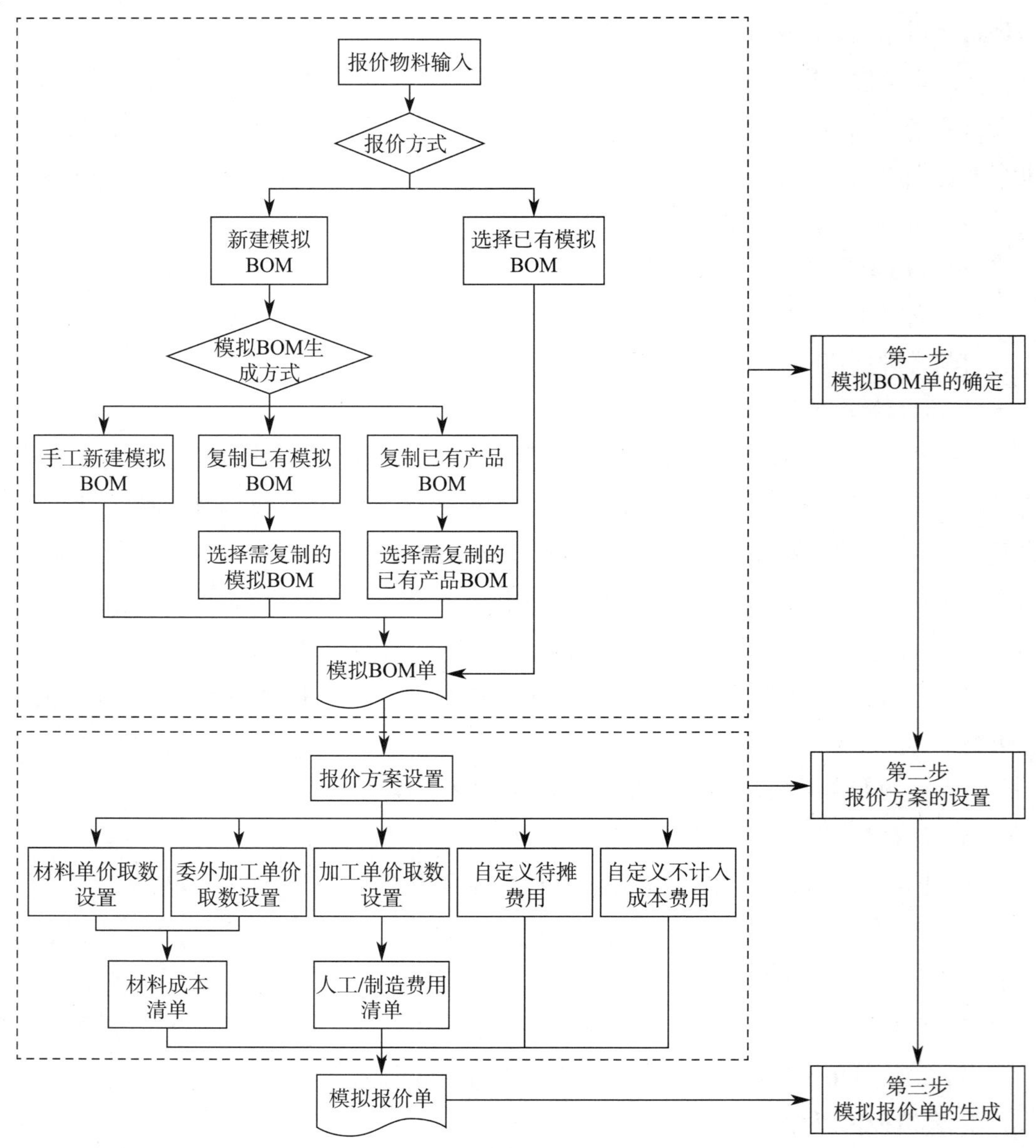

图 2-6-1 模拟报价流程

（三）销售订单管理

销售订单是销售行为确认的标志，它在整个销售业务流程中起到了至关重要的作用，面向订单生产模式下的销售订单更是如此。企业较为关心订单的成交价格是否符合企业的价格策略，销售单价是否低于最低销售限价，客户的信用额度是否超过，向客户承诺的交货日期是否能按时交货等。

下面从订单的价格管理及控制、信用管理、可承诺量查询、成本预测、全程跟踪等几个方面进行阐述。

1. 订单价格管理及控制

企业在已制定价格策略的情况下，订单需要按价格政策执行或控制。ERP 提供：

自动按订单上的客户、物料、物料销售数量段、单位、币别、物料辅助属性、时间段匹配企业的价格政策等信息，按订单上的条件自动获取销售价格。

（1）单价修改控制：订单上从价格策略中携带出来的单价，可控制订单制作人是否可对单价进行修改操作。

（2）最低价格控制：当订单销售价格低于价格策略中规定的最低销售价格时，可控制销售订单是否继续签订。

（3）订单上提供价格资料查询、基本价格查询、历史价格查询功能，方便用户全面了解客户的销售价格。

2. 订单信用管理

ERP 可以提供以下订单信用管理。

（1）订单上提供信用额度查询功能，可方便查看信用对象（客户或业务员）的信用可用余额。

（2）信用额度超额时的控制。当客户或业务员的信用可用余额小于订单金额时，可控制销售订单是否签订。控制强度有四种，企业可选择其中一种来进行控制：接受订单、上级授权准予接受订单、预警提示订单信用额度超额和拒绝授受订单。

（3）订单上提供客户应收款查询功能，可查询当前客户的应收款余额情况。

3. 订单可承诺量查询

在面向订单生产模式下，与客户签单时，一般会查看供货能力，这决定对客户的可签约量和交货期。中国加入世界贸易组织后，业务交易规则与国际接轨，订单的交货准时率、履约率越来越成为客户关注的焦点，在与客户签订订单之前对订单的可承诺量和交货日期进行评估，是提升企业信誉、提高客户忠诚度的有效途径，同时可大大加快订单的运转效率，快速响应客户需求。

ERP 在销售订单上提供可承诺量查询功能，查询订单中物料的可承诺量。

4. 订单成本预测

在面向订单生产模式下，由于其生产、发货都是听从销售订单的指令，为防范企业经营风险，需要在接单时预测销售订单的成本及利润，同时需要对销售订单盈亏进行分析，这是企业应该考虑的。

ERP 提供销售订单成本预测功能，可以制定不同的成本计算方案。ERP 可提供两种成本数据来源：历史期间实际成本数据和标准成本数据。成本计算结果包含订单号、订单物料、订单报价、订单实际成本、销售出库成本。

5. 订单全程跟踪

销售订单的执行涉及企业的各个环节和职能部门，如生产、仓存管理、财务等。销售订单签订之后，各环节是否按计划在执行，是否能按时、按量进行发货，是销售人员及企业管理人员关心的事项。

（1）销售订单全程跟踪。以订单为源头查询订单执行过程中所有相关环节，对销售订单上的每一行物料进行跟踪，反映订单物料的发货（退货）、出库、生产任务、开票、收款，还可关联跟踪查询到生产任务执行环节。查询时需要显示哪些环节，不显示哪些环节，可由用户自行选择。

查询途径：在【销售管理】→【销售订单】下，进入【销售订单全程跟踪】；也可直接在销售订单列表中，选择需要查询的订单进行跟踪查询。

（2）销售订单执行情况明细表。反映订单的交货情况，展示销售订单物料的签订数量、交货日期，以及其对应的出库单号、出库数量和未出库数量。双击记录行可查看具体对应的明细单据。

查询途径：在【销售管理】→【销售订单】下，进入【销售订单执行情况明细表】。

（3）销售订单执行情况汇总表。它可从不同维度统计分析订单的签订与发货情况，提供多个维度的汇总依据有客户、客户类别、物料类别、客户 + 物料类别等，客户类别、物料类别可以选择汇总至不同级次。双击记录行可查看当前汇总数的来源明细，直至追查到具体单据。按汇总依据（如客户）可统计签订数量、发货数量、尚未出库数量。

查询途径：在【销售管理】→【销售订单】下，进入【销售订单执行情况汇总表】。

（4）销售订单统计表。它可从不同维度统计分析订单的签订情况，提供多个维度的汇总依据有客户、客户类别、物料类别、客户 + 物料类别等，客户类别、物料类别可以选择汇总至不同级次。按汇总依据（如客户）可统计订单的签订数量、签订金额。

查询途径：在【销售管理】→【销售订单】下，进入【销售订单统计表】。

（5）订单可视化图形跟踪。按日期将订单审核、BOM 输出、物料需求计划制定、材料订购、发料加工、备料生产等过程以图形化进行展示，展现方式如同“任务管理”的形式，订单的阶段（不是所有阶段）的执行时间可通过直接拖拽的方式进行时间调整。

查询途径：在【销售管理】→【可视化管理】下，进入【订单图形观察】。

6. 销售订单预警

在日常业务中，可能由于工作繁多遗忘应处理的事务，如延误订单交货，这会造成客户满意度及忠诚度降低。

ERP 中【系统设置】→【业务预警】下提供 3 种预警方式：发送邮件、发送手机短信、发送 ERP 系统消息。用户可根据自己的需要进行预警设置，系统会根据用户的需要按时通过以上（一种或多种）方式进行提醒。

（1）销售订单提前预警。订单在交货期前 X 天进行预警提醒，用户设置提前 X 天提醒，并选择提醒方式（手机短信、邮件、ERP 系统消息），系统会按时提前提醒用户需要交货的订单信息。

（2）拖期销售订单预警。订单在延迟交货后 X 天进行预警提醒，用户设置订单拖期后 X 天提醒，并选择提醒方式（手机短信、邮件、ERP 系统消息），系统会在订单拖期后提醒用户相应订单已经拖期。

（3）销售订单或发票缺货预警。按所设置的预计量及预计量有效提前期计算出当前订单或发票是否可按时、按量发货，如果出现不能满足订单或发票需求时，进行缺货预警提醒。

7. 订单变更

订单确立后，因市场变化、竞争状况等因素会引起订单的变更，例如因客户的原因引起款式更改、交货时间提前或者延后、追加数量等；或因自身因素引起的变更，如缺料导致延期交货、工艺更改导致的质量问题等。一般订单所有标的内容均有可能发生变更，但较为常见的变更是物料种类、数量、价格等。企业一般会对已备妥的货物且已发出货通知，或已出库（在途）的订单需要控制不允许进行变更处理，否则会给企业带来严重的经济损失。

订单变更通常发生在订单已审核或已部分执行时，ERP 提供订单审核或已执行后，通过订单的【变更】功能，变更订单的数量、含税单价、折扣率、税率等内容；控制订单变更后的数量和金额不能超过合同已关联执行的数量和金额，控制不能删除已执行的订单分录，可以增加订单的物料种类和订单的执行数量等。

8. 严格按订单生产模式

供应链系统支持严格按订单计划、采购、生产、发货的生产模式，在销售订单（外销订单）、采购订单（进口订单）、生产任务单三大订单的执行路线进行 MTO 标志的携带，以便物料流转过程始终与以销售订单为源头的单据关联，并且库存更新时按照 MTO 计划模式更新库存，并提供 MTO 的即时库存信息。

严格按订单生产模式下，销售订单作为拉动整个企业的生产、采购、仓储一直到发运整个流程的“火车头”，是对下游各环节的一个指令，后续的业务活动均是围绕销售订单进行。在销售接单时，需要在销售订单上给出一个标识，该标识将从销售订单携带到生产计划、原料采购、质量检验、库存、发货等各个环节。有该标识的原材料或货物可以识别是此订单专用的，不能被其他订单所挪用。

ERP 根据严格按订单生产企业的行业特点，提供了业务解决方案，通过 MTO 跟踪号贯穿企业的各个业务部门，实现面向订单管理的计划、采购、生产、发运和质量追踪。

在销售订单跟踪查询时，可以以 MTO 跟踪号来进行销售订单和生产任务单的全程跟踪，也可以实现可视化管理，可随时查看订单执行情况、追踪对应生产任务执行情况，并可以追溯到生产任务的领料、生产、质量检验等各个环节，确保订单的交付。

（四）销售发货环节

销售发货环节是货物物权转移的过程，是企业物流控制的重要环节。发货环节的发货通知、销售出库仍可对销售价格进行控制，对客户或业务员的信用进行检查和控制。

对于严格按订单生产模式的销售发货，仍然需要根据 MTO 跟踪号来进行。销售订单上的 MTO 跟踪号可以携带到发货通知单、销售出库单上，则发货时，应依据 MTO 跟踪号进行出货，防止窜货，避免给企业带来不必要的退换货处理。同时库存管理也严格按照 MTO 跟踪号更新库存，提供体现 MTO 跟踪号的即时库存和库存状态分析（供需情况的及时分析）。

1. 订单发货数量控制

（1）订单执行数量允许超过订单数量。ERP 提供系统参数供用户选择，在【系统设置】→【销售系统选项】中，可对“订单执行数量允许超过订单数量”进行勾选，如图 2-6-2 所示。

[销售系统选项]:

	参数名称	参数值
8	订单执行数量允许超过订单数量	☐

图 2-6-2　销售系统选项

勾选中，则表示订单在后续执行发货通知、销售出库时，发货数量可以超过订单数量。不勾选，则表示订单在后续执行发货通知、销售出库时，发货数量不允许超过订单数量。

（2）订单按比例出库。订单按比例出库的前提是“订单执行数量允许超过订单数量”，在此基础上控制订单出库数量的允许范围，如图 2-6-3 所示。

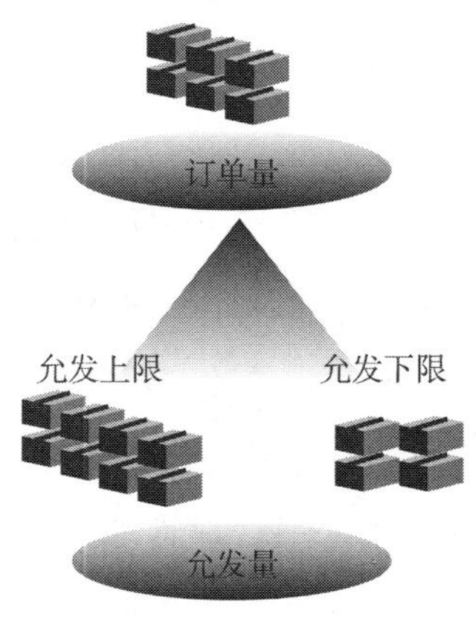

图 2-6-3　订单按比例出库

2. 销售出库收款管理

在销售出库环节，除可以对客户的信用进行检查和控制外，还可对出库后的收款时间进行自动计算，如图 2-6-4 所示。

图 2-6-4 销售出库收款管理

客户不同收款方式可能不同。信用较好的客户收款方式可能为月结，而信用不好的客户收款方式可能需要现金交易或预付货款交易。

现金交易可以一手交钱一手交货，业务收款也随即结束，管理及操作较为简单。而对于赊销方式的应收款的管理来说则相对较为烦琐和复杂。

ERP 提供不同方式的收款条件设置，在出库及开票时，系统自动根据该客户的收款方式计算当前业务的收款日期。

（五）销售发票处理

发票是指在购销产品、提供或者接受服务以及从事其他经营活动中，开具、收取的收付款凭证。

1. 开票处理

日常进行开票时，可能是多次出库一次开票，也有可能是多次出库多次开票，手工开票可能会造成开票数量难以控制。ERP 中的销售发票可以依据销售订单或出库单关联开票，系统自动记录和冲减已开票数量，避免错开、多开发票的情况发生。ERP 中的销售发票不同于税务纸质的发票，企业一般将 ERP 中的发票作为企业申请开具税务纸质发票的依据，用户可通过 ERP 与税控系统接口进行纸质发票的开具。

先出库后开票：财务人员根据销售出库单据开具销售发票，可以根据红蓝销售出库单合并开票；销售发票支持冲红处理，可以由蓝字销售发票生成红字销售发票，同时支持红字出库单生成红字发票。

先开票后出库：财务人员根据销售订单开具销售发票，然后销售人员根据未出库的发票开具发货通知下达给仓管部门，由仓管部门执行出库作业；或者仓管部门直接根据财务部开具的未出库的销售发票，执行出库作业。对于先开票后出库的业务，系统支持在发票环节进行可用量检查。

2. 销售发票稽核

销售发票可以与对应的销售出库单进行钩稽处理，使销售收入与销售成本进行匹配，从而正确核算出销售毛利。红字、蓝字销售发票也可以直接进行对等核销；与销售业务相关的费用发票，可以与出库单、销售发票一起进行三方钩稽，如果费用发票迟于已钩稽的销售发票及出库单发生，也可以单独进行补充钩稽。

开具销售发票时，可对发票价格进行控制，对客户或业务员的信用进行检查与控制。

当发票的源头有销售订单时，ERP 中的发票价格依据销售订单的单价进行开票。严格按订单生产模式下的销售发票上，可体现 MTO 跟踪号，也可不体现 MTO 跟踪号，由用户自行决定。

3. 收款日期确定

销售开票环节，除可以对客户的信用进行检查与控制外，还可对收款时间进行自动计算。若是依据出库单进行开票时，则销售发票收款日期与出库单的收款日期相同；若是先开票后出库，则销售发票的收款日期按当前客户的收款条件设置自动进行计算。

4. 防伪税控开票系统接口

为方便我国企业在税控机中开票，ERP 提供了与税控机的接口，用户可以将 ERP 中的销售发票引出，再在税控机中进行引入，即可在税控机中直接进行开票，避免了重复录入，同时也保证了数据的准确性和一致性。

5. 销售开票统计与查询

如果需要通过不同维度，如客户、物料、客户 + 物料、部门、业务员等，查询发票的开票数量、单价、金额、税额，可通过【销售管理】→【开票】下的【销售收入统计表】来进行统计、查询与分析。

如果需要以客户为主线来统计与查询客户的开票情况（发票号码、开票的物料、单价、数量、币别、金额等），可通过【销售管理】→【开票】下的【客户销售情况明细表】进行查询。

如果需要了解销售的毛利润情况，可在【销售管理】→【报表分析】下的【销售毛利润表】，根据出库成本和开票收入计算出销售毛利润和毛利润率。

（六）销售环节费用处理

销售业务处理过程会发生一些费用，比如装卸费、运输费、保险费等，这些可计入经营费用科目，或冲减销售收入。

费用发票明细表：可按时间查询费用发票的明细情况，并可查询至费用发票的单据详细信息。

费用发票汇总表：可从不同维度反映费用的单位、数量、金额、可抵扣税额的情况。提供多个维度的汇总依据：客户（应付费用）或供应商（应收费用）类别、费用类别、客户（或供应商）+ 费用类别，可以选择汇总至不同级次。双击记录行可查看当前汇总数的来源明细，直至追查到具体单据。

（七）销售收款

销售收款是销售业务中最为关键和重要的环节。一般销售业务要经过接受顾客订单、批准赊销信用、按销售订单供货、按销售订单装运货物、向顾客开具账单、记录销售、收回资金这样一个典型业务流程。从销售订单、发货、开票环节，均对销售价格、客户信用进行了管理与控制，这些都为销售收款打下基础。

企业应建立应收账款的监控体系，包括赊销的发生、收账、逾期风险预警等。财务部门应定期对应收账款的回收情况、账龄等进行分析，而不能将所有责任都交给主要负责确定赊销授信额度和资信调查的信用管理部门，这是内控制度的重要环节。财务部门应编制一定期间的赊销客户的销售、赊销、收账、账龄分析表及分析资料。重点检查单位销售收入是否及时入账、应收账款的催收是否有效、坏账核销和应收票据的管理是否符合规定。

1. 销售回款

（1）订金管理。当与客户签约后，企业可根据合同条款在发货前收取一定比例或一定金额的订金。ERP 中可以根据销售订单编制预收单，进行订金收取的业务处理；开票后预收单也可以与发票进行核销，从而正确核算账龄。

（2）收款处理。财务人员直接根据销售订单或开具的发票及其他应收单（比如代垫费用等）编制收款单，收款单与发票及其他应收单可以进行核销。

（3）退款单。财务人员根据红字发票或原收款单编制退款单，退款单同样支持与发票进行核销。

2. 超期应收款预警

超期应收款预警在 ERP 中【系统管理】→【业务预警】下进行设置，系统会将超期应收款的客户、金额、应收日期、超期天数通过手机短信、邮件、系统消息的一种或多种方式给出提示。

3. 销售应收款管理

ERP 在【财务会计】→【应收款管理】→【分析】和【账表】下提供多种报表，从不同维度统计与分析应收账款的情况。

（1）应收款明细表：按应收类单据（发票、其他应收单、预收单、收款单、退款单等）列示全部应收款的明细，可联查到详细单据。

（2）应收款汇总表：可以从客户、部门、业务员三种维度的组合来汇总应收账款，按期间统计期初、本期应收、本期实收、本年累计应收、本年累计实收、期末余额进行汇总。

（3）到期债权列表：可以从客户、部门、业务员来列示已到期的债权明细单据。

（4）应收款趋势分析表：可以从客户、部门、业务员统计各个期间的应收和实收金额。

（5）账龄分析：以客户或单据为对象，分析不同账龄（如 1 ~ 10 天、10 ~ 20 天、40 天以上等）未到期和逾期的金额。

（6）欠款分析：可按客户、行业、区域分析欠款结构（所占比例）、基于某期间比较（各期增减金额和比例）、趋势（各期间欠款金额）。

（八）销售业务分析

1. 从客户角度

（1）销售分析：主要是统计客户销售发票的发生额，以及各客户占全部销售额的比例。

（2）产品销售流向分析：按客户所在区域统计物料销售数量及销售收入。

2. 从利润角度

（1）销售毛利润表可以综合反映一定时间销售收入、销售成本以及销售利润、利润率的情况。

（2）销售毛利润汇总表可以按期间反映已销售产品的销售收入、销售成本、销售毛利、销售毛利率的情况。

（九）ERP 中查询订单中物料的可签约量

1. 启用【计算可签约量】功能

在【系统设置】→【计划系统选项】中，对“在 MPS 计算时计算可签约量”参数进行勾选，勾选后在进行 MPS 计算时，计算物料的可签约量供查询时参考，如图 2-6-5 所示。

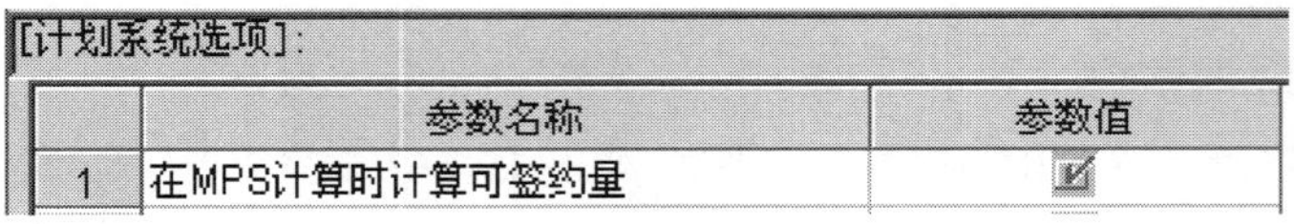

[计划系统选项]:

	参数名称	参数值
1	在MPS计算时计算可签约量	☑

图 2-6-5 计划系统选项

2. 在销售订单上进行可签约量查询

在与客户确认订单之前，可通过订单的可签约量查询功能，查询当前交货期的订单物料数量是否可按时、按量履约。

3. 已承诺的订单冲减可签约量

对于已承诺的新订单（已审核），应将订单数量冲减可签约量，避免重复承诺而无法兑现。

（十）ERP 收款条件设置

ERP 提供不同方式的收款条件设置，在出库及开票时，系统自动根据该客户的收款方式计算当前业务的收款日期。

1. 设置收款条件

在【系统设置】→【基础资料】→【销售管理】→【收款条件】中，可设置按信用天数收款或按月结方式收款。各种收款方式应收款计算方法见表 2-6-1。

表 2-6-1 收款方式应收款计算方法

结算方式	起算日	yy-mm-dd 时间收款	应收款日期
信用天数	单据日期	+n 天	
	举例：出库单日期 2016-12-1	+45 天	2017-01-15
	单据月末日期	+n 天	
	举例：出库单日期 2016-12-1，则单据月末日期为 2016-01-15	+45 天	2017-01-15
月结方式	单据日期	+n 天逢 dd 日	
		+n 月逢 dd 日	
	举例：出库单日期 2016-12-1	+45 天逢 20 日	2017-01-20
	单据月末日期	+n 天逢 dd 日	
		+n 月逢 dd 日	
	举例：出库单日期 2016-12-1，则单据月末日期为 2017-03-20	+2 月逢 20 日	2017-03-20

2. 设置客户的收款条件

在【系统设置】→【基础资料】→【客户】→【收款条件】中，设置客户的收款条件，则在制作该客户的出库单、销售发票时，系统按该客户的收款条件自动计算当前销售业务的收款日期。

二、ERP 面向订单装配模式下的销售业务

面向订单装配模式的特点：在接到销售订单后再开始组装产品，这类产品具有一系列的标准基本组件和通用件，是模块化的产品结构，可以根据客户的要求进行选择装配。大量的基本组件和通用件都是在接到销售订单之前就已经根据预测生产出来，保持一定库存，一旦企业收到客户的订单，企业根据销售订单从存货中快速组装零部件。原因是零部件储存在仓库，企业只需将其组装起来，产品即可交付客户使用。该模式的交付周期仅包括装配和运输周期，有效地缩短了客户需求日期，提高了响应速度。

以 MP3 播放器为例，其产品结构如图 2-6-6 所示（仅显示主要子项）。

内存大小有三种（256 MB、512 MB、1 GB）可供客户选择、外壳颜色也有三种（银色、黑色、红色）供客户选择。这种部分子项物料可由用户自行选择的产品称之为配置类产品，用户在签订销售订单时，对订购产品子项的选择过程，称为配置过程。

客户选择的子项不同，销售价格可能也不同。因此，按订单装配包括从对客户所选产品进行模拟报价计算，到对客户报价、签订销售订单、装配、交货、收款的业务处理全过程。

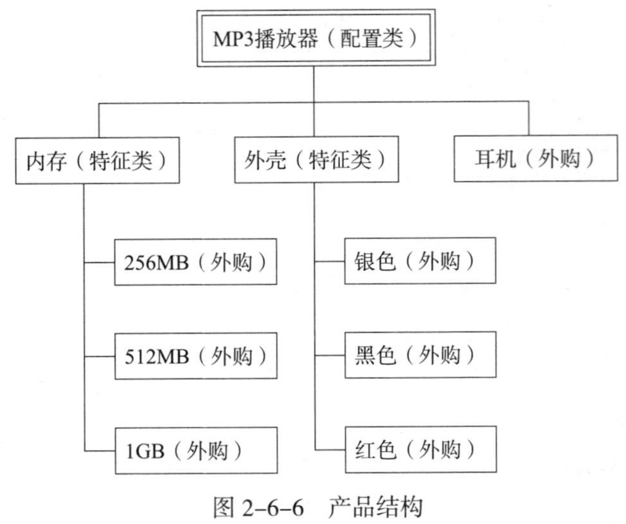

图 2-6-6　产品结构

（一）模拟报价

在面向订单装配模式下，可能因客户所选择子项不同，其成本或销售价格是不同的，因此也会有模拟报价、向客户正式报价的过程。

（二）订单产品的配置

面向订单装配的企业，产品变化大、产品规格多，一个产品系列往往具有多样的可配置性。配置类产品可分为两种：一种是选择的子项不同，配置出的产品（代码和名称）是相同的（子项不同，但成本是相同的，仅是相关属性不相同）。例如，前面举例中的 MP3“外壳”，银色外壳与黑色、红色外壳的成本是相同的，外壳的颜色不同，不会影响产品的成本；另一种是选择的子项不同，配置出的产品（代码和名称）也不相同。占成本比例较大或关键的子项不同时，配置出的产品不同，如上面举例中的 MP3“内存”，有 256 MB 与 512 MB、1 GB，则可配置出不同的产品。

ERP 根据以上配置产品的不同特点，分别提供了两种配置产品的解决方案。

1. 配置出的产品（代码和名称）是相同的

为了完成配置类物料的管理流程，在基础数据定义方面主要需要完成物料主数据的定义（包括配置类物料、特征类物料）、标准 BOM 的定义、客户 BOM 的配置；在销售下单时，需要为客户选购的具体配置情况进行记录，形成客户化的产品 BOM，提交生产。

ERP 配置 BOM 流程如图 2-6-7 所示。

2. 配置出的产品（代码和名称）是不相同的

前面介绍了选择的子项不同，配置出的产品（代码和名称）相同的情况，称为“配置 BOM”，顾名思义为按标准 BOM 来配置客户 BOM，其特点如下。

（1）客户 BOM 人工配置，系统产生数据库实际数据，配置工作效率低。

（2）配置灵活，客户 BOM 的可选物料可删除，可增加物料。

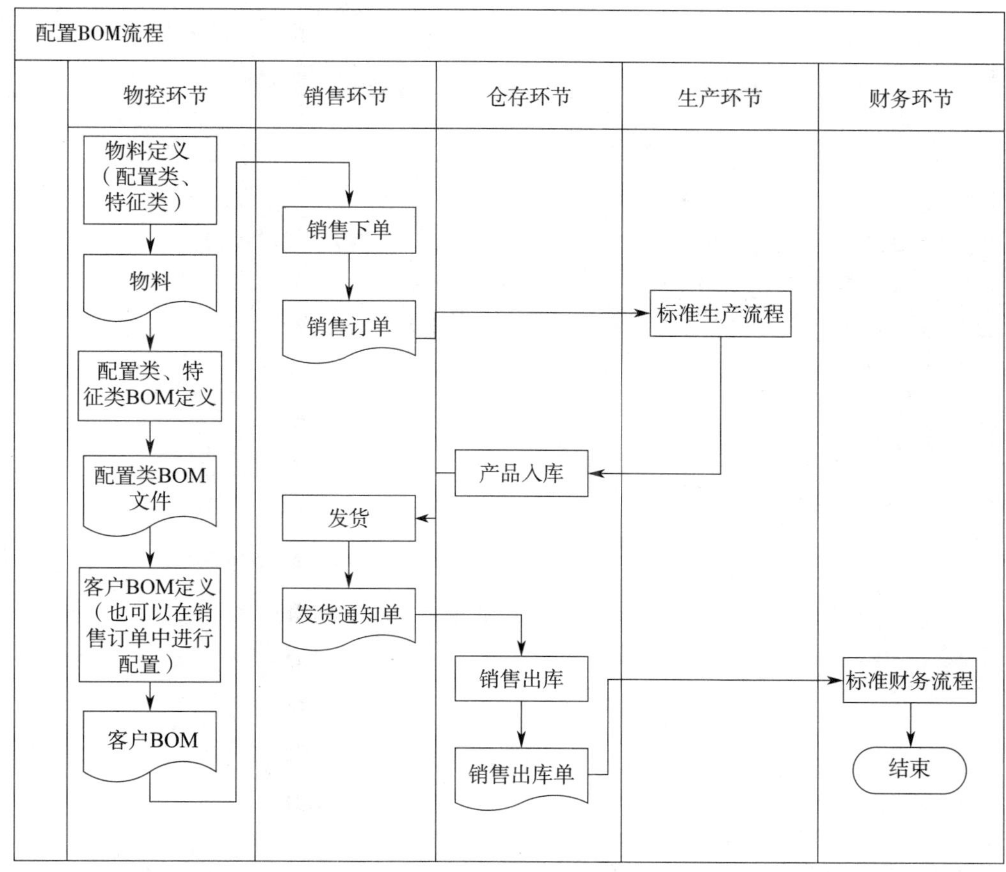

图 2-6-7　BOM 配置流程

（3）配置物料必须采用批次管理，通过物料编码和批次区分不同特性。

（4）针对配置后的客户 BOM，可以进行客户化 BOM 的成本分析。

（5）适应于结构复杂的选配产品。

而子项不同，配置出的产品（代码和名称）也不相同，称为“特性配置”，顾名思义为按子项特性直接进行配置，其特点如下。

（1）通过特性配置方案或在销售订单系统自动增加特性物料和特性配置方案，动态产生客户特性 BOM。

（2）客户特性 BOM 不能修改。

（3）每个特性物料有自己的物料编码。

（4）适用于结构不太复杂、配置规则有规律的选配产品。

特性是指物料的属性，例如物料的属性有颜色、容量、规格、尺寸、大小等。

通过特性配置快速建立客户配置 BOM 和建立特性物料，提高工作效率，加快客户订单交付时间。特性 BOM 配置流程如图 2-6-8 所示。

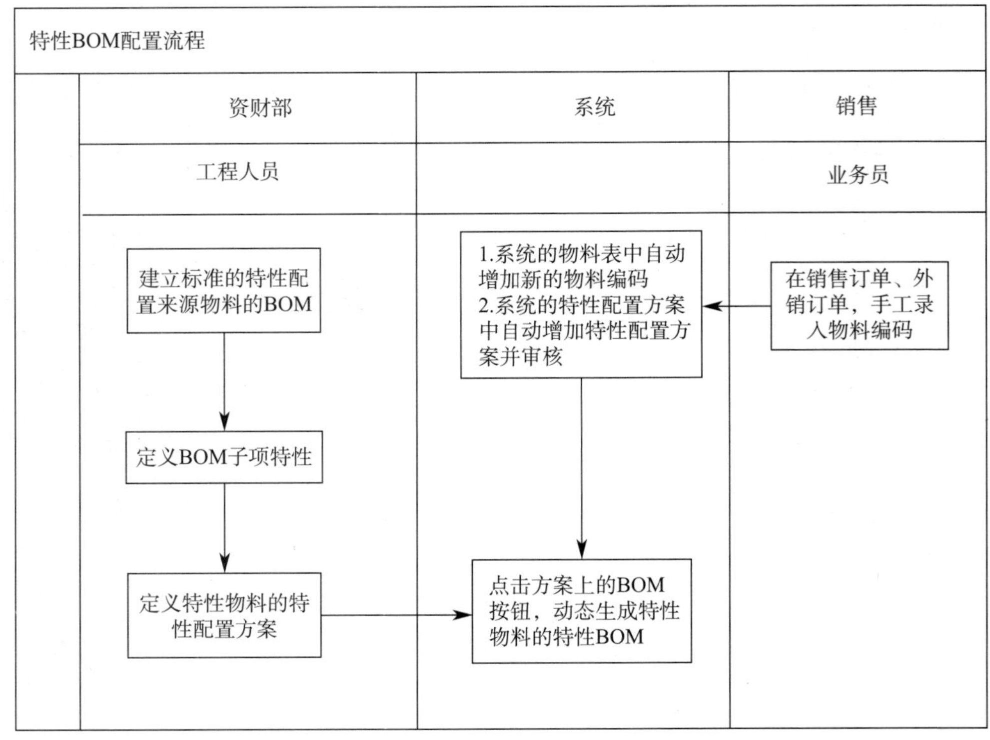

图 2-6-8 特性 BOM 配置流程

（三）销售订单管理

销售订单监控管理包括销售价格管理及控制、信用检查及控制、销售订单预警、销售订单成本预测、销售订单全程跟踪等，与面向订单生产模式下的销售订单管理相同。

（四）完成物料主数据的定义

这是指物料主数据、标准 BOM 的定义和客户 BOM 的配置。

1. 定义物料主数据

在物料的管理过程中，由于每种物料所需要的处理流程有所不同，在 ERP 中定义物料主数据时往往需要指定物料属性。物料属性包括规划类、配置类、特征类、自制件、外购件等。

规划类物料是针对一类产品定义的、为预测方便而设的、需要在预测时按类进行计划的一类物料。规划类的物料不是指具体的物料，而只是在产品预测时使用的物料虚拟类别，也就是说，对应的物料是产品类，不是具体的产品。

配置类物料是表示该物料存在一些可以配置的子项，可配置的意思是可以由用户选择什么样的组件。如用户在购买 MP3 时可以选择内存的大小、外壳的颜色等。

特征类物料是与配置类物料配合使用，表示可配置项的特征，不是实际的物料，在 BOM 中只能是配置类物料下级。特征类物料的下级才是真正由用户选择的物料。如 MP3 的内存作为特征件，内存本身不是实际的物料，这表示内存是可由用户选择的，其下级可能是 256 MB 内存、512 MB 内存、1 GB 内存，这才是实际的物料。

自制件表示该物料是企业自己生产制造的，在系统中可以进行 BOM 设置，在 BOM 中可以设置为父项，也可以设置为子项。

外购件是从供应商购买的原材料。如 MP3 的耳机。

定义过程如下。

（1）调用事务时使用：系统设置→基础资料→物料。

（2）在物料的物料属性字段选择配置类或特征类。

（3）对于配置类物料，ERP 强制性进行批号管理。

2. 物料 BOM 定义

配置类 BOM 和特征类 BOM 经常是搭配使用的。事实上，特征类 BOM 只能用在配置类 BOM 中。图 2–6–6 所示的产品结构，将会产生三个标准 BOM：MP3（配置类）BOM、内存（特征类）BOM、外壳（特征类）BOM。

定义过程如下。

（1）调用事务时使用：生产管理→生产数据管理→ BOM 维护。

（2）输入必要的数据，表 2–6–2 列出输入注意事项。

表 2–6–2　输入数据注意事项

字段名称	是否必须	用户操作和值	注释
BOM 主体			
物料代码	必须	F7 选择物料	BOM 的主物料，如上述的 MP3
数量			一般是 1
成品率			一般 100%
BOM 明细			
物料代码	必须	F7 选择物料	BOM 的子物料，可以有多个子件
子件类型	必须	F7 选择	如果当前物料是特征件，则系统自动填为特征件，不能修改；一般还可以选择普通件，表示该物料作为主物料的子件，需要领料
配置属性	必须	F7 选择	选择“通用”“可选”，通用表示所有产品都必须用到，可选表示该物料是可选件，在配置客户 BOM 时可以不要
用量	必须		相对于主物料代码数量的子件用量
计划百分比	必须		在进行计划时分摊的 100%
损坏率	必须		

（3）审核 BOM。

（4）使用 BOM。

3. 客户 BOM 定义

客户 BOM 反映了客户的真实需求，通过在标准 BOM 基础上结合特征类物料 BOM，经过配置形成客户 BOM，方便销售订单提交到生产环节后，生产主管能清楚了解生产的预备投料情况。

在配置客户 BOM 之前，可以先制定 BOM 约束规则设置。约束设置是为了在配置客户 BOM 时能够快速将子件中的关联配件同时带出，减少输入，加快配置速度；能够将子件之间的互斥关系排除，防止在同一个配置物料中，存在两个或多个不允许的物料存在。

客户 BOM 配置过程如下。

（1）调用事务时使用：生产管理→生产数据管理→ BOM 维护→客户 BOM 维护。

（2）销售订单新增时，在销售订单明细的客户 BOM 字段按 F7 键，选择标准 BOM，通过配置按钮进行配置。

（3）对特征类物料选择一个确定物料，如内存 BOM 中选择一种内存。

（4）对可选件进行选择，确定是否需要，不需要则删除。

（5）审核 BOM。

（6）使用 BOM。

4. 销售订单产品配置

销售订单是企业需求的来源，是生产的动力与依据，创建销售订单时，配置类物料必须输入客户 BOM，以便将产品的结构传递到计划、生产环节，指导生产主管进行生产任务的投料准备。

配置类物料的销售订单在录入时必须录入客户 BOM，在配置客户 BOM 时需要注意：在选择客户 BOM 时，如果在前面已经定义好了客户 BOM，可以直接返回客户 BOM，否则需要在标准 BOM 的基础上，对标准 BOM 进行配置，形成客户 BOM，才能返回到销售订单上。

5. 配置类产品销售订单跟踪查询

因为对于配置类物料，系统强制进行批号跟踪，所以可以通过批号跟踪表来查询物料的执行情况。

适用于结构不十分复杂、配置有规律的装配产品。

本节思考：

1. 模拟报价流程有哪些？
2. 如何查询订单中物料的可签约量？
3. 如何控制订单出库数量的允许范围？
4. ERP 收款条件的设置步骤有哪些？

第三章
MES 技术与应用

第一节　MES 技术应用及生产订单管理

一、MES 技术应用

制造执行系统（manufacturing execution system，MES）是面向车间级生产管控的支撑平台，是企业 CIMS 集成框架的关键组成环节，是实施企业敏捷制造战略和实现车间生产敏捷化的基本技术手段。三向集团为职业教育研发的智慧工厂管理平台以工业 4.0 和“中国制造 2025”指导思想为主体，融合“互联网 +”将工业领域新一代革命技术的研发与创新技术成果、互联网的创新成果深度融合于智能工厂领域中，打造成为一个适合中国智慧工厂职业教育领域的综合平台，旨在将企业生产制造车间由集中式控制向分散式增强型控制的基本模式转变，目标是建立一个高度灵活的个性化、数字化、自动化的产品与服务的生产模式。重点研究智能化生产系统及过程，以及网络化分布式生产设施的实现，主要涉及整个企业的生产物流管理和人机互动在工业生产过程中的应用。同时结合智慧工厂运营模式，结合学校电子技术、机电一体化、电气自动化、生产管理、物流管理及其相关专业现阶段建设情况，以及工业 4.0 智能工厂实验室规划理念，进行综合且专业化的设计，以工业 4.0 和“互联网 +”模式为实训教学研究载体，构建一个高端精细化实体制造企业运作模式的实验室。让学生足不出校就能真实体验工业 4.0 和“互联网 +”在生产制造企业的运营模式，增强学生的社会实践能力，提高学生的社会竞争力。

2013 年 8 月 14 日，国务院发布了《国务院关于促进信息消费扩大内需的若干意见》，其中明确指出，面向企业信息化需求，突破核心业务信息系统、大型应用系统等关键技术，开发基于开放标准的嵌入式软件和应用软件，加快产品生命周期管理（PLM）、制造执行管理系统（MES）等工业软件产业化，加强工业控制系统软件开发和安全应用，加快推进企业信息化，提升综合集成应用和业务协同创新水平，促进制造业服务化。大力支持软件应用商店、软件即服务（SaaS）等服务模式创新。其中，重点指出 MES 作为制造车间数字化信息化管理平台，是落实工业化与信息化深度融合战略的关键支撑工具。

（一）MES 发展背景

由于日趋激烈的市场竞争、客户对产品呈现爆炸性的多样化要求，导致产品的生命周期逐渐缩短，产品的结构也日益复杂，这使得传统的以企业为主导、客户被动接受产品的状态逐步转变为以满足客户需求为驱动的大规模定制形式。面对大规模的个性化客户需求，传统的大批、大量生产模式已经不能适应市场的激烈竞争，企业必须实现从少品种、大批量到多品种、变批量、研产并重、混线生产模式的转变。通过提高对客户需求的反应速度以获得竞争优势和市场先机，从而衍生出快速响应制造的要求。

为了满足多样化的客户定制需求，在产品规划方面，企业必须重视新产品的研制，以丰富产品型谱选择空间；在生产组织方面，要求研制性产品和批产性产品共同基于有限的制造资源进行混合生产，直接表现为复杂性和动态性的显著提升。第一，产品的种类、数量和交货期具有受日趋频繁订货行为的牵引而变动的特点。第二，研制性产品一般采用单件或者小批量生产组织形式，批产性产品体现为中大批量生产组织形式，在此现状下，制造执行具有复杂的过程关联与协调内涵。第三，研制性产品具有工艺变化频繁、工时不准确、计划组织随意性大的特点，对批产性产品的生产组织及运行的稳定性带来较大的冲击。第四，对于制造企业而言，制造执行过程具有多方面的扰动，如对于作为调度核心的工时数据，存在来自设备状态、加工操作方法等技术方面的不确定性，以及来自管理上以定额工时作为核算指标导致的人为障碍，都使得无法获得确定性的加工工时基础数据。同时，不管是民品生产企业还是军品生产企业，在当前激烈的市场竞争下，都普遍存在紧急订单插入、订单分批执行等现象，这些生产突发事件或因素都会对生产计划的执行产生冲击。因此，制造执行处于复杂和动态的生产环境中，存在工时等基础数据不准确、订单任务等不确定、执行状态反馈不完备等问题，如何实现快速响应制造执行，实现制造执行过程的协调、制造执行信息的管理、作业调度的控制就构成了快速响应制造执行需要解决的核心问题。

随着 MRP、ERP 等工具和管理理念在我国的逐步推广和深入，我国制造企业的信息化意识逐渐加强。随着企业信息化建设的不断深入，各种信息化管理软件逐渐为众多的管理者所接受，并开始广泛应用于企业管理中，企业也因此取得了一定的管理效益。大部分管理系统是对企业的管理数据进行处理和运算，主要应用在计划、预测、分析等方面，但对作为生产现场这一企业主体行为的研究则起步较晚，这也导致目前我国 ERP 整体的应用效果并不理想，而作为现场管控层的 MES 技术及应用的缺乏是直接原因之一。

（二）MES 定义与框架

MES 的概念是美国先进制造研究协会（advanced manufacturing research，AMR）于 1990 年 11 月首次正式提出，旨在加强 MRP 计划的执行功能，把 MRP 计划通过执行系统同车间作业现场控制系统联系起来。这里的现场控制包括 PLC 程控器、数据采集器、条形码、各种计量及检测仪器、机械手等。MES 系统设置了必要的接口，与提供生产现场控制设施的厂商建立合作关系。AMR 将 MES 软件定义为“位于上层的计划管理系统与底层的工业控制之间的面向车间层的管理信息系统”，它为操作人员 / 管理人员提供计划的执行、跟踪以及所有资源（人、设备、物料、客户需求等）的当前状态。

我国于 2006 年出台的 SJ/Z 11362—2006《企业信息化技术规范 制造执行系统（MES）规范》，为企业规划和实施 MES 提供了指导性的参考文件。但目前该规范只是处于思想指导层次，且主要对通用的民品或者规范性的行业具有一定的指导性，但对于制造企业多品种、变批量、产研并重、研制与批产混线、流水与离散混合作业的管理需求还存在较多的适应性和完善性问题。

在企业信息化框架中，MES 起到一个承上启下的数据传输作用，与计划层和控制层之间数据传输的主要内容如图 3-1-1 所示。一方面，MES 从 MRP/ERP 中读取生产任务以及物料和设备等计划层的基本信息，通过处理将作业计划以及生产准备信息下达到车间层；另一方面，MES 从生产车间读取工序的具体加工数据以及设备和物料的使用情况，通过处理向 MRP/ERP 层反馈订单和短期生产计划的完成情况以及人员分配和设备的利用率等数据。

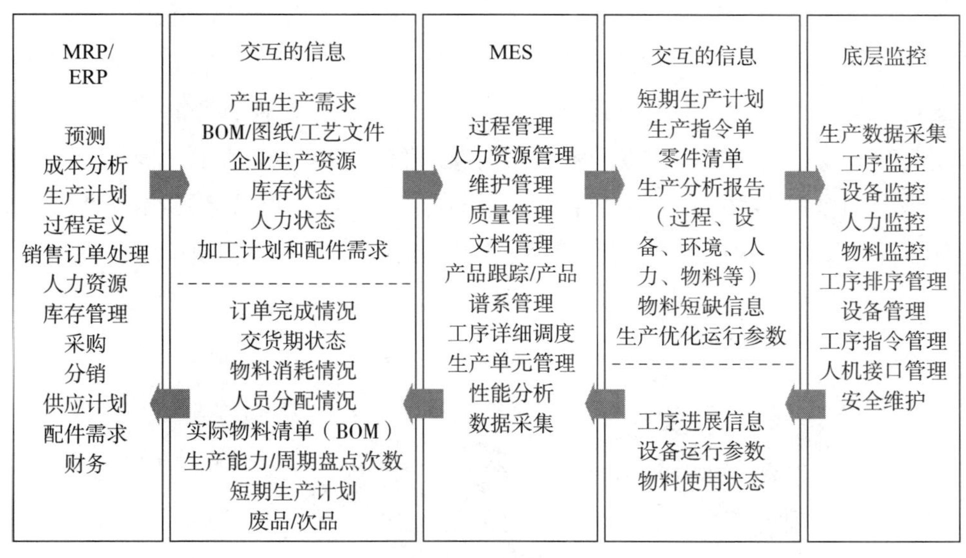

图 3-1-1 MES 信息传输内容

通过 MES 的功能和 MES 与其他信息系统之间的关系可以看出，MES 系统通过生产资源管理、人力资源管理、设备维护管理和单元管理以及文档管理等模块，从 ERP、PDM 等信息系统读取生产任务、设备、人员和生产准备等信息。然后利用这些信息通过工序调度生成作业计划，并下达到生产车间。车间按照作业计划组织安排生产，生产中的实际执行情况、质量等信息通过现场数据收集，收集的数据通过性能分析后利用过程控制模块对作业计划进行调整，形成动态调度系统。由此可见，MES 是一个以动态调度为核心，以生产制造信息收集管理为主要任务的制造执行过程协调与控制的系统。

（三）MES 技术应用

通过近二十年的发展，MES 的研究与开发都取得了长足的进展，特别是近十年来，新型业务类型不断出现，促使 MES 不断走向完善。我国在 MES 领域的研究首先关注流程工业。“十五”期间，国家“863”计划将 MES 作为重点研究课题，流程工业领域 MES 成为技术研究的突破口。流程工业最突出的特点是生产线自动化程度高，制造过程的信息易于取得，具备信息数据基础。MES 的重要性充分显现，企业对 MES 产生了迫切需求，流程工业 MES 实施条件基本成熟。

三向集团作为全国一流的教学资源服务商，在全球制造格局面临重大调整、我国经济发展环境发生重大变化、建设制造强国任务艰巨而紧迫的背景下，根据企业需求和生产特点，结合“工业 4.0”理念，研制开发了一个符合中国制造与工业 4.0 相关技术要求的步进电机智能化生产工厂及管理系统的综合教学实践系统。该系统利用智能控制技术、网络通信技术、信息安全技术、信息物联技术、大数据识别应用技术、虚拟仿真技术，实现智能化生产排产、智能化生产过程协同、智能化互联互通、智能化生产资源管理、智能化质量过程管控、智能化决策支持等功能。系统集成了步进电动机的零件加工、组装、检测、包装、物流仓储所有生产工序，同时集成了智能化排产管理、仓库物料管理、生产协同、客户订单管理等不同生产管理模块。MES 制造执行系统实现了从客户下单、虚拟仿真设计、产品生产、质量监控、产品配送等各环节的信息化与智能化。三向集团研发的智慧工厂布局图如图 3–1–2 所示，智慧工厂信息化智能控制中心如图 3–1–3 所示，智慧工厂信息化智能服务中心如图 3–1–4 所示，生产线工艺流程如图 3–1–5 所示，智慧工厂软件系统结构与业务流程如图 3–1–6 所示。

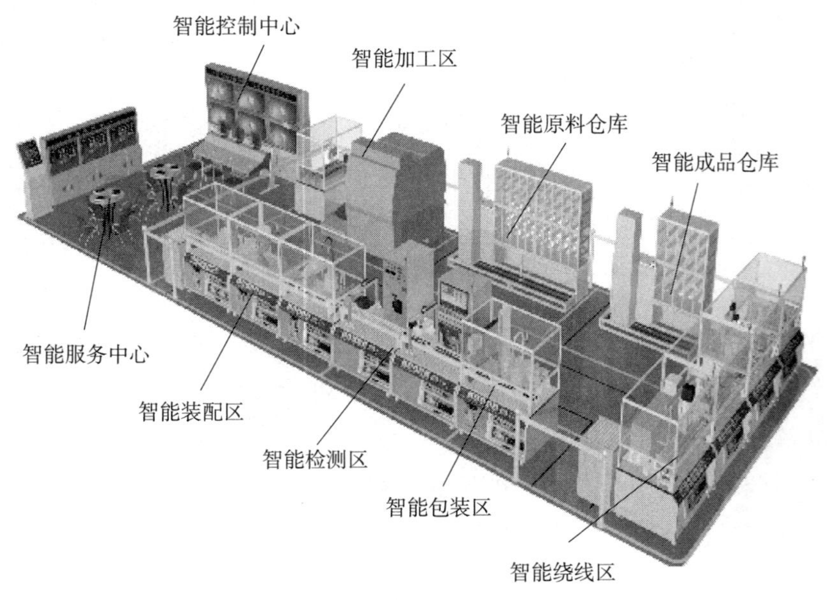

图 3–1–2　智慧工厂布局图

图 3-1-3　智能控制中心

图 3-1-4　智能服务中心

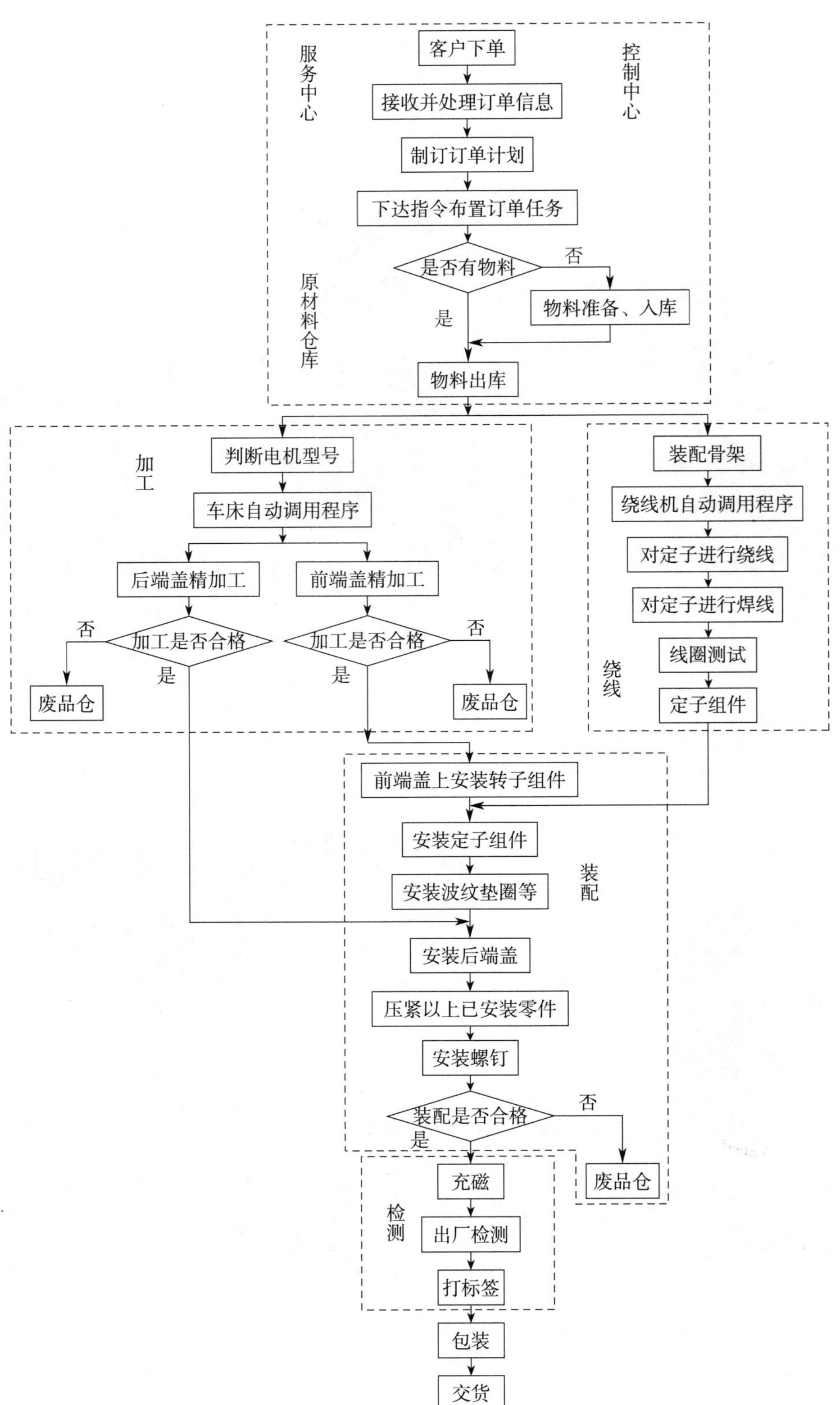

图 3-1-5　生产线工艺流程

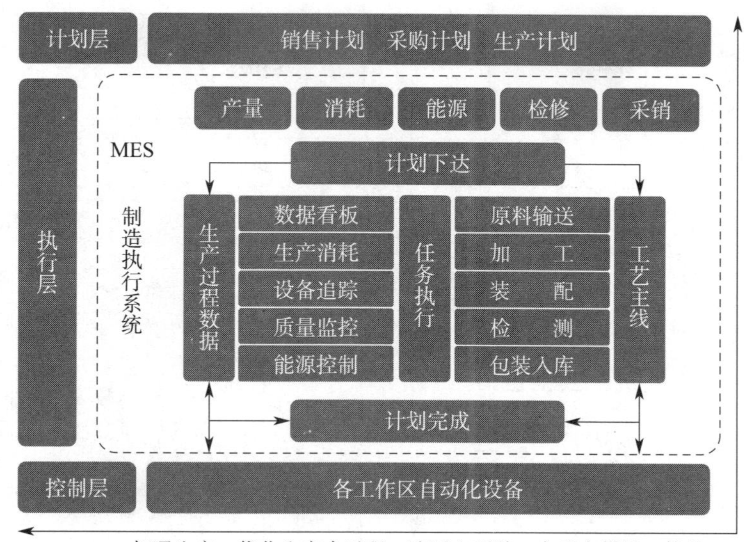

图 3-1-6　软件系统结构与业务流程

二、MES 生产订单管理

MES 业务主体流程可描述为各车间通过集成或者导入的形式建立车间订单任务，随后下发给车间技术工艺部门，在工艺组长和工艺员的协同工作下完成结构化工艺路线和工艺流程文件等技术准备工作。同时在工艺员和器材员、刀具员、夹具员、量具员的协同下完成生产准备工作，并更改订单状态推进到车间调度部门，车间调度实现订单的下发控制。在设备资源管理的支持下，进行作业调度排产，并下发给操作工人进行执行。操作工人主要进行现场生产准备的检查以及工序的报操作开工与完工的业务，并将工序节点推进到质检部门。质检部门填写质量检验记录并向调度反馈，调度据此对作业排产方案进行相应的动态调整。

生产订单管理要求用 App 移动端进行订单下发、订单明细查看、订单进度查询、库存查询、人员监控、机器状态查询、报表查询、视频监控、配料看板等管理工作。

（一）MES 技术框架

MES 技术框架如图 3-1-7 所示，主要包括四个层次。系统支撑层包含操作系统、网络与数据库等基础环境，以及数控设备、自动物料输送与存储设备、数字化检测设备等硬件支撑环境，以支撑系统的运行；数据与系统支持层包括制造执行信息库、作业计划库、资源管理系统等，面向底层硬件的立体库管理系统、MDC 系统、DNC 系统等，面向外围信息化系统的 PDM、CAPP、ERP 等，从而为 MES 的正常运行提供必要的向上数据、向下控制与向外集成的保障支持；业务逻辑层用于实现业务处理功能，包括获取订单创建、生产技术准备、计划排产与动态调度、工序—订单—批次乃至产品自下而上的执行过程监控与数据采集，以及统计分析等，该层次是 MES 开展业务处理的核心，企业可以根据自身的需要配置中央齐套库、立体库或者物资库等，以支持

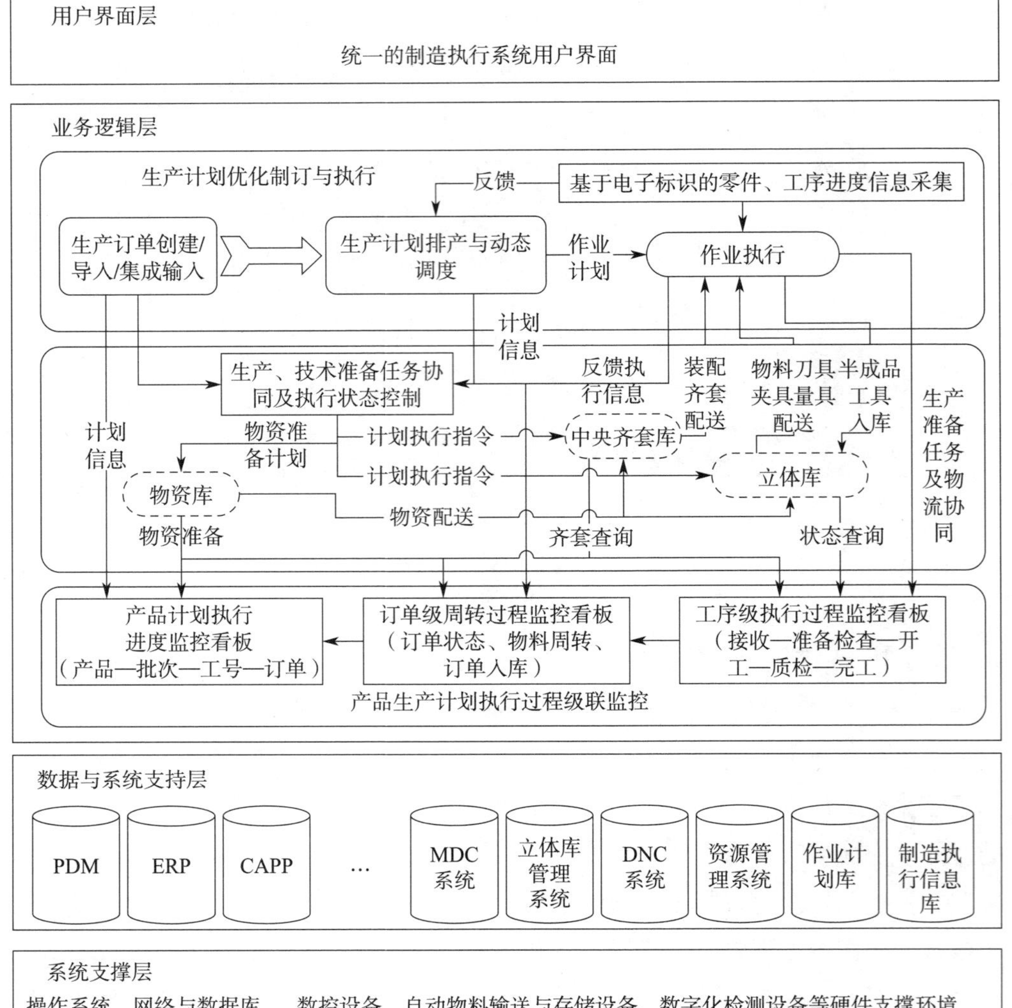

图 3–1–7 MES 技术框架

车间实物周转过程及其状态的控制；用户界面层通过人机交互界面将信息传递给相关人员。

面向快速响应制造执行系统的技术框架主要体现出以下几个特点。

1. 制造执行全过程的柔性协调

MES 的业务流程管理体现在两个方面：一是从订单创建、技术准备、生产准备、下发控制、执行监控以及完工入库的主流程管理，从而能够实现基于状态协调的全过程管理；二是以订单工序为核心的现场自检、互检、专检以及现场工艺展示的控制，从而能够形成以工序节点为核心的制造执行数据包的有效管理。

2. 物料流、信息流和控制流等过程与信息的有效管理

面向车间生产管理的 MES 还体现为对物料流、信息流和控制流的有效管理方面。对于物料流而言，并非特指毛坯类的加工物料，而是涵盖了车间所有用以周转的实物，

包括齐套物料、工件毛坯、刀具、夹具、量具、辅具、工艺文件、生产图纸、生产记录卡等，为实现有效的车间实物位置和状态的监控，必须引入条码技术，同时考虑车间现场的油污环境，一般采用二维码的形式实现车间实物的唯一标识；对于信息流而言，主要体现为随着制造执行过程的进行，任务信息、工艺信息以及执行信息的交互协调，体现为基于结构化和数字化的信息管理基础上的信息集成，即不仅包括过程管理信息，同时包括车间实物以及控制流程所附带的信息；对于控制流而言，主要体现在两个方面，一是任意技术准备—生产准名—下发控制—过程执行—入库等全过程的状态控制；二是面向底层数字化硬件设备，如数控机床、数字化检测设备、自动物料输送与存储等的指令下发与状态反馈。除了对底层的控制，控制流同样表现为信息流的形式，需要 MES 进行综合管理。

3. 以计划排产和动态调度为核心的闭环执行控制

计划排产与动态调度是实现有序、协调、可控和高效快速响应制造执行的核心，主要体现在三个方面。一是高效的计划排产能够有效地支持制造资源的优化配置，使订单执行处于有序、协调的状态；二是灵活的动态调度能够有效地支持对各种生产突发事件的响应处理，使作业排产方案能够始终反映现场实际状态从而保持指导性，属于作业计划的闭环控制；三是作业排产计划不仅是加工设备等核心资源配置的依据，同时也是牵引物料，刀具、夹具、量具、辅具等辅助资源有序配置的依据，在生产准备完成订单工序所需物料、刀具、夹具、量具、辅具等资源的需求定义之后，基于作业排产方案中的订单工序时间节点信息，立体库 / 齐套库 / 物资库等据此可以进行是否出库的控制，进而通过现场的实物到位确认，形成一种资源闭环控制机制，从而增加生产的有序协调性。

（二）订单任务执行过程

订单任务执行过程包括作业执行监控看板、作业执行数据采集等，如图 3–1–8 所示。所涉及的使用人员有调度人员、车间副主任、车间主任、立体库管理人员、操作工人、质检人员。其主要的业务包括调度人员、车间副主任、车间主任查看不同型号、批次、工号的作业执行看板；操作工人完成生产前的准备检查，报操作开工和报操作完工；质检人员完成工序，报完工操作；立体库管理人员完成物料、刀具、夹具、量具的实时状态管理，包括地点、设备、人、作业工序等的全面管理。

本节思考：

1. 在企业信息化框架中，MES 起到什么作用？
2. MES 技术框架主要包括几个层次系统支撑？分别是什么？
3. 面向快速响应制造执行系统的技术框架主要体现出哪几个特点？

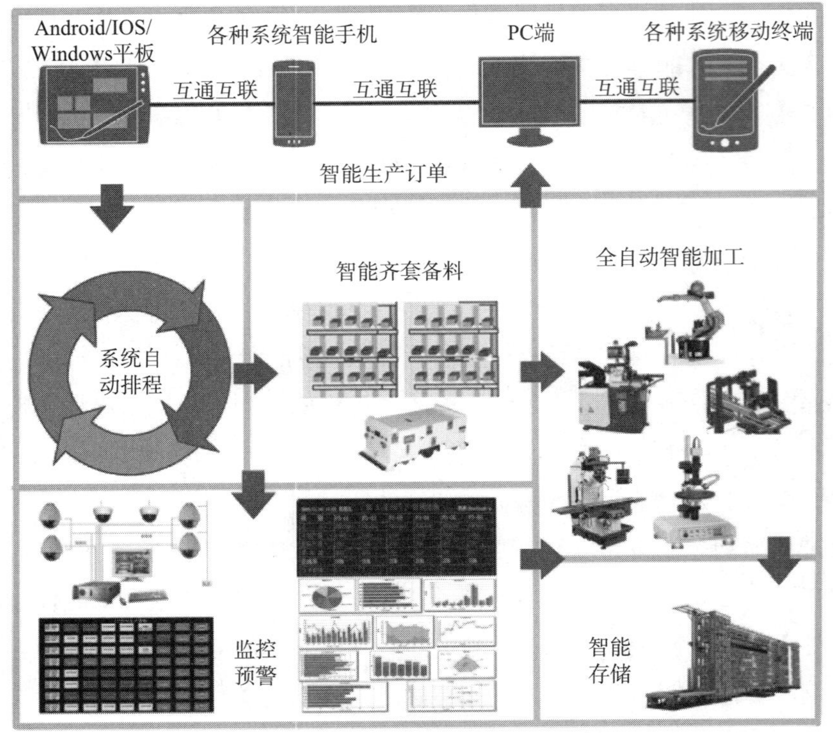

图 3-1-8　订单任务执行过程

第二节　MES 生产物料、物流管理及应用

一、MES 生产物料管理应用分析

研制和批产并重是当前多品种、变批量、混线生产模式的重点，订单及其执行批次管理是制造执行的源头和核心，是制造执行过程管理的主线，涉及复杂的执行批次间数据关联与状态协调。同时，订单及其执行批次的制造执行过程是以物料作为实物载体而开展的，物料作为各种制造信息综合作用的对象，对其进行有效追踪和状态控制，也是制造执行过程管理的重要内容。

（一）动态批次与物料协调技术思路

通过对生产物料制造执行过程中的订单批次与物料状态协调管理问题的分析，可见制造执行过程复杂批次管理的本质是实现在纯粹的流水和完全的离散两种极端模式下对各种中间状态进行协调管理。这些中间状态包括整体流水分批、整体离散分批、工序分批交接以及穿插其中的工序与质检之间的分批交接等。与上述各类分批操作相对应的，需要对订单批次数据及其状态、物料编码及其状态进行关联协调管理。针对上述问题与要求、从订单批次管理、物料周转与状态控制、批次执行协调等方面入手，建立研究框架如图 3–2–1 所示。

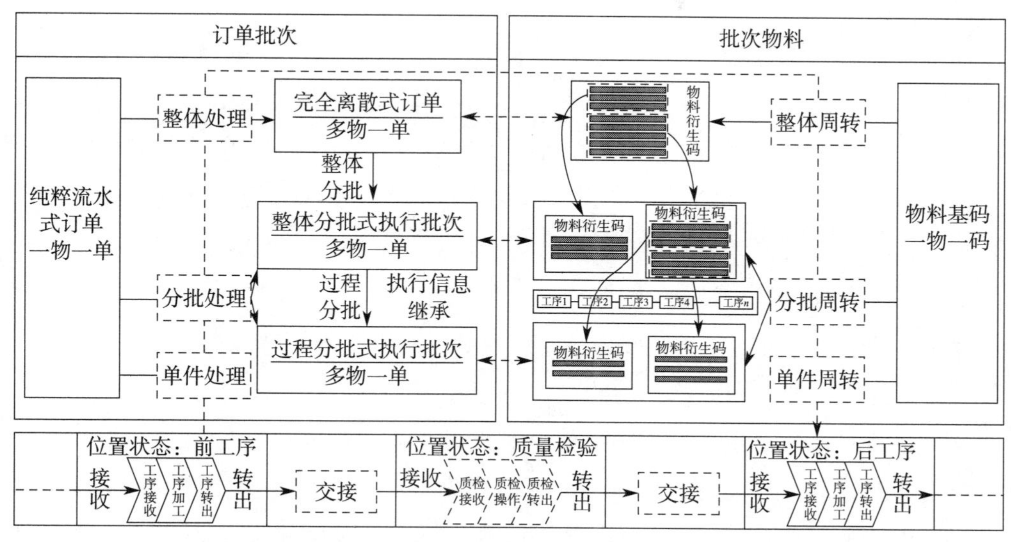

图 3–2–1 生产物料执行过程中的订单批次及物料周转状态协调管理研究框架

通过订单批次管理实现订单批次数据的动态组织与状态协调，通过物料控制实现物料周转与状态数据采集，通过批次执行实现批次数据与物料组合之间的数据关联与状态协调。具体包括以下三部分内容。

（1）从订单批次动态管理的角度针对订单批次管理动态性的要求，通过整体与过程分批，实现批次关联和批次状态协调。

（2）从物料周转状态控制的角度针对物料动态组合的要求，通过物料位置状态与加工状态数据采集，实现物料周转与物料状态控制。

（3）从订单批次与物料周转整体关联协调的角度针对纯粹流水、完全离散以及流水与离散混合的各种生产模式，以工艺路线为驱动，实现执行批次与物料的协调管理，同时通过执行反馈实现进一步的订单批次动态管理，从而实现订单批次管理与物料控制的数据关联与状态协调。

（二）整体与执行过程相协调的订单批次关联和状态控制技术

以订单为单位的生产任务下发至车间后，车间根据自身现有的生产执行计划以及加工能力，对订单进行进一步的细化处理，生成执行批次，这就使得计划生产订单下有可能会产生更细粒度的执行批次，成为指导生产的基本任务单元。同时生产是一个动态的过程，订单下执行批次的划分也不是一成不变的，会随着生产的进行逐步发生变化。这些因素使得制造执行中的执行批次具有动态性、关联性和逐级衍生的特点。

针对执行批次的这些特点，提出批次树的概念。批次树是用以实现制造执行任务柔性管理的一种组织形式，是以订单为根节点，以执行批次为子节点，通过将分批生成的执行批次依次挂接到其父订单或者父批次之下的方法，形成可逐级展开的树形组织结构。分批过程中形成的执行批次都以批次树的形式组织，随着分批的进行，执行批次逐渐向批次树的深度和宽度方向发展。

订单批次动态生产数量管理技术

在批次树展开的过程中，订单总的计划生产数量是一项关键控制内容。由于生产始终存在不合格废品的情况，生产的过程实际上是一个使得实际生产数量相对于计划生产数量趋向于减少的过程。为了适应这种趋势，必须提供生产前和生产中控制生产数量的手段，包括以备件的形式增大初始的计划生产数量，以及在制造执行中以创建执行批次的形式追加订单计划生产数量，同时还要保留在制造执行中人为减少生产数量的手段，以应对订单计划数量的缩减。因此，从订单总的计划生产数量变化的角度来看，存在两种情况：一是订单总的计划生产数量在制造执行的过程中不发生变化；二是订单总的计划生产数量在制造执行的过程中随着执行批次的变化发生增加或者减少。

（1）在订单计划数量不变的情况下：假设订单总的计划数量为 N，分批深度为 Y，分批宽度 X，订单分批次数为 M 次。分批深度即分批的级数，比如订单级的分批深度为 0，订单进行一级分批之后，分批深度变成 1，一级分批再进行二级分批，则分批深度变成 2。分批宽度即批次树在分批宽度轴上的投影。订单批次在分批坐标系中的分布如图 3-2-2 所示，其中 N_{xy} 为分批深度和分批宽度分别为（x，y）的批次。

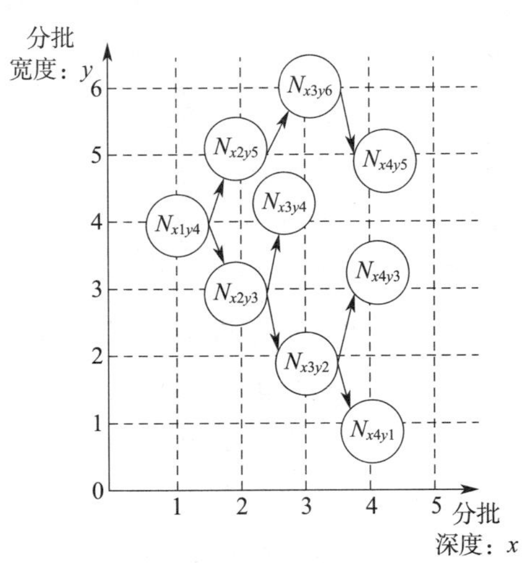

图 3-2-2　订单总计划数量不变的情况

（2）在订单计划数量发生变化的情况下：假设订单初始计划数量为 N，变动后订单总的计划数量为 N_1，分批深度为 X，分批宽度为 Y，订单分批次数为 M 次。订单批次在分批坐标系中的分布与数量变化情况如图 3-2-3 所示。其中：$N_{x2y3} > N_{x3y4}+N_{x3y2}$（$N_{x3y2}$ 未发生分批），N_{x3y4} 的批次数量较实际数量减少，$N_{x3y2} < N_{x4y3}+N_{x4y3}$，$N_{x4y1}$ 的批次数量较实际数量增加。

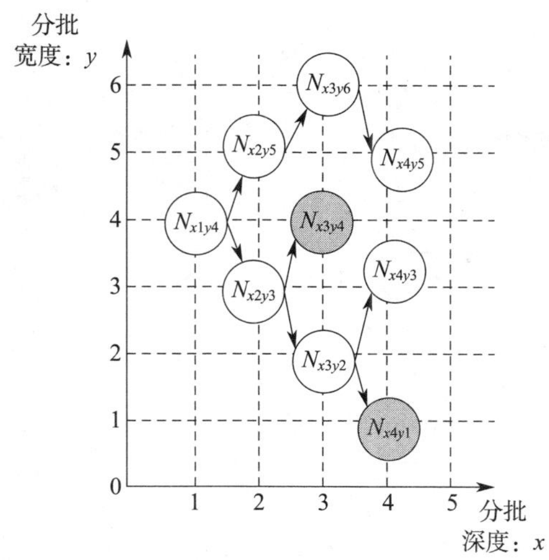

图 3-2-3 订单总计划数量发生变动的情况

由于执行批次生产数量变动引起的订单总计划数量变动为 $\Delta N = N_1 - N$。

（三）动态订单批次关联管理技术

在动态订单批次管理层面，执行批次以批次树的形式组织。通过生产执行开始之前的整体分批和生产执行开始之后的过程分批，创建新的执行批次并挂接到批次树订单级节点或者父批次节点下。创建执行批次的操作可以分为以下 3 种类型。

（1）默认执行批次在不对订单进行分批处理的情况下，创建默认执行批次，此批次信息即订单信息，包括数量、下发和计划完成时间等。订单与默认执行批次的关系如图 3-2-4 所示。

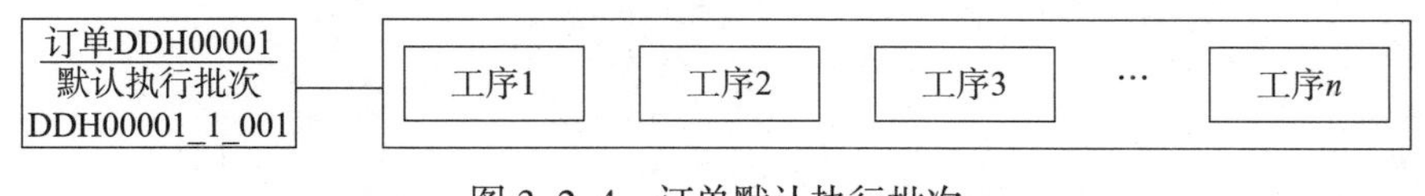

图 3-2-4 订单默认执行批次

（2）整体分批在生产执行开始前对订单进行整体分批，创建订单下的执行批次以及批次下的子批次，在这种分批的过程中可能会出现总的生产数量与订单初始计划数量不符的情况，包括总数量的增加与减少。这时创建的执行批次的制造信息都继承自父订单或父批次，只是具有不同的生产数量和批次号。整体分批的批次衍生关系如图 3-2-5 所示。

（3）过程分批。在生产执行开始之后，订单下各个子批次同步或者异步投入生产，导致不同批次间的执行状态产生差异。对于执行状态没有发生变化的批次依然使用整体分批的方式进行新批次的创建。对于执行状态已经发生变化的执行批次就不能用整体分批的方式来创建新的执行批次，只有通过过程分批的方式，即创建新批次时继承父批次的所有信息，包括执行状态，但是生产数量可以继续发生变化。过程分批的批次衍生关系如图 3-2-6 所示。

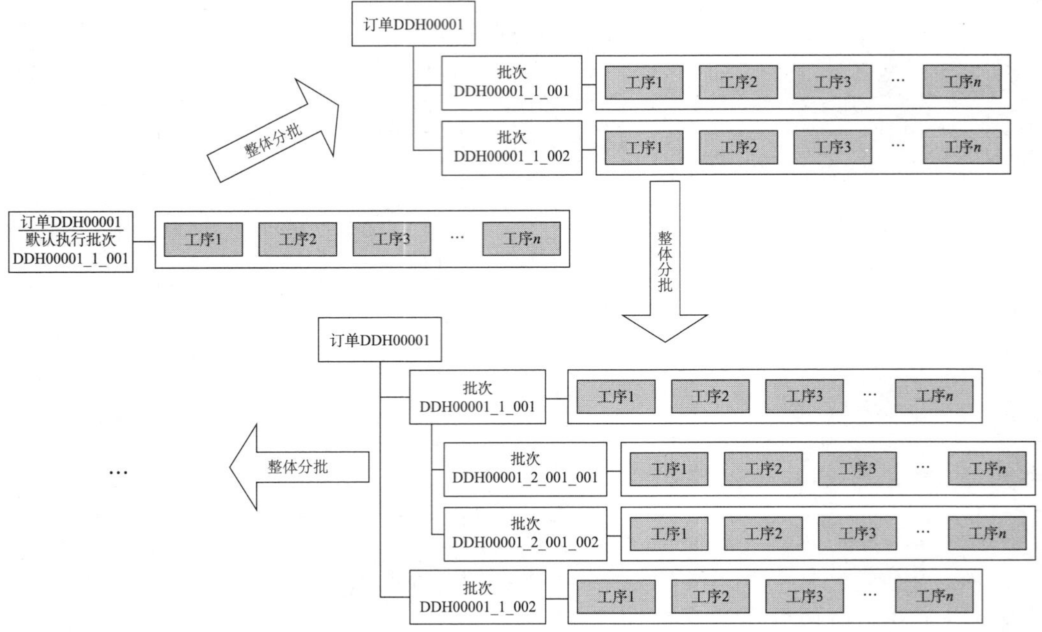

图 3-2-5 订单开始执行前的整体分批

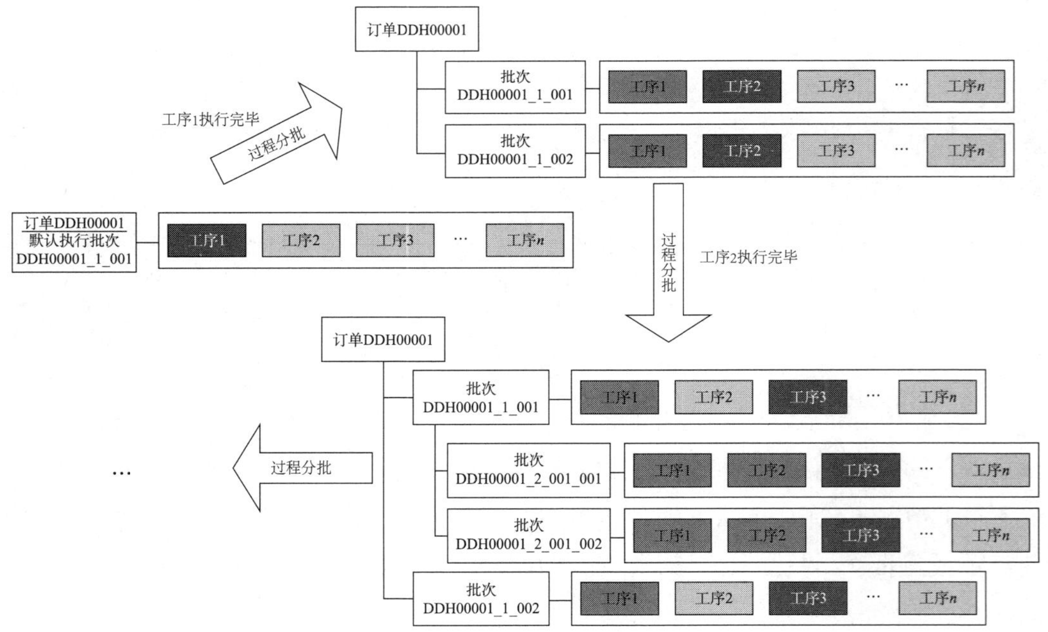

图 3-2-6 订单执行过程中的过程分批

二、MES 物流管理应用分析

在多品种变批量的复杂产品生产中，齐套是装配执行过程按计划执行的重要保障，是装配工艺过程节点有序进行的先决条件，是促进车间物料有组织流动的关键因素，因此高效、准确、灵活的齐套管理水平对于复杂产品装配执行过程起着重要的作用。齐套管理的核心体现在三个方面；一是齐套内容齐套的物料种类要完备，数量要匹配；二是齐套时间，齐套要与执行过程时间节点相匹配协调，以实现精益生产齐套；三是齐套配送，要求齐套物料要以快捷高效的形式配送到现场。上述三个方面提出了齐套控制的目标要求，即正确的物料在正确的时间以正确的方式送到正确的装配地点或装配工序环节。

（一）生产物料管理齐套控制技术思路

针对目前复杂产品装配执行过程存在的齐套管理缺乏过程控制、齐套与库存间缺乏协同控制、物料缺少统一高效的配送方案等问题，通过层级化的装配工艺结构管理，以齐套状态控制为核心的车间 / 库存协同配合以及托盘条码的物料配送方案，实现复杂产品新增式装配齐套过程控制。面向复杂产品装配执行过程的渐增式过程齐套技术体系如图 3-2-7 所示。

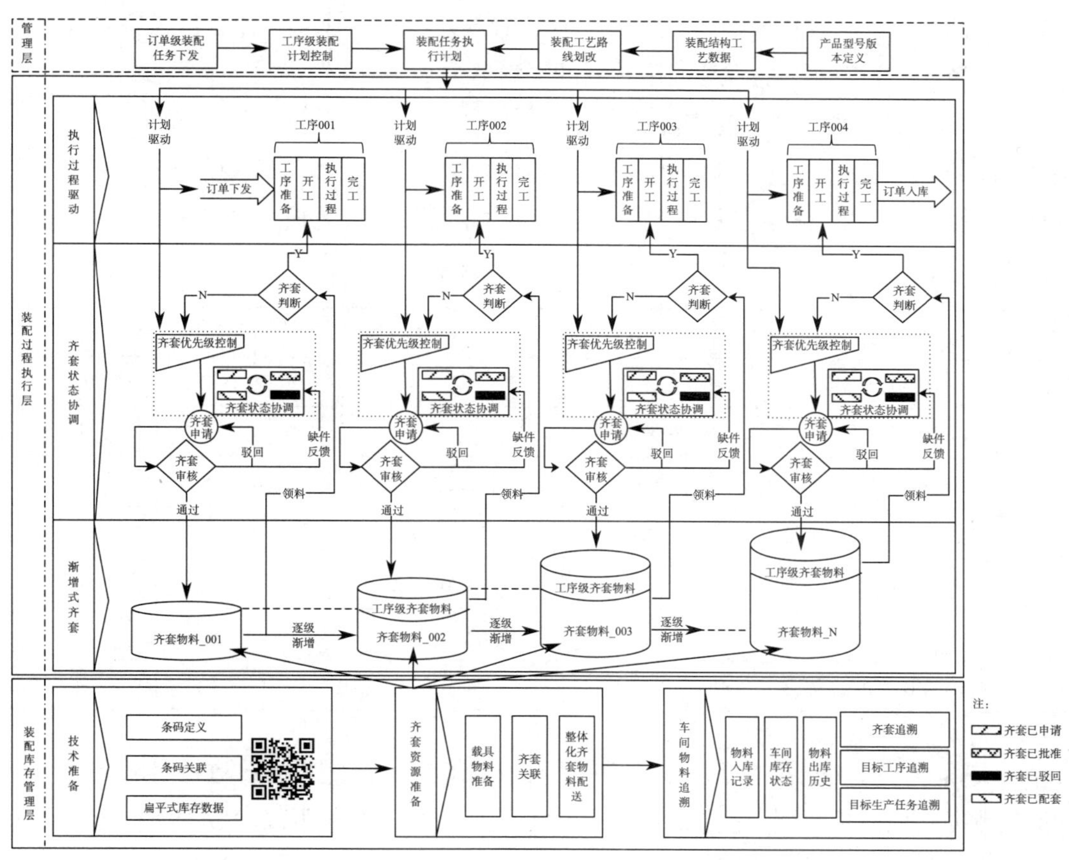

图 3-2-7　生产物料装配执行过程的渐增式过程齐套技术体系

图 3-2-7 以装配过程为主线，将全局齐套转化为过程齐套，在生产计划的驱动下以工序流程为节点，结合协同式库存管理与条码物料周转技术，实现齐套的新增式过程，其技术体系结构主要包括以下三层。

（1）装配过程管理层。针对复杂产品装配工艺流程与物料需求间关联的特点，通过产品型号版本定义、装配结构与工艺路线数据管理和两者与订单任务的关联，实现工序级的过程齐套的关联控制。

（2）装配过程执行层。不同于全局齐套的整体化概念，针对多样化产品变生产批量的混线装配生产特点，在生产计划的控制下，通过工序级的物料齐套、齐套审批优先级评价等手段，围绕多角色协同控制的齐套状态业务流程管理，实现具有渐增式过程齐套的复杂产品装配执行过程。

（3）装配库存管理层。针对多品种大批量的物料库存特点，以及现场齐套对及时准确性的要求，通过建立基于二维条码技术的齐套服务型协同式库存管理体系，实现执行过程中齐套任务关联型的物料托盘准备、配送供应与周转状态统计。

（二）基于装配结构工艺的整体与过程齐套关联控制技术

产品的装配执行过程以装配结构工艺数据为依据。装配结构工艺数据是复杂产品装配的关键数据，将装配生产任务与装配结构数据、工艺路线和型号版本管理关联起来，在此基础上将装配执行过程的齐套物料有效控制，实现基于齐套状态协调的装配物料齐套业务管理流程，保证装配物料的准确请求与供应。

1. 订单任务数据的齐套资源关联技术

产品装配结构工艺包含装配所需的零组件的型号名称、数目、从属关系和装配工序顺序信息。以某复杂车辆装配信息为例，其示意装配结构工艺信息如表 3–2–1 所示。

表 3–2–1　　装配结构工艺数据

图号	名称	所属装配	基数	工序序号
M10. M01. M01	左侧履带		1	0
M10. M01. M02	右侧履带		1	1
M10. M01. M01. M11	履带片	M10. M01. M01=4	8	
M10. M01. M01. M12	销钉	M10. M01. M01=2	4	
M10. M01. M01. M11. M01	履带卡片	M10. M01. M01. M11	6	
M10. M01. M01. M12. M01	销钉螺母	M10. M01. M01. M12	9+	
M10. M01. M01. M13	铰接栓	M10. M01. M01	5+	

实际上，同一型号的复杂产品往往有多个相似的改进型号，改进型号的装配结构工艺数据相似而不相同，复杂产品实际的装配结构树的数据可以达数千条，形成的树形结构达数十级，工艺流程约束多达数百个。为了实现在装配执行过程中精准完备的物料齐套控制，必须保证齐套资源按照装配工序步骤逐步增加，同时又能满足对大量齐套资源数据的准确管理，需要将订单任务数据与装配结构工艺数据进行精准的关联匹配，结合产品型号版本定义和工艺路线的关联技术，实现齐套物料的准确渐增过程，满足生产计划的有序进行。

基于装配结构关联的齐套渐增资源关联控制技术如图 3–2–8 所示。在订单任务与型号版本定义的基础上，运用装配结构数据和工艺路线数据的关联技术，形成以订单

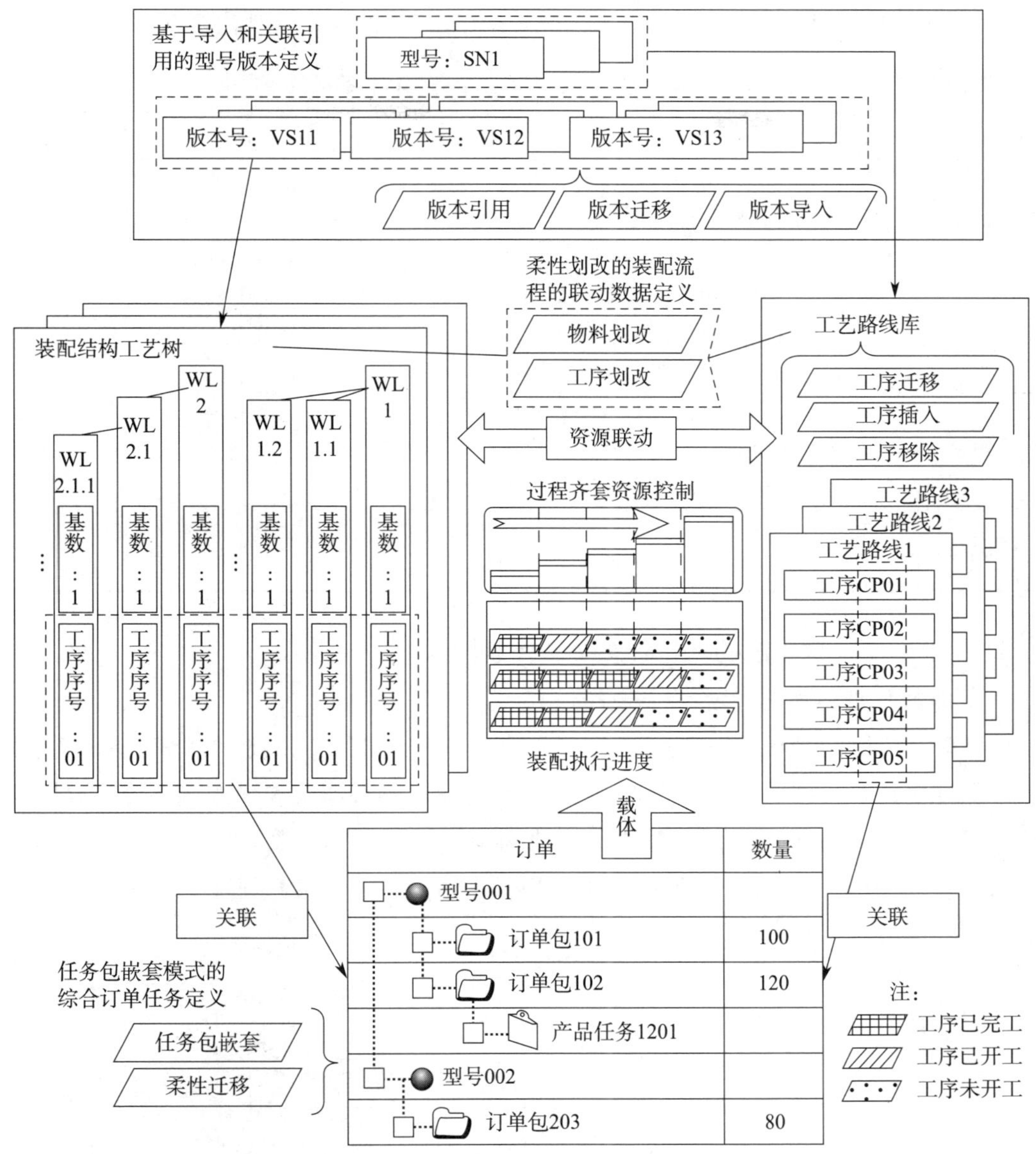

图 3-2-8 订单任务数据的齐套资源关联技术关联模型

执行任务为载体的物料齐套渐增的资源控制。

2. 面向过程的物料齐套状态协调技术

以订单关联的装配结构数据和工艺路线数据作为信息来源，装配生产现场以作业计划和实际执行进度作为过程依据，不断向车间库存发出齐套申请，所发出的申请被车间库存端以库存的可用数量为依据进行审核判断，审核通过后物料就会按照现场的出库指令进行出库并按时配套到达现场。从申请、审批到最后物料出库配套，齐套业务流程由 4 个状态的协调展开，流转至各个节点时由不同角色的人员参与控制，同时结合各个节点相关的齐套清单数据进行分析计算，实现以全员协调配合的齐套业务流程和装配工序进程协调并进的面向过程的齐套状态协调技术。

面向过程的齐套状态协调技术的 4 个齐套状态的颜色与含义如表 3–2–2 所示。

表 3–2–2　面向过程的齐套状态协调技术的四个齐套状态的颜色与含义

状态	颜色	含义	负责角色
已申请	黄色	齐套流程的初始状态，一条齐套申请下发出去，其状态默认为此状态	操作工人
已通过	绿色	通过对库存总量和锁定数量相对大小的判断，并考虑其他因素的影响，审核结果的齐套状态，齐套包含的物料已经在库存中锁定，不可以被其他齐套重复锁定，直到物料全部出库到达现场	齐套管理员
已驳回	红色	通过对物料数量和其他因素的审核，无法满足或者不必满足齐套的请求，给予的驳回状态，此状态仅提供反馈给车间现场，无后续流程操作	齐套管理员
已配套	灰色	齐套的物料已经配套到现场、并且扫描验证型号和数量与审核通过的数量一致	库存管理员 / 配送员

（三）生产计划驱动的物料状态协调控制技术

1. 装配计划驱动的齐套物料托盘准备技术

订单在执行的过程中，在每一个工序开工前有不同种类和数量的齐套物料需求，为了保证工序的顺利开工，工序物料的准备任务需要保证快速、准确、统一。以装配计划作为物料准备的时间控制主线，将渐增式过程齐套控制技术和物流托盘的应用相结合，形成一套配合齐套的服务性物料准备技术，技术的业务流程如图 3–2–9 所示。

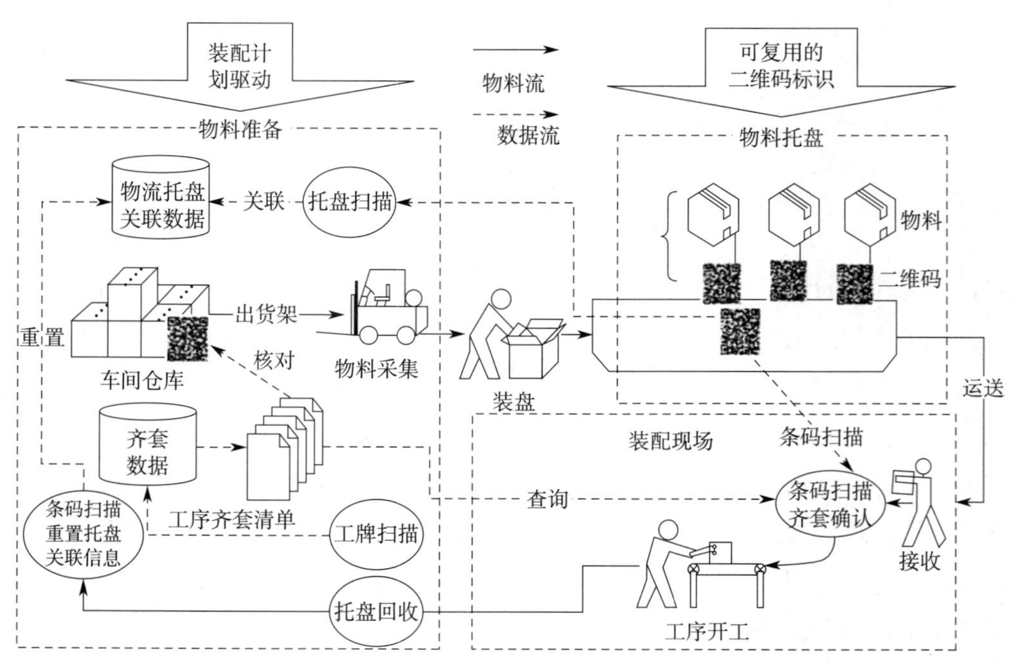

图 3–2–9　服务性物料准备技术流程

2. 基于条码的车间物流追溯与统计

车间物流追溯与统计建立在以二维码数据采集手段的物流节点控制的基础上，在物料入库、出库、装盘到现场确认，最后托盘回收这一业务流程中各节点实现精确的数据录入，配合渐增式齐套状态协调技术，通过对库存信息和物料关联信息的分析处理，得到用户所需的透明化全过程的闭环物料流向追溯数据和统计报表。基于二维码的车间物流追溯与统计技术如图 3–2–10 所示。

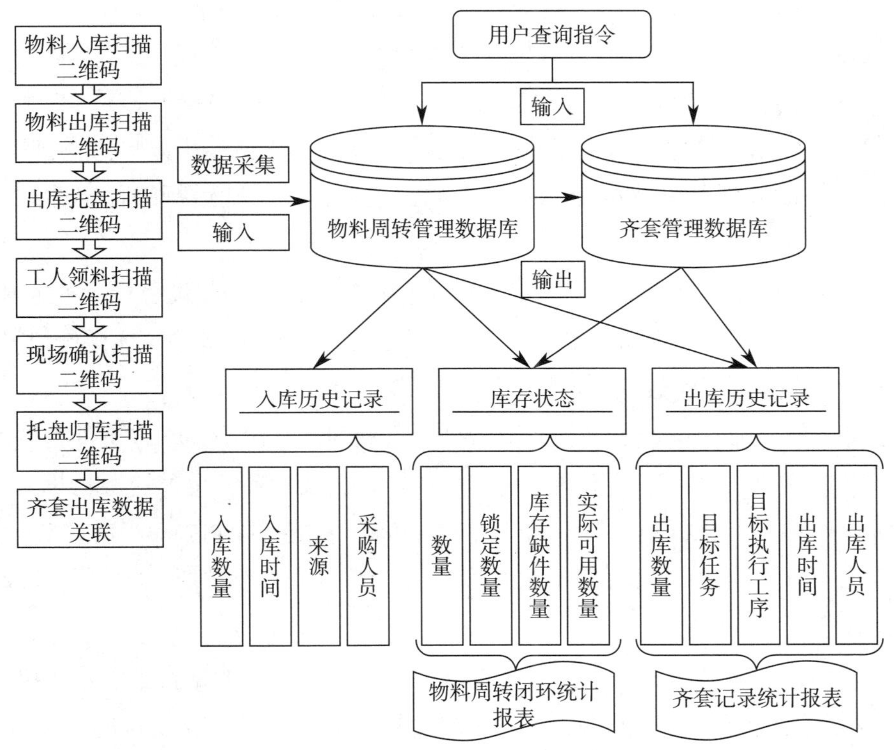

图 3–2–10 基于二维码的车间物流追溯与统计技术

系统根据数据采集和录入产生的物料动向信息，结合物料周转管理数据库和齐套管理数据库之间的数据关联，将物料的去向关联到具体的某项生产任务的某道工序，同时记录出入库数量、时间、负责人员，将装配工序与物料流动相互映射起来，保证装配资源的准确利用。另外实时有效地更新库存数量和锁定数量等信息，最后实现两个统计报表的直观显示，从而指导生产。

本节思考：

1. 在动态订单批次管理层面，创建执行批次的操作可以分为几种类型？分别是什么？

2. 齐套管理的核心体现在哪三个方面？

3. 基于装配结构工艺的整体与过程齐套关联控制技术有哪些？

4. 生产计划驱动的物料状态协调控制技术有哪些？

第三节　MES 生产过程管理及应用

一、MES 生产过程管理应用分析

随着生产制造执行过程的不断展开，制造执行数据在不断地发生变化，这些变化通过数据之间的约束关系将会引起其他关联数据的变化。同时，由于生产制造执行过程中的数据关系并不是简单的线性约束关系，而是通过各种各样的相互引用形成的复杂约束网络。这时，一个数据的变化将会通过约束网络引发巨大的连锁反应，如果不能很好地处理这种数据变化，将可能对制造执行系统运行的稳定性产生严重的影响。

因此，必须要求智慧工厂以设计、加工、检测、装配等为建设目标，可全自动化、高效率、高精度地制造工业级产品，可通过射频技术存储和追踪各工序生产信息。

（一）生产过程管理数据驱动因素

在制造执行过程中，订单是整个制造执行过程的驱动源头，工艺文件与调度计划是指导生产的重要依据，通过不同角色人员的参与以及设备等生产资源的投入，制造执行过程逐步展开。分析制造执行的全过程，可以将制造执行过程中引起数据变化的驱动因素分成 4 个层次，包括订单计划管理层、工艺技术准备层、物料资源周转层、生产计划执行层，如图 3–3–1 所示。

（1）订单计划管理层。其主要针对订单管理、订单调度计划安排以及订单下发等内容，是制造执行的核心。订单计划管理层的数据驱动源头包括订单创建、订单更新、订单撤销、订单任务分配、订单分批，订单下发。

1）订单创建。制造执行系统有三种订单任务的来源：一是通过集成方式从 ERP 等系统获取数据并进行创建；二是车间管理人员通过手工录入的方式完成订单创建；三是通过 Excel 按照规定的格式批量导入而实现订单创建。订单创建会引发后续的一系列操作，包括订单任务分配、订单分批、订单下发等。

2）订单更新。订单创建完成后，随着生产情况的变化，可能需要对原有的订单进行更新操作，更新的内容包括订单的类型、订单的生产数量、订单的计划完成时间等。

3）订单撤销。对于不再需要的订单，就要进行订单撤销操作。订单撤销并不是简单的删除，而只是改变订单的状态。由于订单执行阶段的不同，与订单关联的数据也不同，导致删除订单的操作复杂，并且对于撤销的订单，保存其历史数据也是完整记录整个制造执行过程的必要内容。

4）订单任务分配。订单任务分配包括两个方面的内容：一是订单创建完成后，订单任务在调度组内由调度组长调度任务，通过分配将不同的订单任务按照任务类型分

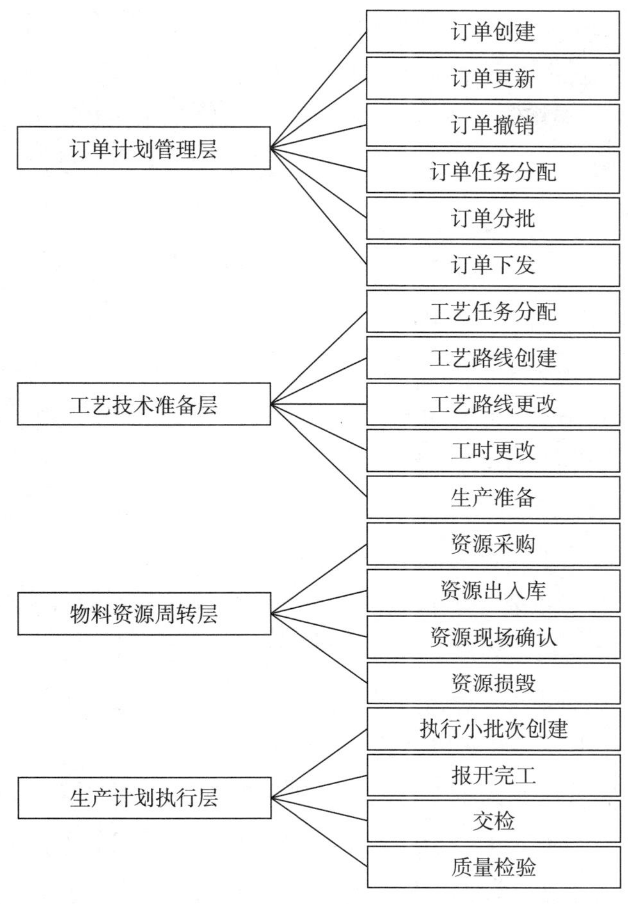

图 3–3–1 数据驱动因素分层次分类

配给不同的调度员去完成调度工作，比如离散任务、流水任务、外协任务等不同类型的任务；二是对订单进行调度计划安排，订单的调度计划安排是由调度员为订单工序指定工人、设备以及加工时间段，在进行订单调度计划安排时，需要统筹车间的生产能力以及其他订单任务的执行进度情况。

5）订单分批。当一个订单的批量过大，车间无法同时满足生产要求的时候，车间调度人员可以对订单进行分批操作，以满足细化生产任务的要求。通过订单分批将会形成复杂的订单批次组织结构和订单批次数据关联关系。

6）订单下发。在完成订单任务安排后，根据车间整体的生产计划安排，调度员就可以将订单任务下发至工人进行生产。这里的下发可以针对订单整体进行下发，也可以针对订单工序进行单独下发，下发的信息包括订单的工艺信息、订单的操作工人和设备信息、订单的工序加工时间信息等。

（2）工艺技术准备层。其主要针对订单进行工艺文件编制、订单工序生产准备等，是制造执行的依据。工艺技术准备层的数据驱动源头包括工艺任务分配、工艺路线创建、工艺路线更改、工时更改、生产准备。

1）工艺任务分配。工艺任务分配是在订单完成调度组内任务分配后进行的工艺组内任务分配，由工艺组组长将订单的工艺技术准备任务下发至不同的工艺员，然后由工艺员完成订单的工艺路线创建、工艺文件编制与上传、工时录入、生产准备等。

2）工艺路线创建。在完成工艺任务分配后，不同的工艺员进入系统，根据自身的任务要求完成订单的工艺路线创建，工艺路线是进行订单调度排产和制造执行的重要依据。

3）工艺路线更改。对于研制型的生产任务，随着生产的进行，工艺路线可能会根据实际的生产情况进行调整。由于订单工序准备、订单工序下发以及订单工序执行情况的不同，订单工艺路线的更改涉及多方面的修改。同订单撤销一样，工艺路线的更改也不是简单的数据删除与更新，也存在一个对历史数据的记录问题。对于批产型的生产任务，就不存在工艺路线更改的情况。

4）工时更改。在工艺路线确定后，为了进行订单调度排产以及后续的订单工序执行，需要完善工序的工时信息，工时信息包括单件工时、准结工时、质检工时等。

5）生产准备。生产准备主要包括两个方面的内容：一是针对订单的物料准备，包括订单的物料采购与物料出入库，以及物料的齐套等内容；二是针对不同工种类型的工序，需要不同的生产资源，包括刀具、夹具、量具等。在完成订单工序的生产准备后，再经过订单工序下发，就可以将这些准备的资源下发到生产现场完成生产。

（3）物料资源周转层。其主要针对订单所需的生产资源周转控制，包括物料、刀具、夹具、量具等，是制造执行的基础。物料资源周转层的数据驱动源头包括资源采购、资源出入库、资源现场确认、资源损毁。

1）资源采购。资源包括物料、刀夹量具以及所有生产中可能会涉及的生产必需的原材料和工具。有些资源是车间根据具体的需求自己生产的，比如工装夹具，但是有些资源就必须通过采购的方式从其他地方获取。

2）资源出入库。采购以及自制的资源器具都会由库房进行统一管理，在订单生产需要的时候，工人根据工艺技术准备阶段的生产准备情况向库房借出相应的资源。在完成生产后，工人需要将资源归还入库，以方便其他人使用。

3）资源现场确认。工人根据生产需要从库房借出的生产资源，在工人进行生产加工的现场，需要通过终端进行现场资源到位的确认，这个确认是为了监督工人将正确的资源用在正确的生产环节上，以加强生产资源在车间生产现场的管理。

4）资源损毁。借出的资源都必须到库房进行归还，除非资源损毁，但是损毁的资源必须进行相应的记录，并且形成统计报表，通过对工人整体资源使用情况的对比分析，可以监督工人对资源的使用，提高资源的有效利用率。

（4）生产计划执行层。其主要针对订单的制造执行、进度反馈、质量检验等，是制造执行的体现。生产计划执行层的数据驱动源头包括执行小批次创建、报开完工、交检、质量检验。

1）执行小批次创建。由于流水与离散混合生产模式的存在，导致车间的物料复杂，为了对订单批次间穿插的流程与离散混合的生产模式进行管理，建立执行小批次，执行小批次管理工序与工序之间物料周转。

2）报开完工。工人在接到生产任务后，根据生产准备的要求准备生产需要的物料、刀夹量具等资源，然后按照调度计划安排的工序生产时间进行生产。在生产开始之前，工人需要进行报开工操作，以便调度员实时掌握订单生产执行情况；在工人完成工序的生产之后，工人需要进行报完工操作，以便调度员掌握订单执行进度并进行下一道工序生产任务的下发。

3）交检。在工人完成工序的生产后，需要将工件交由质检人员进行质量检验。在交检的过程中，工人可以根据实际的生产进度情况进行分批交检。

4）质量检验。质检员根据工艺技术要求对工人交检的工件进行质量检验，质量检验也可以分批进行，质量检验完成后，将检验完成的工件交由中转库，下一道工序的工人再到中转库中领取工件进行生产。

（二）分类模块化数据响应处理技术

通过对制造执行数据关联约束模型的构建以及数据驱动源的分析，建立数据驱动源对数据关联约束模型的驱动关系，然后按照约束模型以分类模块化的数据单元为单位完成对数据驱动的层层响应处理，最终实现数据的驱动响应处理。数据驱动源与数据关联约束模型的数据驱动关系如图 3–3–2 所示。

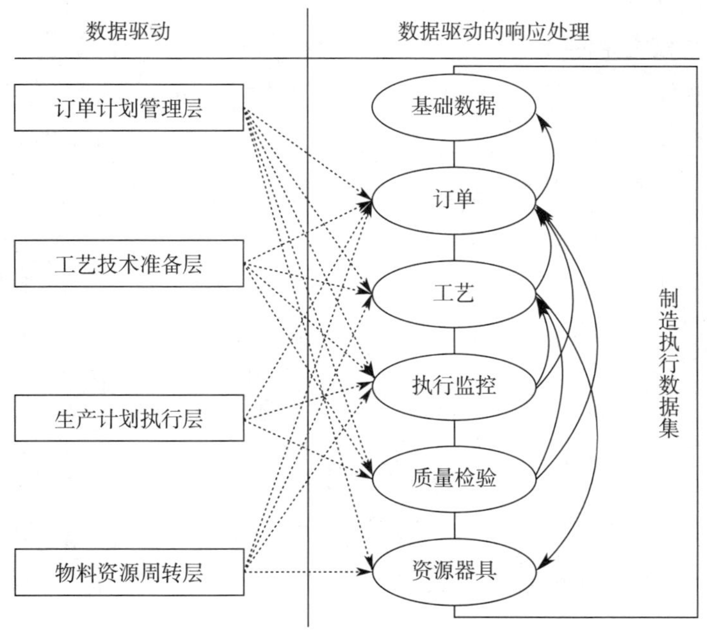

图 3–3–2　数据驱动源与数据关联约束模型的数据驱动关系

订单计划管理层的数据驱动源头包括订单创建、订单更新、订单撤销、订单任务分配、订单分批、订单下发。订单创建、订单更新、订单任务分配、订单分批、订单下发将会引起订单数据单元的变化；订单撤销将会引起订单数据单元、工艺数据单元、执行监控数据单元、质量检验数据单元、资源器具数据单元的变化。然后通过数据单元之间的引用关系进一步确定其他数据单元的变化。

工艺技术准备层的数据驱动源头包括工艺任务分配、工艺路线创建、工艺路线更改、工时更改、生产准备。工艺任务分配、工艺路线创建将会引起工艺数据单元的变化；工艺路线更改将会引起工艺数据单元、执行监控数据单元、质量检验数据单元、资源器具数据单元的变化；工时更改将会引起工艺数据单元、订单数据单元、执行监控数据单元、质量检验数据单元的数据变化；生产准备将会引起工艺数据单元、执行监控数据单元、资源器具数据单元的变化。然后通过数据单元之间的引用关系进一步确定其他数据单元的变化。

生产计划执行层的数据驱动源头包括执行小批次创建、报开完工、交检、质量检验。执行小批次创建、交检将会引起执行监控数据单元、质量检验数据单元的变化；报开完工将会引起订单数据单元、执行监控数据单元的变化；质量检验将会引起质检数据单元的变化。然后通过数据单元之间的引用关系进一步确定其他数据单元的变化。

物料资源周转层的数据驱动源头包括资源采购、资源出入库、资源现场确认、资源损毁。资源采购、资源损毁将会引起资源器具数据单元的变化；资源出入库、资源现场确认将会引起订单数据单元、工艺数据单元、执行监控数据单元的变化。然后通过数据单元之间的引用关系进一步确定其他数据单元的变化。

（三）过程驱动的柔性表单数据采集技术

1. 柔性表单模板定制技术

对于企业中各种表单的定制，操作人员更习惯在 Word、Excel、AutoCAD 等通用软件上完成，这主要是因为大家对这些软件广为熟知，可以熟练使用，同时也能满足专业化的需求。但是通过这种方式创建的表单只能供打印使用，无法对表单中的数据进行有效的提取和管理，不能融入整个制造执行系统中。

为了在易用性和有效性上找到一种平衡，必须在制造执行系统中提供一种不仅为大家所熟知，并且能够有效达到管理要求的表格定制手段。所以提出一种类似 Excel 的应用技术，来完成表单的格式定制、数据内容录入与提取等功能。

数据表单模板定制技术中主要涉及以下内容：

（1）表单结构。表格的拓扑结构是指组成表格的单元格及其之间的关系。它们形成了表格的框架，决定了表格的单元格大小及分布，决定了表格的总体大小和位置。可以采用类似 Excel 的表格处理方式，通过基本单元格之间的合并和尺寸变化完成表单整体布局的设计。

（2）单元格内容。在完成表格布局的设计后，单元格内的内容就是接下来需要处理的关键。单元格分为两种：一是静态字段单元格，就是类似标题那样用于表明其他单元格内容、性质的文字，在表格定义完成后就不会发生变化；二是内容字段单元格，在表单定义时需要明确单元格内可以填入的数据类型。

（3）表单存储。在完成表单的定义后，存储方式将是决定表单有效性和柔性的关键。不能简单地将表单作为一个整体存储在系统中，必须对表单中的每一个字段进行单独控制。这样，这些字段里的数据就可以作为一个个可控的单元用在数据统计等地方，实现数据的精细化管理。

（4）表单模板化。创建的表单作为一种规范而被存储，在任何需要的地方直接引用即可。这样就必须将表单作为一种模板存储在专门的模板库中，同时每次引用都对模板进行实例化，存储的时候也是对模板的实例进行存储。在模板库中对模板进行的修改会创建一个全新的表单模板，不会对以前已经生成的实例造成影响。

2. 柔性表单模板的定制流程

基于工艺路线驱动的制造执行过程中，数据采集是其中关键的组成部分，实现了整个制造过程的闭环控制，而柔性数据表单模板作为数据采集中很重要的一种方式，必须依托于整个制造执行过程。完成订单任务的创建后，在技术准备阶段，录入结构化的工艺路线信息，同时完成数据表单模板与订单或者工序的关联，随着制造执行的进行，当执行到特定的订单或者工序时，在制造执行现场就可以通过制造执行系统看到关联的数据表单，如果是检验工序，在进行质量检验时会显示质量采集相关的表单。

柔性表单模板的定制流程如图 3–3–3 所示。

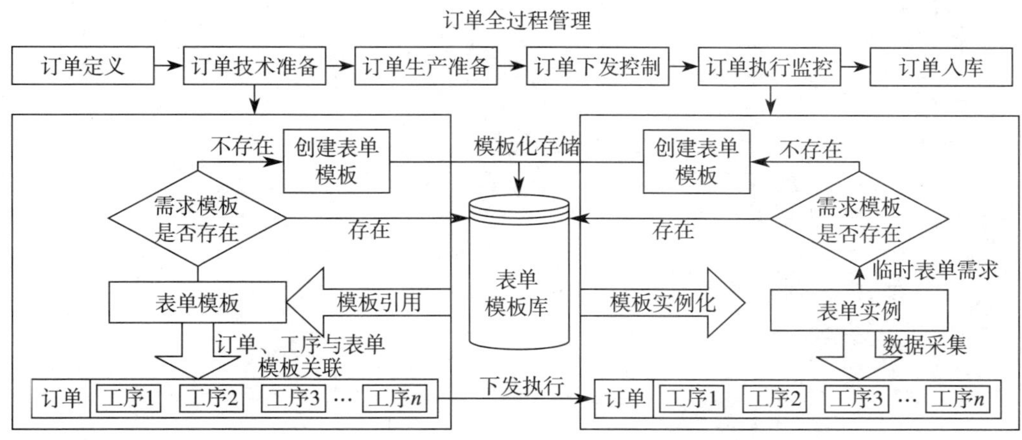

图 3–3–3 柔性表单模板的定制流程

柔性表单模板的定制流程主要内容如下：

（1）模板创建。在订单技术准备阶段，在完成订单的工艺信息准备后，通过进入表单模板库查找本订单或者工序需要的数据采集表单，然后将表单与订单或者工序进行关联。如果数据采集模板库中没有需要的表单，就使用表单模板定制工具进行表单模板创建，同时存入表单模板库，然后再进行关联。在订单执行监控阶段，根据实际的生产需求，如果订单工序的数据采集需要模板库中没有的表单，也可以进入表单模板定制工具进行表单模板创建，然后对新创建的表单进行模板化。当然也可以预先使用模板定制工具完成所有表单模板的创建，维护一个完整的模板库，在任何需要的地方直接进行关联引用。

（2）模板实例化引用。随着制造执行过程的展开，在订单技术准备中关联的表单模板会进行实例化，生成针对关联订单工序的表单实例，这里的表单实例会随着制造执行业务流程的进行到达各个业务相关部门。如果是工序加工阶段就流转到车间生产现场，工人可以在表单上查看调度员的生产计划信息；如果是质量检验阶段就流转到质量检验部门，检验人员可以在表单上查看调度员的生产计划信息和工人的生产加工信息。工人根据表单信息完成生产，同时在表单中录入生产结果和过程信息，质检员根据表单信息完成质量检验，同时在表单中录入质量检验信息。如果生产过程中发现需要的数据采集表单并没有预先进行关联，那么可以直接进入表单模板库，查找需要的表单模板，然后直接进行引用，表单模板就会直接进行实例化并与订单工序关联。

3. 过程驱动的柔性表单数据采集控制

制造执行过程由众多的业务环节构成，每一个环节都有不同的人员参与、不同的信息流通和不同的资源使用。在定义数据表单模板并与订单工序进行关联后，随着制造执行过程的展开，数据表单模板将会进入制造执行的各个环节，完成信息展示和数据采集功能。柔性表单数据采集过程控制如图 3–3–4 所示。

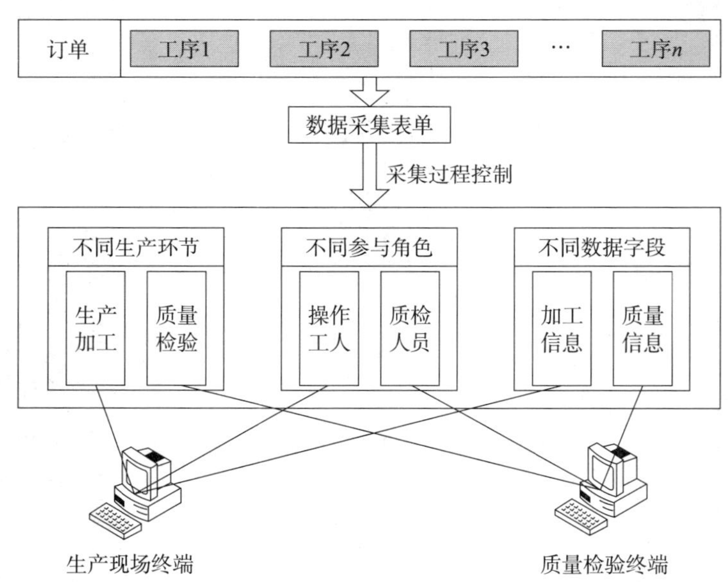

图 3–3–4 柔性表单数据采集过程控制

柔性表单数据采集过程控制主要包括：

（1）柔性表单在不同生产环节的控制。柔性表单主要用于生产现场的生产计划信息下达和制造执行过程数据采集，以及质量检验环节的质量检验数据录入。在订单技术准备阶段已经完成柔性表单模板与订单工序的关联，该柔性表单模板的实例会随着订单执行过程一直延伸到订单完成，只是在真正需要的环节，才会结合业务需要将柔性表单实例显示在用户终端上。比如，加工到某个订单时需要查看生产加工信息，工人就可以在生产现场终端上通过订单附属信息查看加工过程跟踪卡，在表单上会显示具体的订单所有工序的加工信息。

（2）柔性表单对不同角色人员的控制。制造执行系统是一个由众多人员参与的，实行分角色协同的系统。不同的人员都根据不同的角色进行分工，在不同的生产环节，查看不同的信息，使用不同的资源，完成指定的工作任务，柔性表单的控制也是如此。比如，操作工人可以查看有关工艺加工信息和生产准备相关信息的表单，质检员可以查看有关工艺加工要求和质检数据记录的表单。

（3）柔性表单字段控制。单独的柔性表单包含众多的信息，但是这些表单上的信息并不是每个参与到制造执行中的人员都有权限修改的。比如，加工过程跟踪卡，上面既有工序加工过程记录信息，也有质量检验的信息，调度员就只能记录生产计划信息，操作工人就只能记录生产加工信息，质检员就只能记录质量信息。就如同制造执行系统对不同人员进行分角色信息处理一样，柔性表单也需要针对不同的角色、不同的生产环节控制字段信息的显示与编辑，这些权限是在柔性表单设计的时候就可以确定的。但是这些权限的设置也不是固定不变的，根据实际的生产加工需要，可以对字段的权限进行重新配置，使得柔性表单能够更好地适应生产过程中的各种情况。

二、MES 生产调度管理应用分析

生产调度的目标是达到作业有序、协调、可控和高效的运行，作业计划的快速生成以及面向生产扰动事件的快速响应处理是生产调度系统的核心和关键。为了顺利生成作业计划，需要为调度系统提供完整的产品和工艺信息，生成作业计划后以友好的界面进行呈现，制造执行过程中的实际执行数据通过系统采集后反馈作为动态调度算法的输入，由动态调度算法形成新的作业计划，实现闭环的生产调度控制。要求具有管理生产调度智能看板，包含设备管理看板、在线库存看板、生产进度看板及相关显示数据。

（一）生产调度技术框架

生产调度流程的主线是生产任务信息读取—作业调度—生产状态采集—快速响应动态调度，因此将面向快速响应制造执行的生产调度技术体系分为三部分，制造执行过程协调、混线生产作业调度、生产扰动事件驱动的动态调度等，三者之间的关系如图 3-3-5 所示。

如图 3-3-5 所示，其中 1 ~ 6 标识了信息的来源、去向及其顺序，描述了制造执行过程协调、混线生产作业调度、快速响应动态调度三者之间的关联关系。

（1）为了实现作业计划的安排，必须通过集成接口与动态批次任务管理获得订单信息、工艺信息和制造资源信息等，即接口“1”。

（2）综合利用自动调度和手动调度的形式，实现混线生产作业执行方案等信息的输出，即接口“2”。

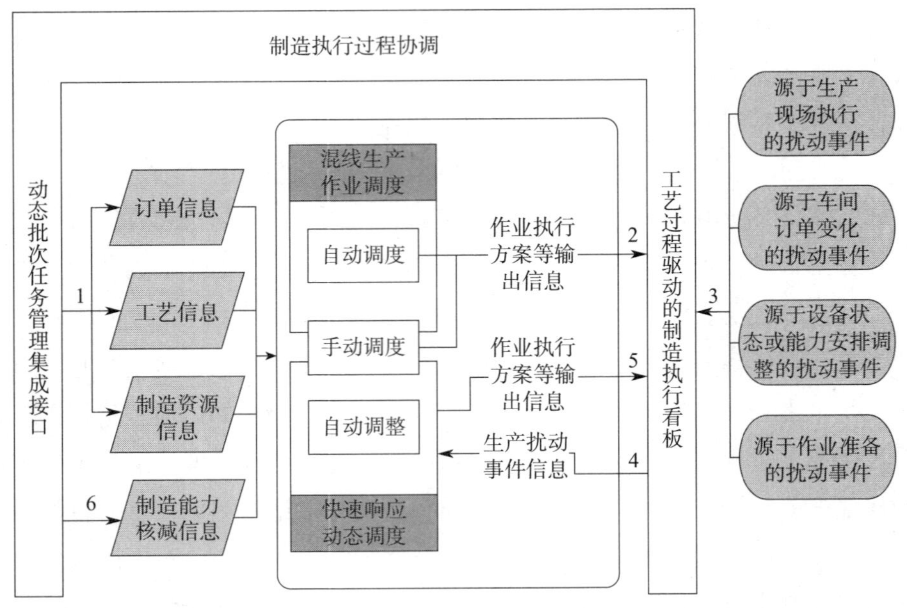

图 3-3-5　多品种变批量生产下的生产调度技术体系

（3）工艺过程驱动的制造执行看板接收作业调度方案，进行面向现场的作业周转控制，并在这个过程中收集源于生产现场执行的扰动事件、源于订单变化的扰动事件、源于设备状态或能力安排调整的扰动事件以及源于作业准备的扰动事件，即接口“3”。

（4）将收集到的生产扰动事件信息反馈到快速响应动态调度，进行作业计划的调整，即接口“4”。

（5）快速响应动态调度将更新的作业排产方案等信息输出到制造执行看板，即接口“5”。

（6）在有新任务下达时或者基于企业的调度窗口范围，基于已有的作业调度方案，进行持续的滚动窗口作业排产，通过接口“6”获得上次已经安排但尚未执行的作业工序集，通过制造资源的能力核减，进行作业计划排程。

（二）多品种变批量混线生产作业调度

多品种变批量混线生产作业调度的目的是综合考虑在零件交货期、有限制造资源的基础上，建立以逻辑制造单元为核心的批产型关键件的流水式与普通零件离散式生产相结合的混合运行机制，实现基于设备能力共享的单元内外制造资源的持续优化配置，快速形成优化的作业排产方案。就技术分类而言，多品种变批量混线生产作业调度主要包括流水与离散相结合的混线自动调度和人机交互模式下的作业计划生成与调整。综合利用自动调度和人机交互技术，可以生成一个较为合理的作业计划以指导实际生产。

1. 基于规则的自动调度

主要功能是在读入数据后根据零件的工艺路线、交货期、工时等信息在工序选择规则的协助下，从众多待调度工序中选取唯一一个调度工序，利用混线生产中的动态优先级算法，根据零件采用的加工模式，调整其零件内后续工序的加工优先级，在设备选择规则和逻辑制造单元信息的协助下，从调度工序对应的可选加工设备中选取合适的加工设备，利用动态优先级算法对该单元内设备加工该零件剩余工序的加工优先级进行调整。然后根据混线生产中的统一调度规则和约束规则将调度工序以紧前或者插入的方式添加到设备的加工序列中。如此循环，直至所有待调度工序完成调度，生成作业计划。

2. 人机交互的作业调度

主要功能：一方面在当前工序没有调度时，通过人机交互界面为调度人员提供当前工序的最早可开始时间、当前工序所属零件的交货期和当前工序的可选设备，以及设备的利用率等信息，调度人员在这些辅助信息的帮助下利用自身的经验并参考企业的生产习惯，通过人机交互界面对当前工序进行手动调度；另一方面，当工序已经完成调度，但是当前工序的作业计划由于不符合生产习惯等原因要进行调整，则系统通过人机交互界面为当前工序提供工序的可选设备及设备使用情况等信息，调度人员根据自己的需要调整当前工序在设备内的加工位置或者调整当前工序的加工设备，然后系统对当前工序的后续工序进行搜索，根据具体情况对受影响的后续工序的计划开始/结束加工事件进行调整。

（三）快速响应动态调度

快速响应动态调度的主要目标是对制造执行过程中出现的各种生产扰动事件进行快速的作业计划调整处理，以保证作业计划能够始终保持与生产现场实际状态的高度一致性，避免出现计划与现场脱节，通过动态调度保证作业计划始终能够对实际生产具有指导性。快速响应动态调度的输入来自过程协调所采集的扰动事件及其信息，并将结果在制造执行看板中进行更新。主要采用以下两种处理形式。

1. 自动响应方式

自动响应方式是指当扰动事件上报后，动态调度模块一旦探测到扰动事件发生，则根据扰动事件的种类自动对作业计划进行调整。在调整过程中，遵循的原则是不影响工序加工设备和尽量保持加工设备内的加工序列不变。自动调度有利于快速响应，快速生成新的作业计划。

2. 人机交互响应方式

人机交互响应方式是指给出未处理的扰动事件列表，由操作人员决定是否处理这些扰动事件，操作人员通过人机交互界面根据生产情况和个人经验选择要处理的扰动事件，并给出扰动事件处理约束，计算机辅助完成受影响工序调整工作，生成重调度结果，下达到生产现场。人机交互的扰动事件处理可以有效地发挥调度人员的经验。

（四）混线生产车间作业调度分析

1. 混线生产作业调度问题分析

任何企业在进行制造执行时，对于精密件、关键件、重要件以及大批量生产件等，都会采取重点关注的处理策略。典型的应用如汽车生产行业，对于批量较大、关键、重要或者共用零件的生产，采取组织专用或准专用的设备集合的方法，实现准流水式的连续生产，而其他零件的生产则采用离散式生产。在军工领域中的典型应用体现为应急动员批产，其构建目标是支持在短时、不确定生产环境下实现多品种变批量武器装备的快速生产，采取的方法主要是以武器装备中关键、重要或者精密的零件为核心分配制造资源，形成流水式连续生产专线，以提高重点关注零件的生产效率和加工质量的一致性水平，具有流水式制造单元的思想。其他的普通零件则基于设备能力的共享进行穿插、协调生产，总体上表现为流水式生产和离散式生产的结合。并且形成“战场需求变化→生产任务调整→制造资源优化配置”的快速调整、协调运行的机制和效果。

综上所述，多品种变批量混线生产作业调度具有复杂的内涵，体现了流水式与离散式两种运行模式的综合。而我国的现状是车间大多采用机群式布局，如何在离散制造环境下实现流水式生产，如何解决流水式与离散混合式运行模式下的资源优化配置，如何建立面向混线生产的统一调度约束等，都对作业调度提出了新的挑战。

2. 混线生产车间作业调度算法

通过对混线生产作业调度问题的分析，在混线生产作业调度资源优化配置、约束分析以及节拍保障技术的基础上，提出了混线生产作业调度算法。由于调度方式具有不同的策略，因此将调度算法分为人机交互调度算法和自动调度算法。

（1）混线生产作业调度流程。在调度过程中，首先通过企业数据总线从不同的系统中读取基础数据，基础数据包括零件信息、工序及工时信息、设备信息、工作日历/日制信息和人员信息等。然后进行生产能力核减，其步骤是读取设备上正在加工的工序信息和已经安排到设备上准备进行生产的工序信息，根据派工信息将正在加工的工序和已经派工的工序，按照计划从加工设备、计划加工时间和派工顺序的角度，以调度块的形式添加到设备的加工队列中。完成生产能力核减后，在此基础上根据需求，综合采用自动调度和人机交互调度方式对生产计划进行调度，调度流程如图 3–3–6 所示。

（2）人机交互调度算法。人机交互调度并不是完全由操作人员手动生成作业计划，而是通过计算机辅助计算得到工序的顺序、最早可开始时间以及可用设备等约束信息，以此辅助操作人员做出决策。人机交互调度核心技术环节如图 3–3–7 所示。人机交互调度算法流程如图 3–3–8 所示。

（3）自动调度算法。自动生产调度过程不需要操作者对调度过程进行任何的操作，由计算机根据制造资源、生产计划信息和当前设备的生产队列等信息，在调度规则、调度约束和混线调度节拍保障机制的支持下，完成作业计划的排产。自动调度算法流程如图 3–3–9 所示。

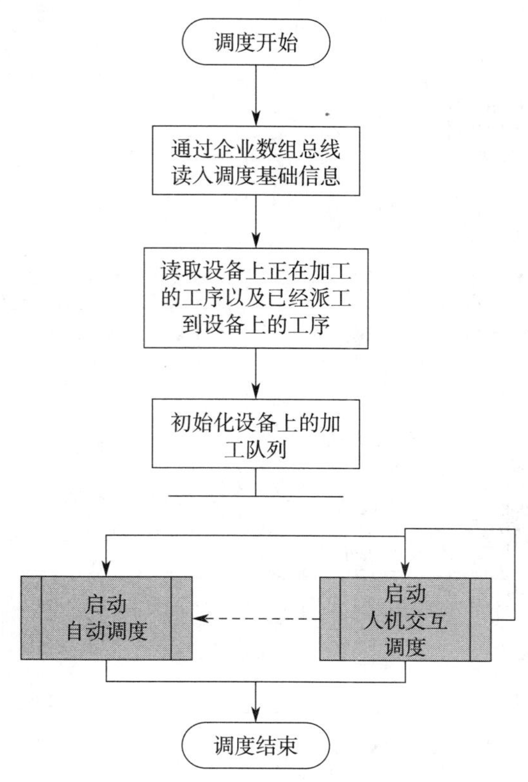

图 3-3-6 混线生产作业调度流程

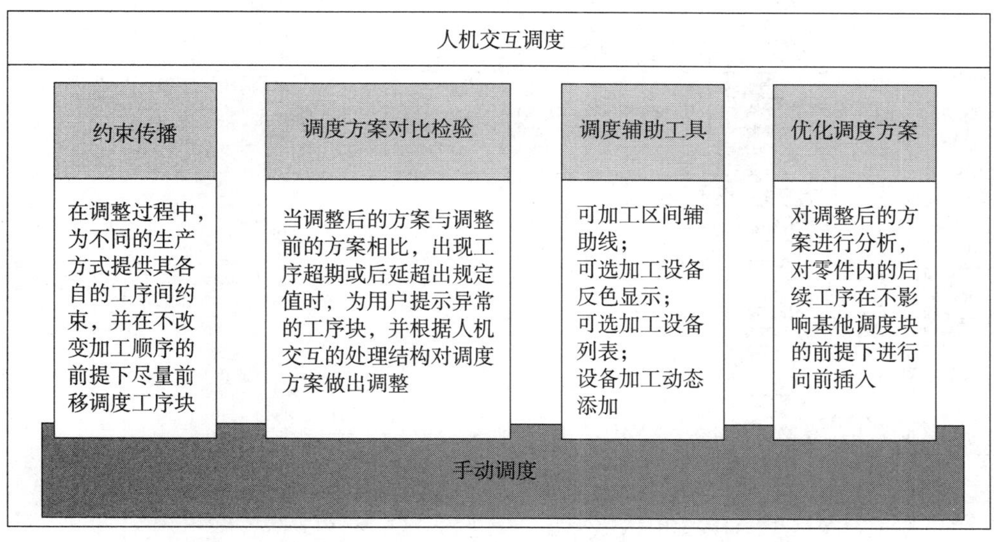

图 3-3-7 人机交互调度核心技术环节

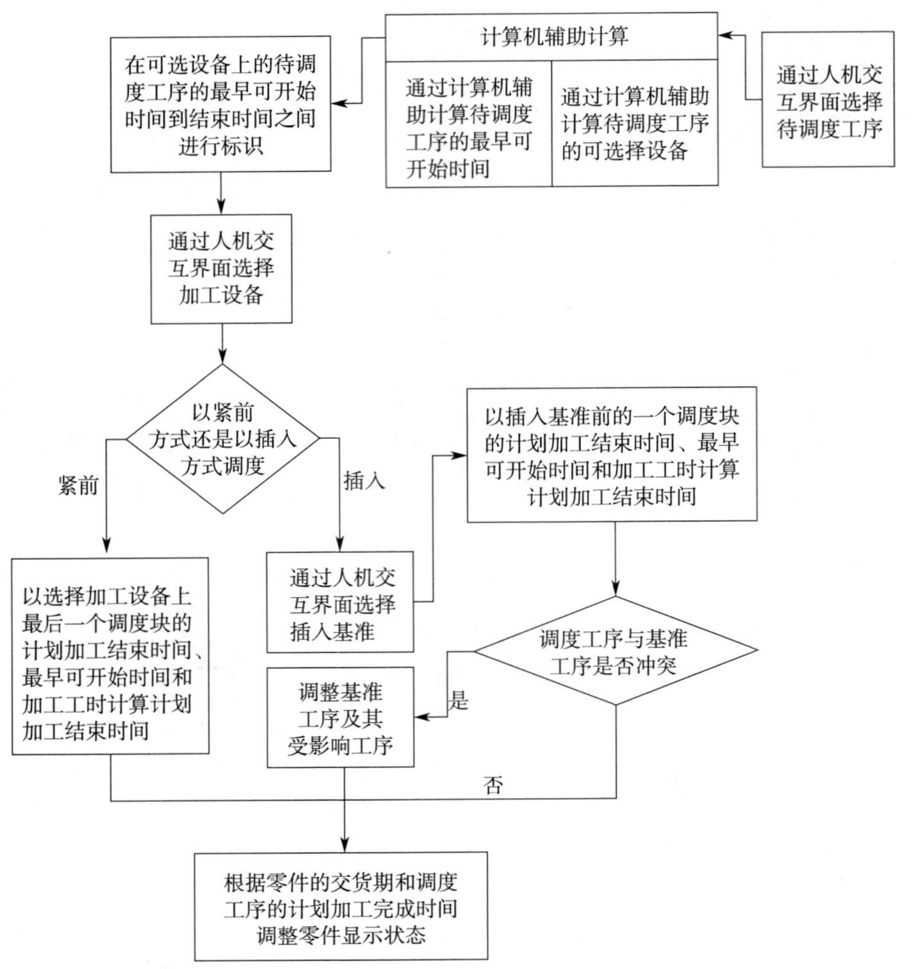

图 3-3-8 人机交互调度算法流程

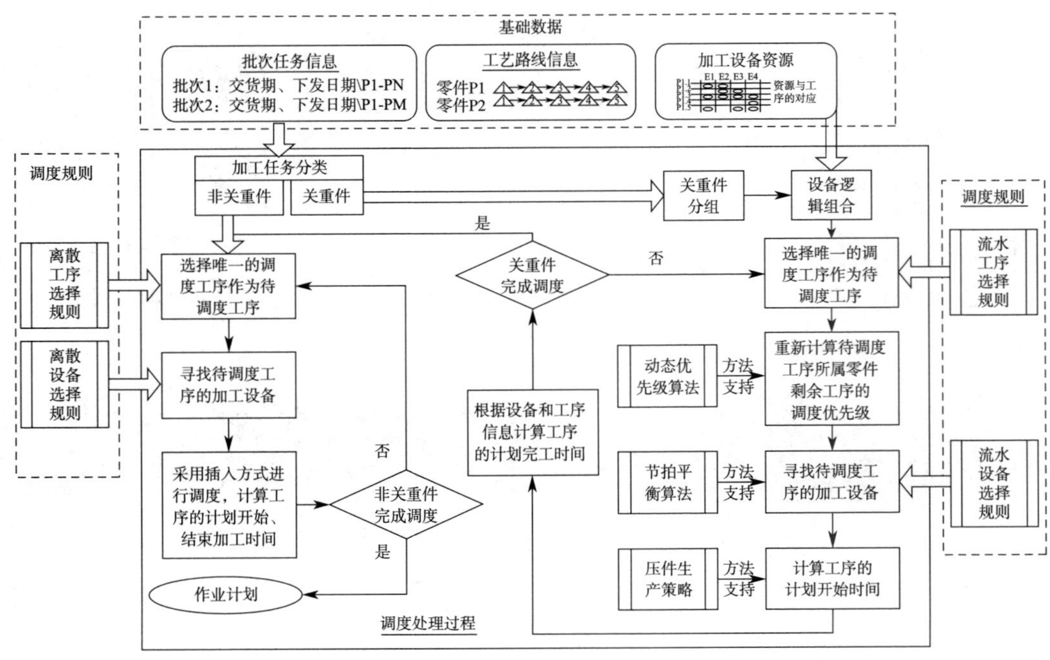

图 3-3-9 自动调度算法流程

本节思考：

1. 分析制造执行的全过程，可以将制造执行过程中引起数据变化的驱动因素分成 4 个层次，分别是哪 4 个层次？

2. 数据表单模板定制技术中主要涉及哪些内容？

3. 柔性表单模板定制流程主要内容有哪些？

4. 生产调度流程的主线是什么？

5. 多品种变批量混线生产作业调度有哪些方式？

第四节　MES 故障分析及异常处理

面向多品种变批量生产模式的快速响应制造执行环境具有不确定性、不准确性和不完备性等特点，制造执行中存在来自生产计划、周转过程以及设备物料等多个方面的生产扰动。而由于制造执行过程的动态性，存在大量的诸如生产时间、顺序变化、设备故障、生产准备和订单变化等扰动因素，这些生产扰动导致作业计划不能真实反映实际的生产现场情况。如果对这些扰动事件置之不理，则会出现作业计划与生产制造执行现场的脱节，从而使得作业计划的指导意义大幅度丧失。因此必须要求对智慧工厂生产异常信息进行维护，包含报警全局图、设备报警查询、设备报警、缺料报警、质量报警、进度报警、报警类型等。

一、动态调度的驱动因素分析

在复杂的生产环境下，面向多品种变批量的生产扰动是驱动车间进行动态调度的根本动力。生产扰动种类和来源都较为复杂，根据扰动因素的发起类别，可以将生产扰动分为 4 个层次，分别来自计划任务层、生产工艺层、物料资源层、生产执行层，如图 3-4-1 所示。

1. 计划任务层生产扰动

复杂生产环境下的生产任务具有动态、多变的特点，由于生产订单的快速变化带来生产任务不可预测的动态调整，包括生产任务追加与急件插入、生产任务撤销、生产任务更改。

（1）生产任务追加与急件插入。在激烈的市场竞争与快速的需求变化中，企业接收到新生产订单的密度越来越大。对企业接收到的新生产订单，通过生产任务追加或急件插入的方式下发给车间，从而对作业方案提出了调整要求。生产任务追加或急件插入属于不同的调整形式，在目标要求和处理流程上都有极大的区别。

1）生产任务追加。由于新添生产任务的加工工时相对于该任务的下达日期到交货

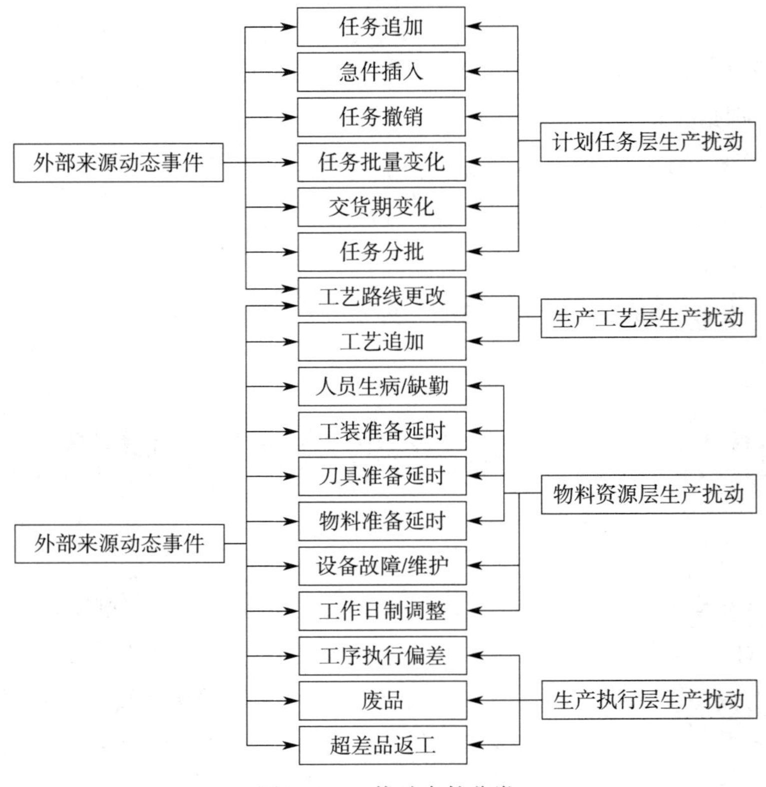

图 3-4-1 扰动事件分类

期之间的时间段较短，一般情况下，只要将其安排到已有生产计划的尾部就可以在交货期之前完成加工，因此采用任务追加的方式进行动态调度以确保作业计划与生产计划在生产订单上的统一。

2）急件插入。由于试制或者紧急任务的需要向生产计划中新增加的加工任务，由于新添的加工任务交货期较近，生产任务十分紧急，要求接收到订单后尽早安排开始生产和尽早完成生产，需要插入到已有的作业调度方案中，而设备上原有的未加工工序则向后顺延。

（2）生产任务撤销。主要体现为已经下达到车间并生成作业计划的订单由于暂时不要求执行，从而要求在不改变加工顺序的前提下将其从作业计划中删除，并对作业计划进行调整。

（3）生产任务更改。主要包括任务分批、加工数量修改和交货期更改。

1）生产任务分批。在生产计划下达后，要求一个订单下部分数量的零件先于该订单下其他零件交货，因此要求对生产任务进行分批。分批后两个批次的零件作为两个独立的订单进行生产、两个批次的交货期不同，相互之间不存在生产约束，但两个批次的数量、时间需要进行相应的调整。

2）生产任务加工数量修改。主要是由于计划层生产任务的变更对已经下达到生产车间的生产任务中某一个或者多个订单进行加工数量修改。因此需要在不改变作业计划中设备内工序加工顺序的前提下，对相关的加工工序进行计划开始加工时间和计划完成时间调整。

3）交货期修改。当生产任务已经下达到生产车间后，根据生产订单变化的需求对生产任务中部分订单的交货期进行修改。

2. 生产工艺层生产扰动

（1）非完整的片段工序持续追加。企业在生产组织中普遍存在主制车间和跨车间加工的现象。当工序发生外协时，主制车间很难控制其加工进度，因此每次下达给车间的生产任务只包括当前连续在该车间生产的工序，属于非完整的片段工序集合。当零件完成外协加工转入车间时，该零件的工序不能作为一个新的任务添加，否则会造成生产计划与作业计划不统一，必须采取工序追加的形式展开。如图 3–4–2 所示，零件 A 的工序要分 3 次下达给主制车间，当第一次下达时是生产任务正式下达，当第二次和第三次下达时则属于生产任务工序级追加。工序的追加要求在保证零件交货期的前提下，采用以追加方式对新添的调度工序生成作业计划。

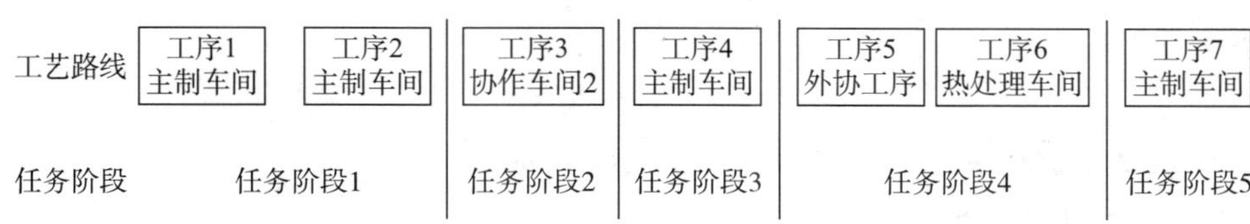

图 3–4–2　零件 A 的执行阶段划分

（2）工艺路线的动态修改。企业制造执行过程中会存在一定数量的仍处于试制阶段的零件，这些零件的工艺十分不稳定，随时可能根据功能或者加工的需要对零件的工艺路线进行调整。发生工艺路线调整后引起作业方案中工艺路线不正确，需要对作业计划进行相应的修改。当发生工艺路线调整时，需要在保证多数订单按时交货的前提下，对工艺路线发生变更的零件的未加工工序进行重调度。

3. 物料资源层生产扰动

（1）生产准备不足。当生产任务已经生成作业计划后，发现其中部分零件由于工装、刀具或者图纸不到位，数控加工代码未编制完成，物料未准备完成等，生产准备不全不能开始加工，则需要对作业计划进行调整，从中删除生产准备不足的生产工序。将生产准备不足的工序及其零件内后续工序的调度状态变为不可调度，将设备上原用于加工这些工序的加工时间恢复为空白，并调整作业计划。

（2）设备故障 / 维护。在生成作业计划后，由于设备故障 / 维护的原因造成设备上的可用加工时间发生变化，因此必须在保证作业计划尽量少变化的前提下，对作业计划进行调整，以保证工序的工时与在设备上占用的可用加工时间保持一致。

（3）工作日历与日制变化。当作业方案生成后，由于零件超期或企业运行机制调整等原因，存在对设备的工作日历或者日制调整的需求，相当于调整了两个时间点之间的设备可用工作时间，要求对作业方案中的工序开工和完工时间节点按照新的工作模式进行调整。

4. 生产执行层生产扰动

（1）制造执行时间偏差。生产执行过程中存在大量不可预知的原因，造成生产中实际开工 / 完工时间与作业方案中的计划开工 / 完工时间不一致，需要在保证作业计划中工序的加工设备和加工顺序不变的基础上，按照实际开工 / 完工时间对作业计划进行调整。

（2）制造执行数量偏差。生产执行过程中不可避免地会出现废品现象，致使作业计划中的计划生产数量与实际不一致，需要对作业计划进行调整。在保证作业计划中工序的加工设备和加工顺序不变的基础上，按照合格数量重新计算工序的计划开工 / 完工时间。

（3）超差品返工。检测过程中发现一些完成加工的零件虽然不符合要求，但是经过工艺判断确定返工加工后该零件仍然能够使用。返工零件的加工也需要占用设备的可用加工时间，因此必须对作业方案进行调整。返工零件应该尽早完成加工，以便与已经检测合格的零件一起流转到下一个工序。

二、生产扰动事件的动态调度处理技术思路

1. 车间作业动态调度的基本处理过程

车间作业动态调度的基本处理过程如图 3-4-3 所示。所谓动态调度就是基于原作业方案的基础上，在考虑各种层次生产扰动的基础上，在对车间实际执行进度状态采集的支持下，通过调度技术和算法实现作业计划方案的调整。

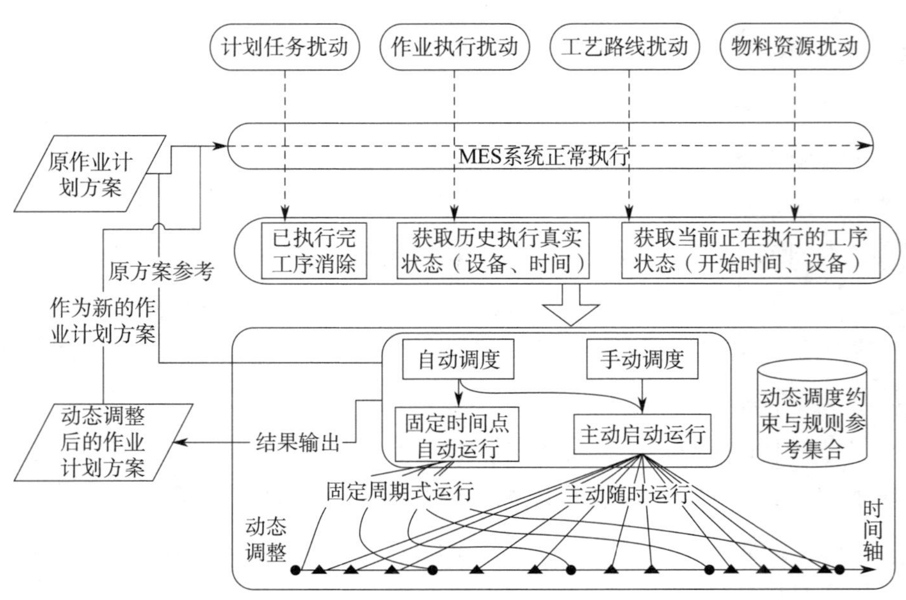

图 3-4-3　车间作业动态调度处理机制

在调整过程中需要注意两个方面的处理：一是对于已经执行完工的工序，将其从原作业方案中消除；二是获取当前正在执行工序的状态，包括开始时间和所占用的设备等信息，以实现对该工序已经完成的工作量的核减，保证调整后作业方案能够贴近实际需求，如原规划工序作业周期为 10 h，如果已经开工完成了 20% 的工作量，则对其调整为尚需 8 h 的工作量进行作业方案调整。

2. 生产扰动事件驱动的调度调整目标

（1）生产扰动事件驱动的调度调整目标是在利用执行过程监控实时掌握生产现场设备状态、工序执行信息的基础上，通过对作业计划的动态调整，使作业计划与生产现场的实际制造执行状态保持一致，保证作业方案对实际现场的指导意义。

与混线作业调度相同，所有生产扰动事件的处理目标是"使尽可能少的订单发生延期交货"，或者有针对性地保证关重件能够按期交货。

（2）不同的生产扰动事件对作业计划调整的目标存在不同。一部分，首先要求保持原有作业计划尽量少变动，即最大限度地保持原有作业计划的稳定性和权威性，在此基础上对生产作业计划进行调整，除生产任务分批、超差品返工和急件插入外的扰动事件调整都可以归为这一类；另一部分，则要求为了尽早完成某些订单的加工而可以改变原有的作业计划，这部分扰动事件主要包括生产任务分批、超差品返工和急件插入。这一类扰动事件的处理也会考虑到尽量减少对原有调度计划的影响，只是将保持原有计划稳定性放到次要位置上，并且这种处理过程是受调度人员主观控制的。

根据不同生产扰动事件对作业计划影响及其调整目标的差异，可见，如果针对每一类生产扰动事件都采取专用的处理过程，无疑将大大增加技术问题解决的复杂性。各种生产扰动事件对作业计划的调整目标的影响分析如表 3–4–1 所示。

表 3–4–1　　生产扰动事件驱动的作业方案调整目标分析

扰动来源	生产扰动事件	动态调度的目标要求
计划任务层扰动	任务追加	在保留原作业计划的基础上追加任务，新任务的工序作业安排主要体现为插空和尾部添加操作
	急件插入	在事件节点后插入新任务，调度时间节点后的作业计划，原有的作业计划也会受到影响
	生产任务撤离	将对应的生产任务从作业计划中删除后，移动受影响工序
	任务分批	一个批次按原计划开始时间重新计算结束时间后前移受影响工序，另一个批次以插入方式添加到作业计划中
	任务批量变化	按原计划开始时间重新计算结束时间后，前移受影响工序
	交货期或优先级变化	将发生改变的生产任务从原作业计划中删除后，以插入或者追加的方式再将其添加到作业计划中
生产工艺层扰动	工艺添加	以追加方式将新添加工艺增加到作业计划中
	工艺修改	将原有工序从作业计划中删除，前移受影响工序，以追加方式将新添加工艺增加到作业计划中

续表

扰动来源	生产扰动事件	动态调度的目标要求
物料资源层扰动	生产准备不足	将原有工序从作业计划中删除，前移受影响工序
	设备故障 / 维护调整、故障日制 / 日历调整	对受影响工序的开始和结束加工时间进行重新设置，包括前移和后移等调整操作
生产执行层扰动	执行时间、数量偏差	对受影响工序的开始和结束加工时间进行重新设置，包括前移和后移等调整操作

三、基于人机交互调整的动态调度技术

为了提高调度作业计划的实用性以及可行性水平，必须重视调度排产中人员经验及其介入机制和方法。人机交互的调度方式能充分利用调度人员在实际生产中所积累的经验，同时，人机交互调度方式也能对实际生产过程中出现生产扰动做出及时的反应。

1. 人机交互作业计划调整过程

人机交互调度过程是一个从人机交互界面读取数据和计算机辅助计算交互进行的过程，如图 3-4-4 所示。人机交互作业计划调整是在手动调度的基础上，提出了智能判断和作业计划智能优化的需求，同时为调度块的移动提供了辅助工具。约束传播不仅仅是工序间加工约束的级联传播，还包括在不影响加工顺序的基础上将调度工序块自动前移。在调度调整的开始阶段，操作者通过人机交互界面输入需要调整的工序，即待调度工序；计算机为待调度工序计算调度约束，这些约束包括待调度工序的可使用设备、工序的最早可开始时间和交货期等，通过人机交互界面将约束的计算结果通过人机交互界面显示给操作者，操作者根据人机交互界面的约束信息对待调整工序进行调整；调整信息传入系统中后，计算机辅助判断调整是否符合约束条件，如果调整后的作业计划违反调度约束，则放弃该调整；如果符合调度约束，则在计算机通过受影响工序搜索算法生成受影响工序集合，利用工序移动算法对受影响的工序按照调度约束进行持续的传播式调整。

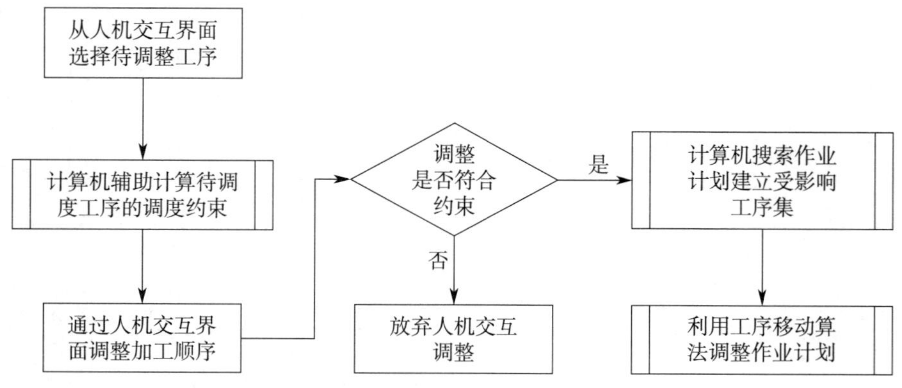

图 3-4-4 人机交互作业计划调整流程

2. 手动调度操作的标准化处理技术

人机交互动态调度主要分为设备内加工顺序修改、更换加工设备和重调度三种操作，加工顺序修改和更换加工设备虽然在操作上不相同，但在处理流程上都表现为工序序列调整，即将调度工序从设备加工队列删除后再做插入处理；但两者也有不同之处，加工顺序修改是将调度工序插入原加工设备的加工队列中，而更换加工设备操作则是将调度工序插入其他可用加工设备的加工队列中。重调度则是将指定时间后的所有调度工序在无视原作业方案的前提下进行重新调度。

（1）工序序列调整。该算法中以工序的前移 / 后延算法作为子算法，以降低算法的复杂性和提高算法的模块化。具体调度过程如图 3–4–5 所示，将设备 3 上的调度块 2–2 转换到设备 1 上，队列位置位于设备 1 上的调度块 1–1 和调度块 3–2 之间。

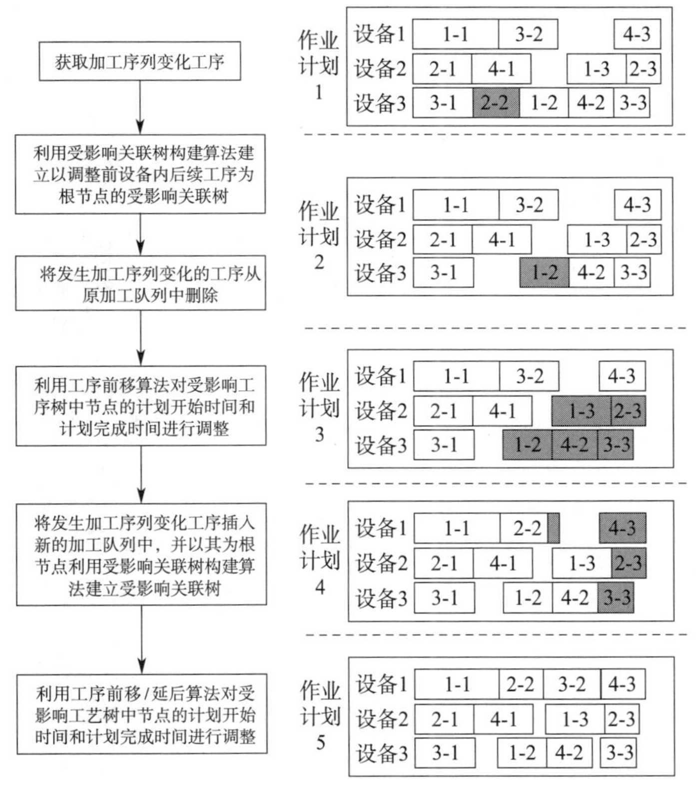

图 3–4–5 加工序列变化处理算法

（2）重调度算法。重调度是对特定时间点之后的所有作业工序进行完全的重排。与静态调度不同，参加调度的工序并不是全部的工序，而是特定时间点之后的部分零件加工工艺路线的片段。为此必须建立一个可调度工序集，而后针对可调度工序集进行重调度。因此，针对上述要求，提出了基于片段工序集与启发式规则相结合的面向特定时间点之后的重调度算法，如图 3–4–6 所示。

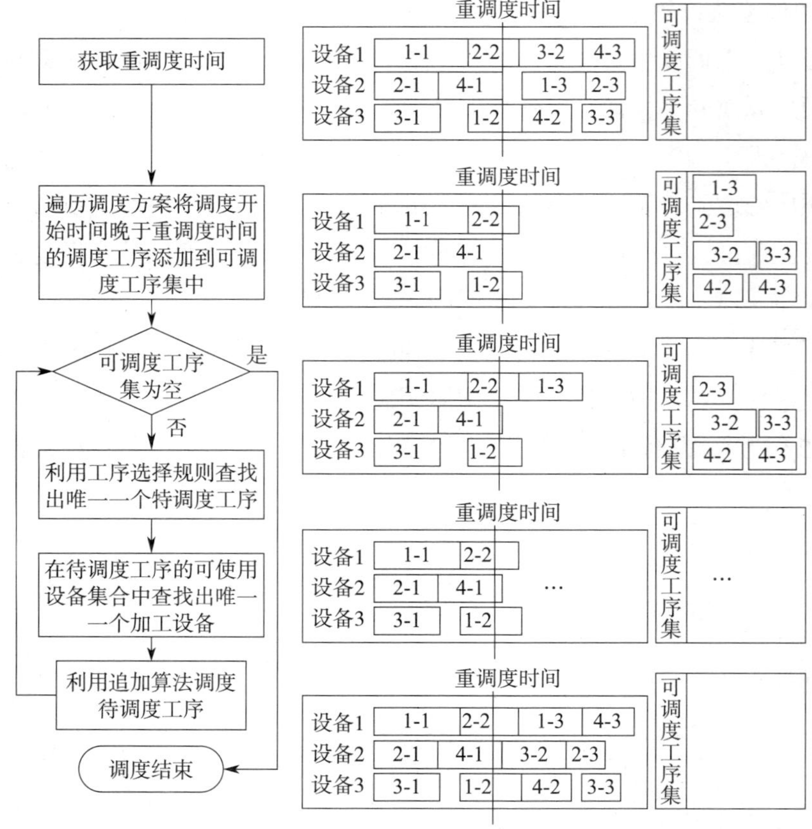

图 3-4-6　重调度处理算法示意

本节思考：

1. 根据扰动因素的发起类别，可以将生产扰动分为 4 个层次，分别是哪 4 个层次？

2. 生产扰动事件的动态调度处理技术思路有哪些？

3. 基于人机交互调整的动态调度技术有哪些？

第四章
中云 MES 应用

第一节 中云 MES 基本介绍

一、系统界面

（1）中云 MES 登录界面如图 4-1-1 所示。

图 4-1-1 中云 MES 登录界面

（2）中云 MES 登录后主界面如图 4-1-2 所示。

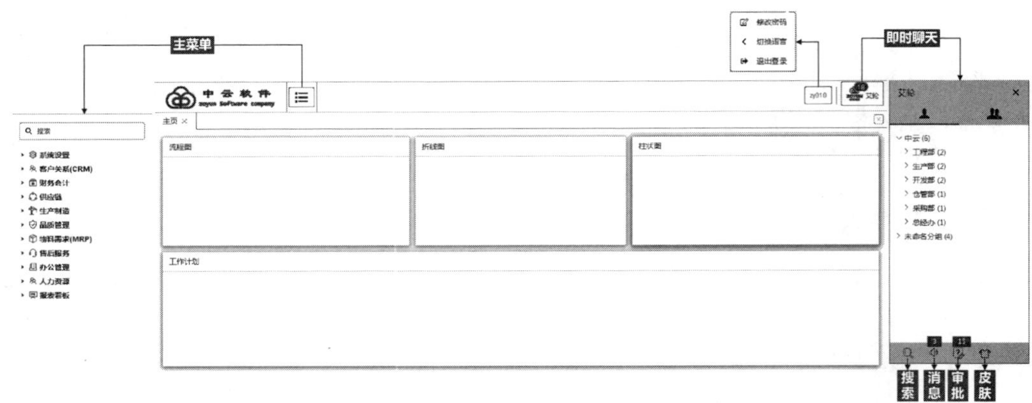

图 4-1-2 中云 MES 登录后主界面

二、常用命令按钮

（1）各功能模块主窗口常用命令按钮及功能如表 4-1-1 所示。

表 4-1-1 各功能模块主窗口常用命令按钮及功能

查看 新增 修改 删除 查询 核准 附件 过账 导出 对外 打印 中止 制表 配置列表

按钮	功能
查看	单击后打开选中单据，用于查看单据信息（受权限列表管控）
新增	单击后打开“新建”窗口，用于创建新的单据（受权限列表管控）
修改	单击后打开选中单据，用于修改草稿单据或变更非草稿单据（受权限列表管控）
删除	单击后删除选择单据，用于删除草稿单据（受权限列表管控）
查询	单击后打开查询方案，用于查询单据信息（受权限列表管控）
核准	单击后发起审批流程，用于审批草稿单据（受权限列表管控）
附件	单击后打开“附件”窗口，用于上传单据附件（受权限列表管控）
过账	财务凭证过账
导出	用于导出单据信息，生成电子文档（受权限列表管控）
对外	启动第三方程序 QQ、微信、E-mail、短信等
打印	单击后打开“打印模板”窗口，用于打印选中单据（受权限列表管控）
中止	中止选中的单据
制表	单据制作完成后的制表校验
配置列表	单击后打开“配置列”窗口，用于控制字段的显示 / 隐藏 / 排序，可见列中已勾选为显示字段，未勾选为隐藏字段（受权限列表管控）

（2）各功能模块编辑窗口常用命令按钮及功能，如表 4-1-2 所示。

表 4-1-2　　各功能模块编辑窗口常用命令按钮及功能

保存　保存并新增　附件　变更记录　✕ 离开　显示/隐藏

保存	用于保存单据信息
保存并新增	单击后当前页面信息被保存，并打开新的新增窗口
附件	单击后打开“附件”窗口，用于上传单据附件（受权限列表管控）
变更记录	单击后打开“变更记录”窗口，用于查看单据历史变更记录（受权限列表管控）
离开	单击后关闭当前窗口，用于关闭当前页面或窗口
显示 / 隐藏	单击后显示 / 隐藏字段，用于显示 / 隐藏在设置列中勾选了收起属性的字段

（3）各功能模块明细选项卡常用命令按钮及功能如表 4-1-3 所示。

表 4-1-3　　各功能模块明细选项卡常用命令按钮及功能

引用　新增　删除　打印　库位分配　批次序列号　配置列表　单价/尾价

引用	单击后打开数据源，用于引用相关单据或 BOM 清单（受权限列表管控）
新增	单击后新增明细行，用于手动新增明细行数据（受权限列表管控）
删除	单击后删除选中明细行，用于手动删除选中的明细行数据（受权限列表管控）
打印	单击后打开“打印模板”窗口，用于打印单据（受权限列表管控）
库位分配	单击后打开“库位分配”窗口，用于对未启用批次管理属性的物料进行出入库作业；当仓库启用了库位管理时，对物料及数量进行库位分配（受权限列表管控）
批次序列号	单击后打开“批次序列号编辑”窗口，用于出入库作业物料启用批次管理时，对物料条码进行引用、创建、扫描（受权限列表管控）
配置列表	单击后打开“配置列”窗口，用于控制字段的显示 / 隐藏 / 排序，可见列中已勾选为显示字段，未勾选为隐藏字段（受权限列表管控）
单价 / 尾阶	用于控制制造通知单中生产 BOM 物料清单的单阶与尾阶显示

（4）各功能模块批次序列号选项卡常用命令按钮及功能如表 4-1-4 所示。

表 4-1-4　　各功能模块批次序列号选项卡常用命令按钮及功能

引用　新增　删除　保存　取消　离开　导入　导出　条码扫描　库位分配　配置列表

引用	入库作业时，单击后打开“条码打印明细”主窗口，方便用户选择相关物料在条码打印明细中已创建的条码；出库作业时，单击后打开批次库存表，方便用户选择相关物料在批次库存中已存在的条码（受权限列表管控）
新增	入库作业时，单击后打开“条码打印明细编辑”窗口，方便用户创建相关物料的条码（受权限列表管控）

续表

删除	单击后删除选中明细行，用于手动删除选中的明细行数据（受权限列表管控）
保存	单击后保存明细行数据，用于手动保存明细行数据（受权限列表管控）
取消	取消当前操作
离开	单击后关闭当前窗口，用于关闭当前页面或窗口（受权限列表管控）
导入	单击后打开“导入”窗口，用于批量导入条码（受权限列表管控）
导出	单击后导出明细行数据，用于手动导出数据生成电子文档（受权限列表管控）
条码扫描	单击后打开“条码扫描”窗口，用于出入库扫码作业，也支持手动输入条码（受权限列表管控）
库位分配	单击后打开“库位分配”窗口，用于启用批次管理属性的物料进行出入库作业且仓库启用库位管理时，对物料及数量进行库位分配（受权限列表管控）
配置列表	单击后打开“配置列”窗口，用于控制字段的显示 / 隐藏 / 排序，可见列中已勾选为显示字段，未勾选为隐藏字段（受权限列表管控）

（5）各功能模块库位分配选项卡常用命令按钮及功能如表 4-1-5 所示。

表 4-1-5　　各功能模块库位分配选项卡常用命令按钮及功能

引用　新增　删除　保存　离开　导入　导出　配置列表

引用	单击后打开库位库存表，用于出库作业时选择相关的库位（受权限列表管控）
新增	单击后新增明细，用于出入库作业时手动新增明细行库位（受权限列表管控）
删除	单击后删除选中的明细行，用于手动删除选中的明细行数据（受权限列表管控）
保存	单击后保存明细行数据，用于手动保存明细行数据（受权限列表管控）
离开	单击后关闭当前窗口，用于关闭当前页面或窗口（受权限列表管控）
导入	导入系统外数据至系统
导出	单击后导出明细行数据，用于手动导出数据生成电子文档（受权限列表管控）
配置列表	单击后打开“配置列”窗口，用于控制字段的显示 / 隐藏 / 排序，可见列中已勾选为显示字段，未勾选为隐藏字段（受权限列表管控）

三、常用字段

（一）序列号

1. 目的和工作方法

目的：可使用物料的序列号对其进行管理和跟踪。序列号是特定物料的唯一标识。序列号可以提供有关特定物料的附加信息，例如其制造日期、保修数据等。

工作方法：在定义为通过序列号管理的物料入库期间，输入序列号，例如从供应商收货；还可以在销售或出货单据中选择相关序列号，例如向客户交货。

2. 工作流程

当客户采购序列号物料时，选择这些物料的可用序列号，然后将其分配给客户。在添加相关单据以及进行库存交易之前，可以更新序列号的明细。

（二）批次号

1. 目的和工作方法

目的：使用批次可管理和跟踪具有类似特征的、组合成一批的物料组，例如药品。可定义与每个批次相关的物料数量和附加属性，例如过期日期、属性等。

工作方法：通常包括在库存收货交易期间使用批次管理来创建物料批次，以及在出货 / 销售交易期间从相关批次选择一定的数量。

2. 工作流程

在客户采购批次物料时，选择该物料的可用批次，然后将其分配给该客户。

第二节　销售管理

一、销售系统概述

一般企业完成销售业务的流程包括销售报价、销售订单、销售交货、销售退货、销售发票、收款等完整处理流程。中云 MES 软件提供了企业标准销售业务流程的处理方案，同时提供相关辅助应用、查询，以及相关报表，帮助销售人员跟进销售订单，掌握交货进度、生产进度、退换货情况、发票是否已开、收款情况等，并支持用户根据应用需要灵活调整业务流程。

（一）销售管理理念

中云 MES 销售管理理念体现了先进性、开放性和智能性，如图 4-2-1 所示。

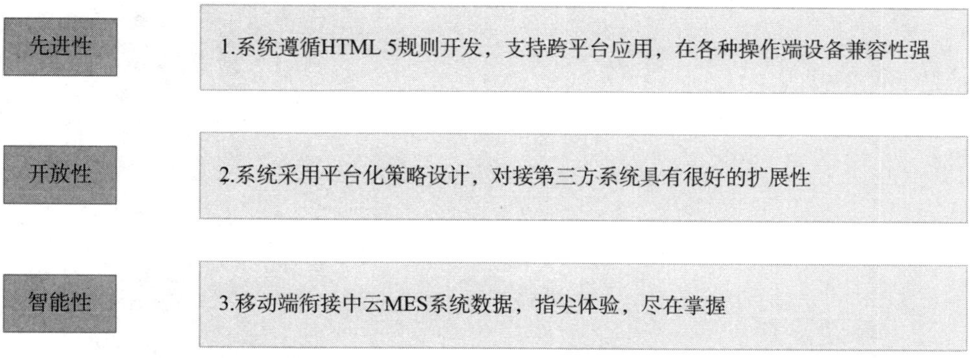

先进性	1.系统遵循HTML 5规则开发，支持跨平台应用，在各种操作端设备兼容性强
开放性	2.系统采用平台化策略设计，对接第三方系统具有很好的扩展性
智能性	3.移动端衔接中云MES系统数据，指尖体验，尽在掌握

图 4-2-1　中云 MES 销售管理理念

（二）销售管理架构

中云 MES 销售管理架构主要由基础设置、控制策略、业务处理、报表分析四大模块组成，如图 4–2–2 所示。

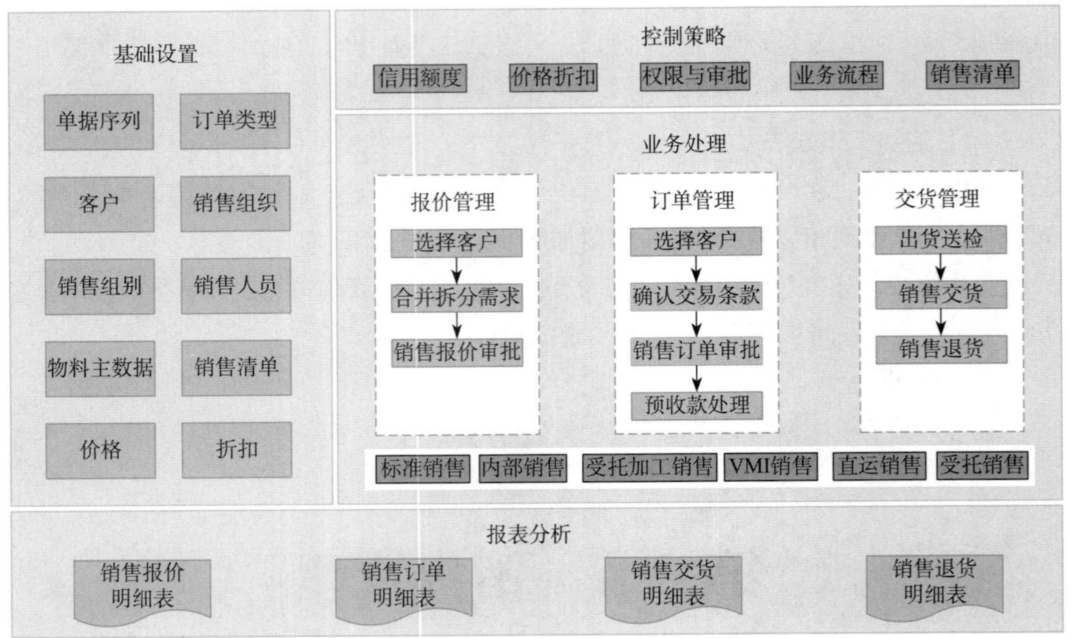

图 4–2–2　中云 MES 销售管理架构

（三）销售管理流程

中云 MES 销售管理流程分为 4 个阶段，分别为设置→下单→发货→应收，如图 4–2–3 所示。

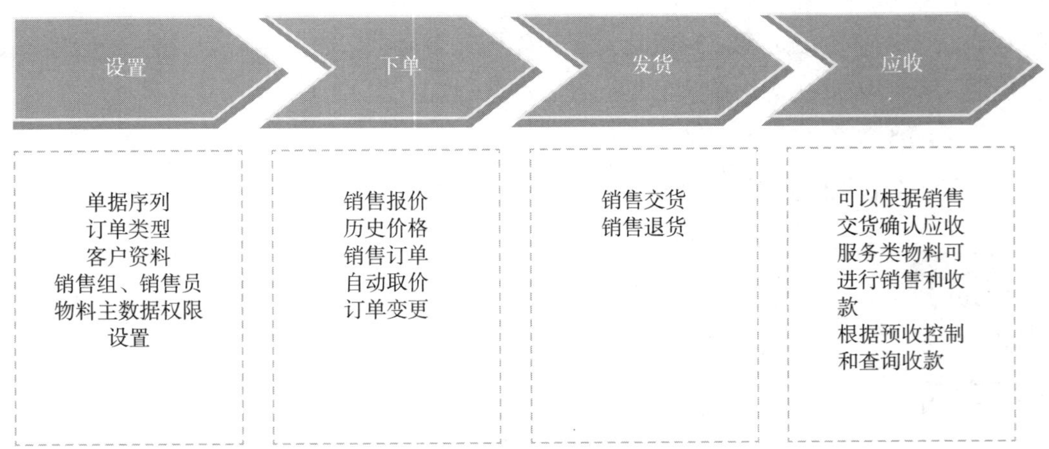

图 4–2–3　中云 MES 销售管理流程

二、基础设置

在应用销售管理进行业务单据处理之前，首先需要对基础数据及参数进行设置，用户可以根据自身实际情况进行设置。在中云 MES 中系统预设了常用的单据序列、订单类型及参数，以便于快速实施与应用。

（一）基础设置 1——单据序列与订单类型

打开路径：选择“系统设置” - “系统设置” - “常规”选项，单据序列与订单类型共同构成不同的业务类型，如图 4-2-4 所示。

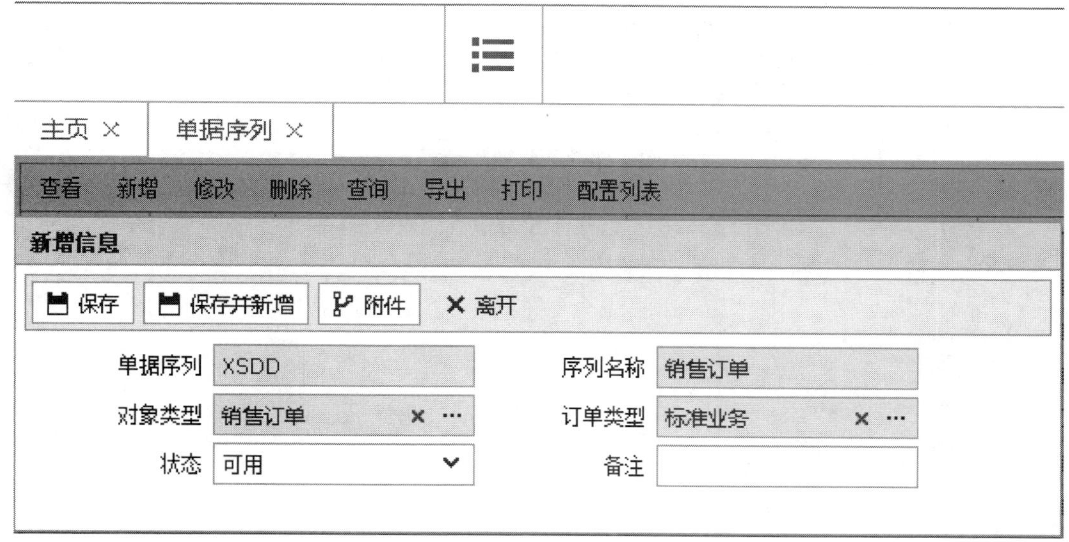

图 4-2-4 单据序列与订单类型设置

（二）基础设置 2——客户

打开路径：选择“客户关系” - “业务伙伴”选项。客户是销售系统中的关键基础资料，将应用到销售报价、销售订单、销售交货和结算收款等整个销售与收款业务过程中。基本信息编辑完成后，在“业务伙伴”选项卡中设置好所需的参数，如图 4-2-5 和图 4-2-6 所示。其中，客户主数据包括基本信息、商务信息和财务信息；客户支持多组织、多地点管理；设置默认交易币别、税率、销售人员、付款条件等方便录单携带。

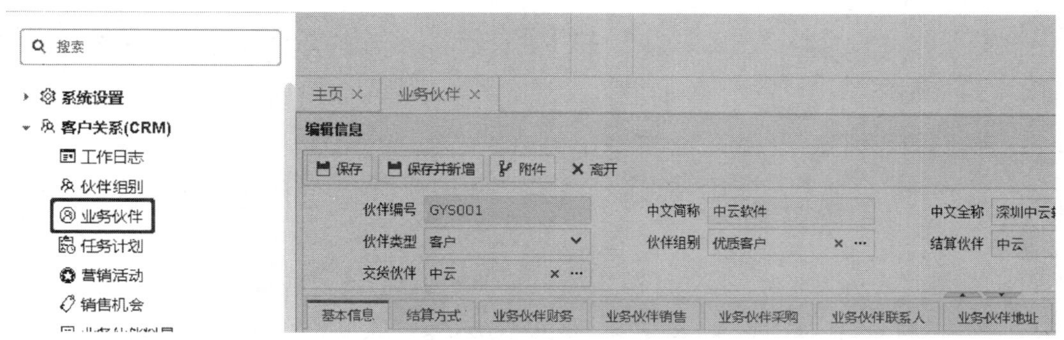

图 4-2-5 业务伙伴基本信息设置

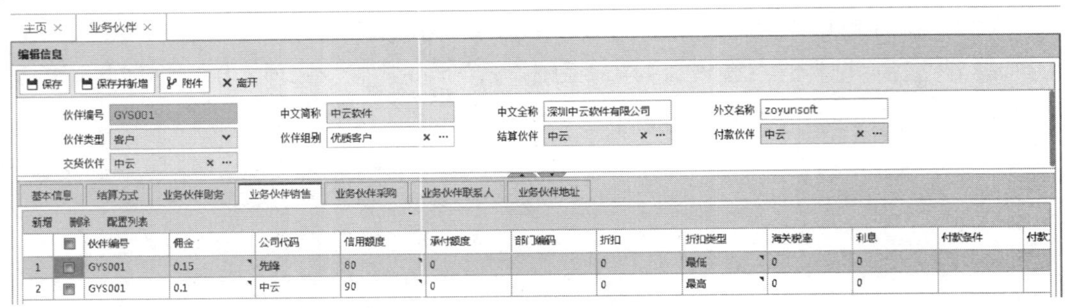

		伙伴编号	佣金	公司代码	信用额度	承付额度	部门编码	折扣	折扣类型	海关税率	利息	付款条件
1		GYS001	0.15	先锋	80	0		0	最低	0	0	
2		GYS001	0.1	中云	90	0		0	最高	0	0	

图 4-2-6 业务伙伴设置

（三）基础设置 3——销售组织、销售组别与销售人员

销售设置分层进行，各层工作责任与权限如图 4-2-7 所示。

负责公司的销售业务管理；
代表公司与客户签订合同；
用于数据权限与统计分析

销售组织

负责某类产品的销售业务；
代表具体的销售小组；
用于数据权限与统计分析

销售组1

销售组2

负责具体的销售业务；
代表具体的销售人员；
用于销售业务处理

销售员1

销售员2

图 4-2-7 销售组织架构

1. 销售组织

打开路径：选择“系统设置”–“组织机构”–“组织机构”选项，设置界面如图 4-2-8 所示。

2. 销售组别

打开路径：选择“系统设置”–“组织机构”–“业务组别”选项，设置界面如图 4-2-9 所示。

3. 销售人员

打开路径：选择“人力资源”–“人事管理”–“员工主数据”选项，设置界面如图 4-2-10 所示。

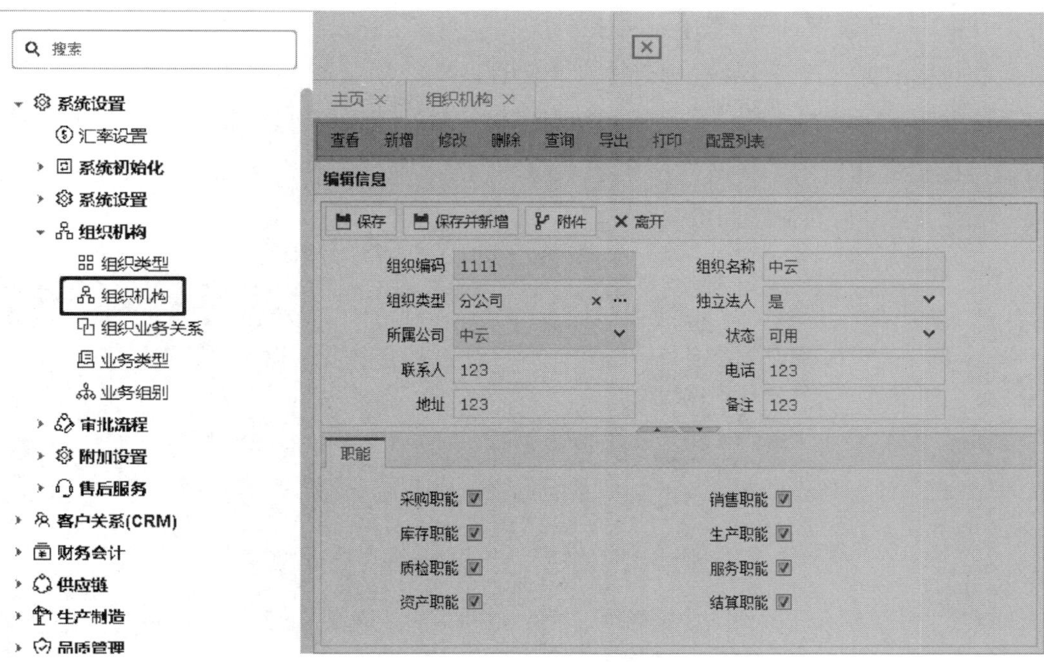

图 4-2-8　销售组织机构设置

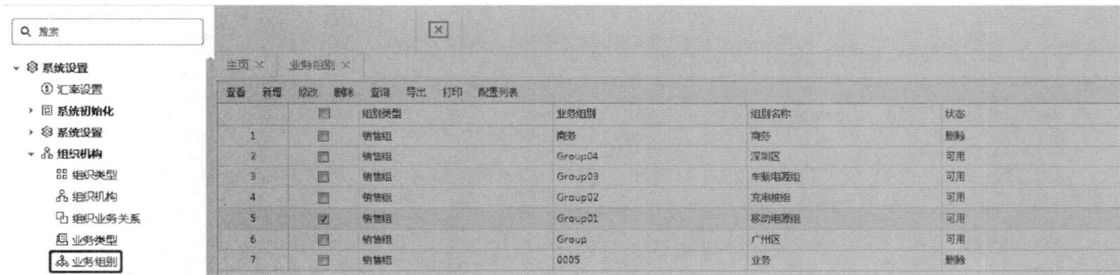

图 4-2-9　销售业务组别设置

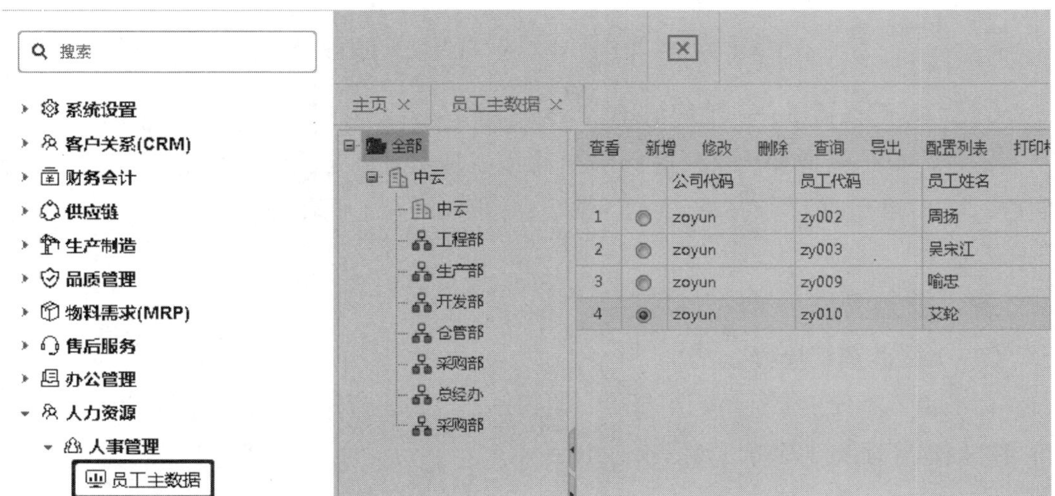

图 4-2-10　销售采购人员设置

（四）基础设置 4——物料主数据

物料主数据设置打开路径：选择“供应链”–“仓库管理”–“物料主数据”选项，打开设置界面，物料主数据是用于新增与编辑物料的基本信息及属性的，通过物料主数据可以设置物料的销售属性，凡是“销售物料 是”的物料都支持销售管理，如图 4–2–11 和图 4–2–12 所示。

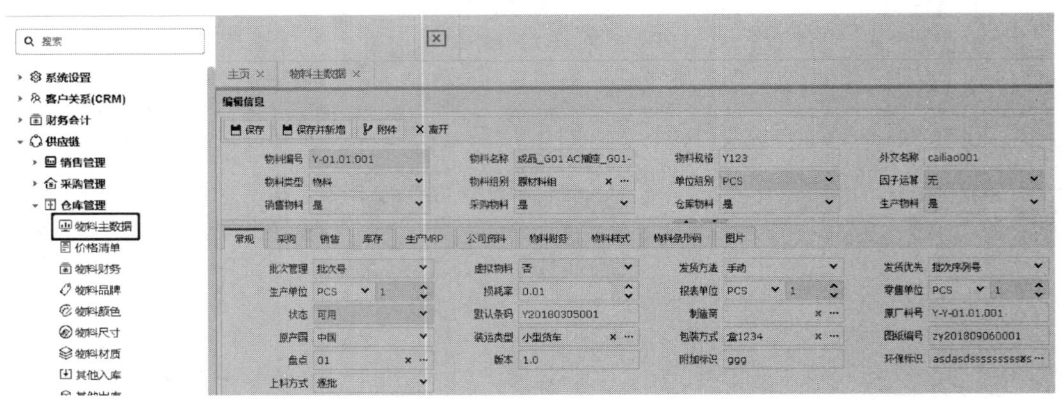

图 4–2–11　物料主数据设置界面

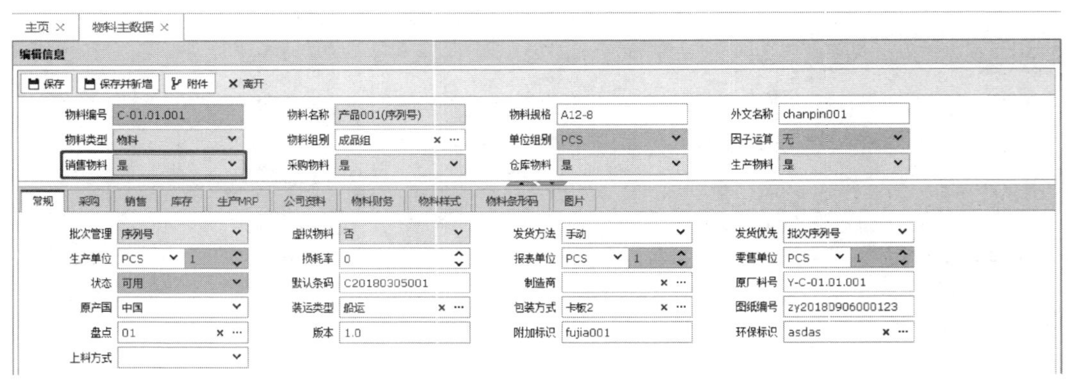

图 4–2–12　销售物料选择“是”则为支持销售

（五）基础设置 5——销售清单

销售清单是销售 BOM 的一种功能，可以实现组合销售。打开路径：选择“生产制造”–“工程管理”–“工程 BOM”选项，如图 4–2–13 所示。

三、业务流程

（一）标准销售流程

标准销售流程主要经历销售报价、销售订单、销售交货、销售结算 4 个阶段，各阶段之间的管理及涉及岗位如图 4–2–14 所示。

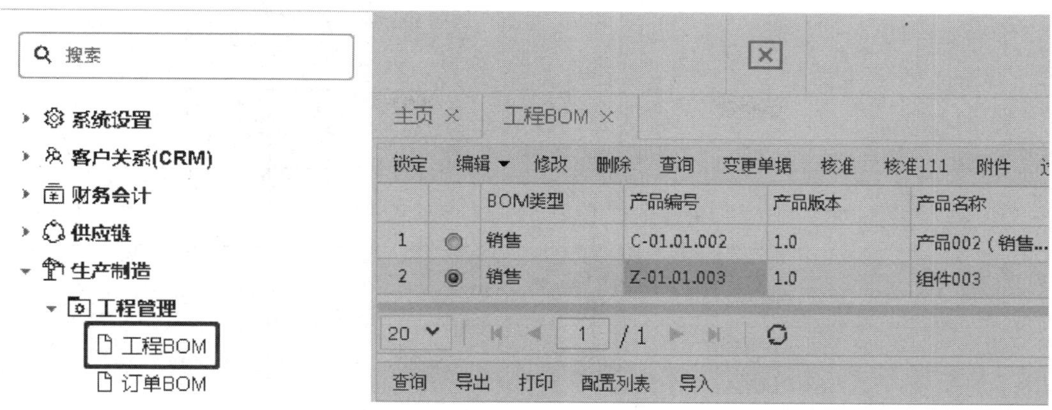

图 4-2-13　销售清单设置

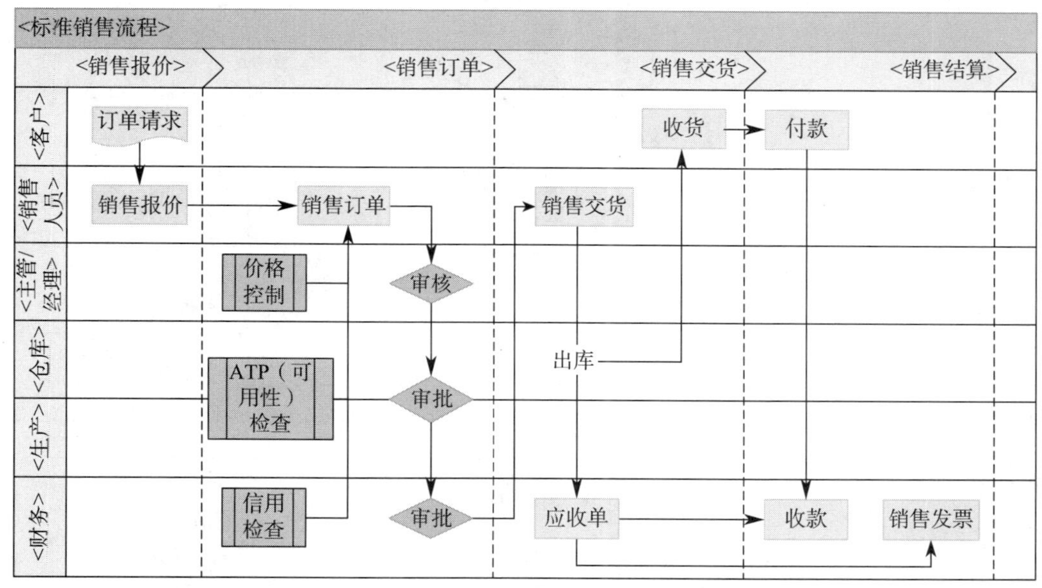

图 4-2-14　标准销售流程示意

（二）服务类销售流程

服务类销售流程不涉及货物交付，主流程中无销售交货环节，如图 4-2-15 所示。

（三）直运销售流程

直运业务是指产品无须入库即可完成购销业务，由供应商直接将商品发给企业的客户，结算时，由购销双方分别与企业结算。直运销售流程示意如图 4-2-16 所示。

（四）销售退货流程

销货退回是商品销售后，由于某种原因购货方要求退货，经销售企业同意退回商品退出货款的一种撤销原来商品交易的行为。分为有源单退货和无源单退货，退货流程如图 4-2-17 所示。

（五）委托销售流程

委托销售即委托代销，是指受货物所有人委托进行销售的一种行为。在商议好代

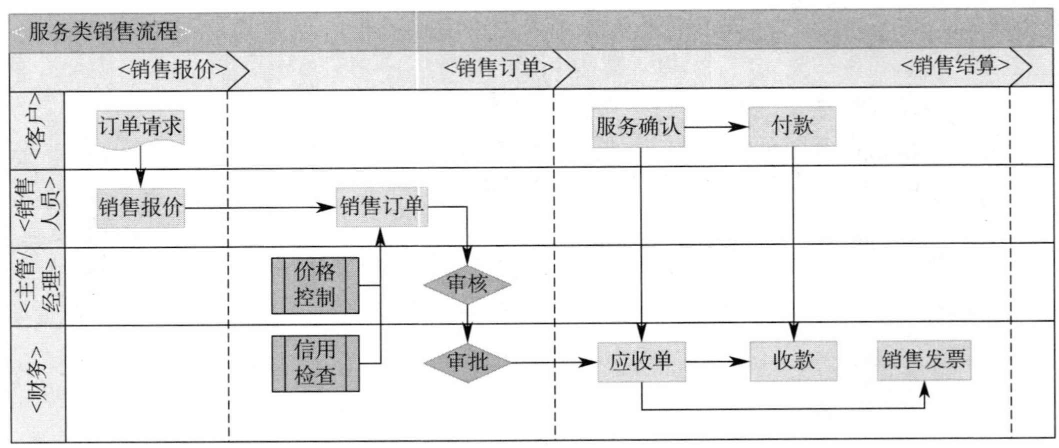

图 4-2-15　服务类销售流程示意

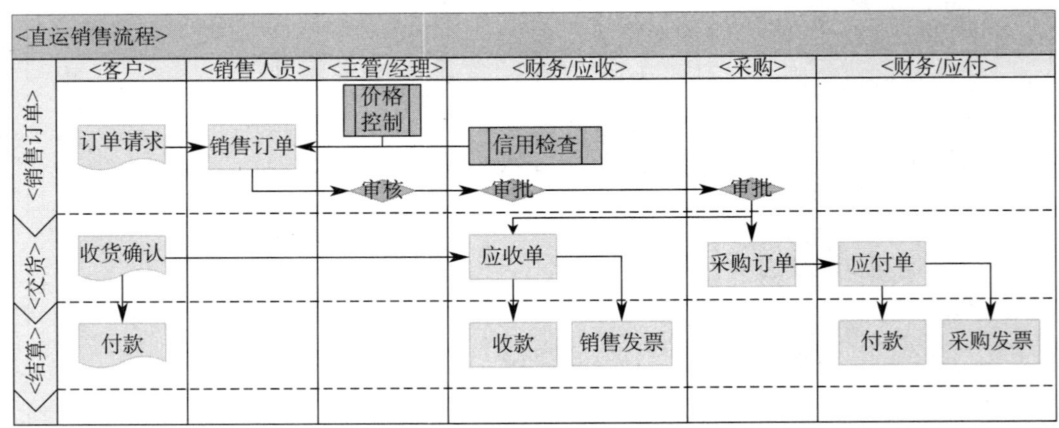

图 4-2-16　直运销售流程示意

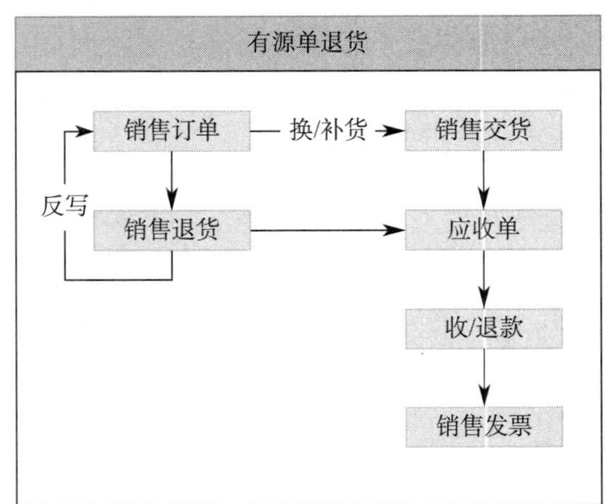

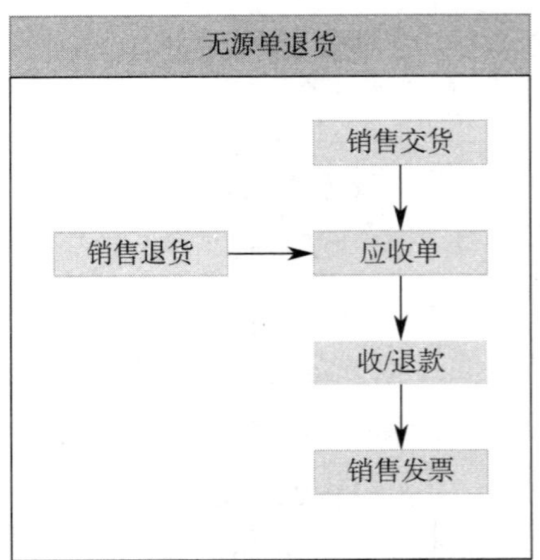

图 4-2-17　退货流程示意

理销售代理费的情况下，当产品销售回款后自行将商议货款付至委托人的经营活动。特点是受托方只是一个代理商，委托方将商品发出后，所有权并未转移给受托方，因此商品所有权上的主要风险和报酬仍在委托方。委托销售流程如图 4-2-18 所示。

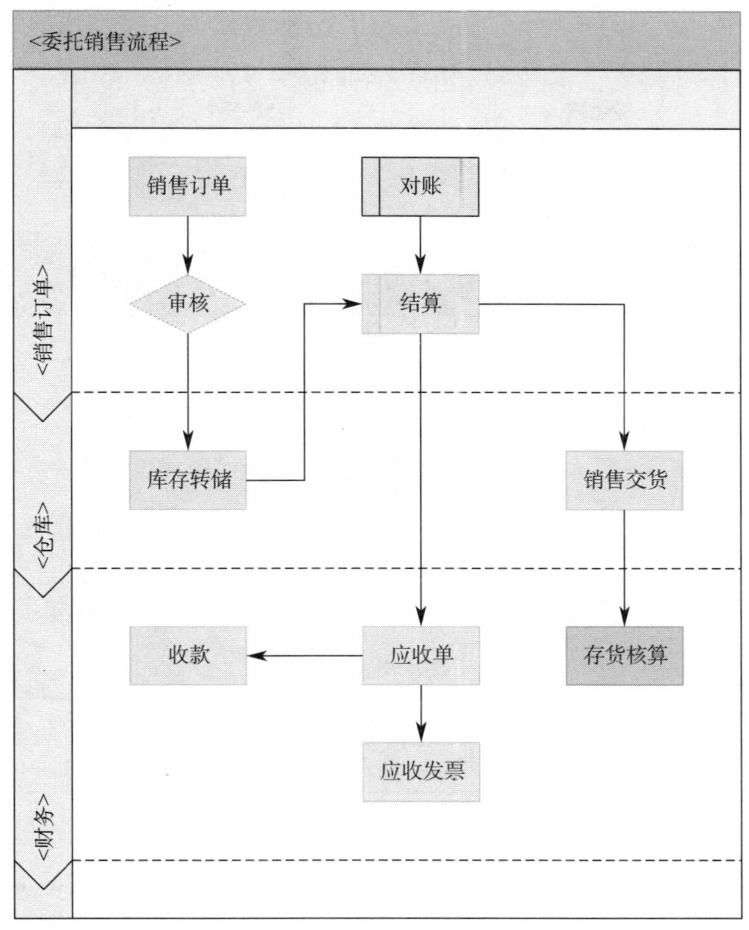

图 4-2-18　委托销售流程示意

（六）组织间的购销流程

1. 主要功能

（1）一个组织向另一个组织采购产品，下达采购订单。

（2）采购订单可以生成供应商对应组织的销售订单。

（3）按销售订单、采购订单标准流程执行出库、入库。

（4）需要设置两个组织，分别为对方的供应商、客户。

2. 应用场景

（1）实现组织内部购销关系，如销售公司向总部、工厂采购产品等。

（2）此模式下，一般参与的双方都为法人，并且有实质的出入库业务，不适应代理销售模式（库存组织直接出货给客户的模式）。

（七）跨组织销售业务流程

企业由销售组织与客户接单，由指定工厂供应货物，并且需要进行内部结算的销售业务流程。常见的销售模式：集中销售、分散出货、集中结算，集中销售、分散出货、分散结算，分散销售、集中出货、集中结算，分散销售、集中出货、分散结算。

其主要流程是集团统筹订单处理，工厂直接出货给客户。其主要应用场景为单法人多工厂企业：多个工厂生产，总部统一销售，如图 4–2–19 所示。

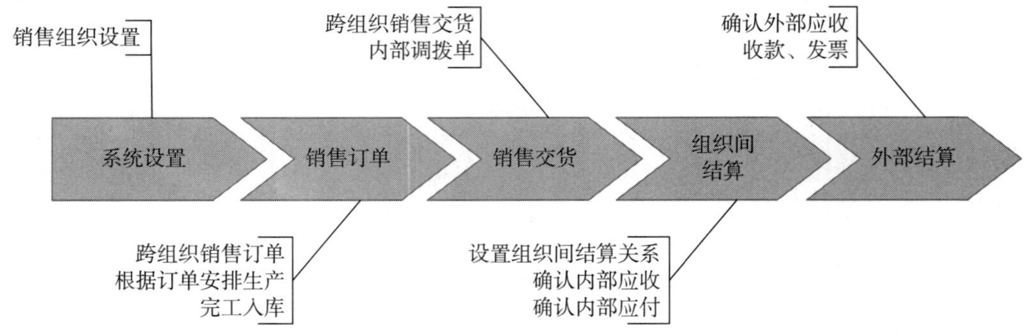

图 4–2–19　跨组织销售业务流程示意

四、销售作业

在对销售作业操作时，首先要熟悉各个字段的意义，常用字段说明如表 4–2–1 所示。

表 4–2–1　常用字段说明

单据类型	物料	为库存中定义的物料创建一个销售单据，如手机、移动电源等
	服务	为尚未定义为物料的服务创建一个销售单据，如一次性咨询等
手动编号	系统	单据编号由系统自动生成
	手动	单据编号由用户手动生成
伙伴代码	业务伙伴中的客户 / 内部伙伴编码	
伙伴名称	业务伙伴中的客户 / 内部伙伴名称	
货币代码	与业务伙伴的交易币别	
默认仓库	选择默认仓库后，物料明细中仓库代码为空的行自动填写为默认仓库	
单据状态	草稿	未通过审批的单据状态
	跟进	已通过审批的单据状态
	结案	已关闭的单据状态（手动变更）
	取消	已取消的单据状态（手动变更）
	完成	跟进状态的单据被目标单据反写后由系统自动变更
	删除	已删除的单据状态（单据被删除后由系统自动变更）
链接类型	物料明细	数据来源为来源单据的物料明细表，实现多来源数据反写
	延伸交易	数据来源为来源单据的延伸交易表，实现多来源数据反写
是否品质检验	是：需要经过品质检验后才能交货； 否：无须经过品质检验可直接交货	
基本类型	来源单据的单据类型	
基本单据	来源单据的单据编号	
基本行	来源单据的行号	

（一）销售报价

销售报价主要价值体现：企业根据销售政策、产品成本、目标利润、历史价格等向客户提出产品报价，同时根据报价单形成销售订单。其主要功能有：

（1）支持按客户进行报价。

（2）支持报价单有效期管理。

（3）支持自动计算金额、折扣。

（4）支持价格查询和历史价格查询。

（5）支持报价单审批流程。

销售报价操作时的流程如图 4–2–20 所示，具体打开路径：选择“供应链”–“销售管理”–“销售报价”选项，销售报价操作界面如图 4–2–21 所示。

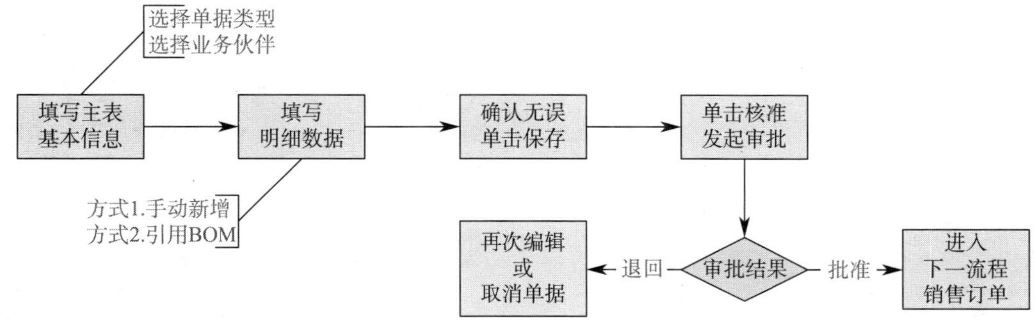

图 4–2–20 销售报价操作流程

		单据行号	仓库代码	物料编号	物料名称	物料规格	物料组别	图纸编号	批次管理	BOM类型	单位转换率	基本单位	单位名
1		-1		C-01.01.002	产品002（销售...	sd12-1	111	zy201809060...	无	销售BOM	1	PCS	PCS
2		-1		B-01.01.0	配件002	BS-1	05	zy201809060...	序列号	工程BOM	1	PCS	PCS
3		-1		B-01.01.0	配件001	B12-9	05	zy201809060...	序列号	工程BOM	1	PCS	PCS
4		-1		Z-01.01.0	组件003	z-01	05	zy201809060...	无	工程BOM	1	PCS	PCS

图 4–2–21 销售报价操作界面

（二）销售订单

销售订单是与购买产品或服务的客户的承诺，它是生产订单或采购订单的基础单据；同时，销售订单实现企业对销售的计划性控制，使企业的销售、生产、采购活动有序、流畅、高效。其主要功能有：

（1）支持单公司及多组织销售业务处理。

（2）支持与客户多方进行交易。

（3）支持产品批次管控，销售 BOM 的应用。

（4）支持价格查询、库存查询、信用额度查询。

（5）支持预收款处理。

销售订单操作流程如图 4-2-22 所示，具体打开路径：选择“供应链”-“销售管理”-“销售订单”选项，打开的操作界面如图 4-2-23 所示。

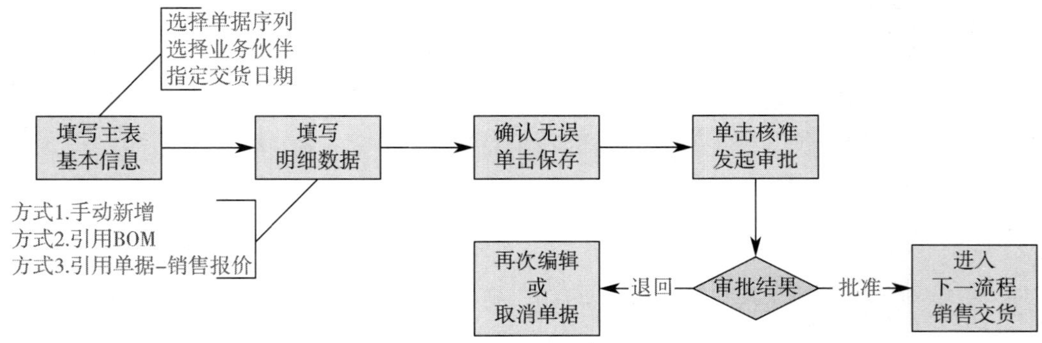

图 4-2-22 销售订单操作流程

图 4-2-23 销售订单操作界面

（三）订单变更

订单变更可以通过直接修改来变更销售订单的订货信息或交易条件等，同时将变更历史及内容完全记录，提高变更效率，方便查询追溯。其主要功能有：

（1）支持新增、修改、取消三种变更类型。

（2）支持数量、价格、交货日期等变更。

（3）支持直接修改变更。

（4）已执行订单不能取消。

订单变更操作流程如图 4-2-24 所示，具体打开路径：选择“供应链”-“销售管理”-“销售订单”-“修改”-“变更记录”选项，打开的操作界面如图 4-2-25 所示。

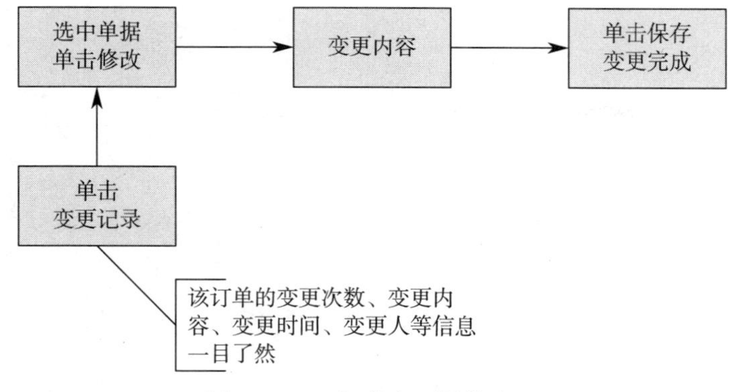

图 4-2-24　订单变更操作流程

图 4-2-25　变更记录操作界面

（四）销售交货

销售交货可以根据销售订单的交货计划执行出库，对于启用批次管理的产品可以依据批次拣货出库，并支持扫码出库。其主要功能有：

（1）支持手动新增，引用销售订单。

（2）支持交货产品批次管理。

（3）支持备品处理。

（4）支持集团企业跨组织销售交货、结算。

（5）支持标准销售交货、内部销售交货、VMI（vendor managed inventory）销售收货、受托加工销售交货、委托销售交货。

销售交货操作流程如图 4-2-26 所示，具体打开路径：选择“供应链”－“销售管理”－“销售交货”选项，销售交货操作界面如图 4-2-27 所示。

（五）销售退货

销售退货是处理由于质量问题、价格问题等原因，客户将产品退回，仓库处理接

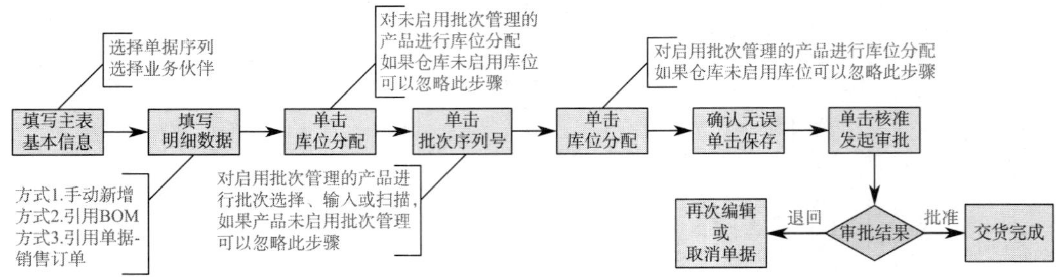

图 4-2-26　销售交货操作流程

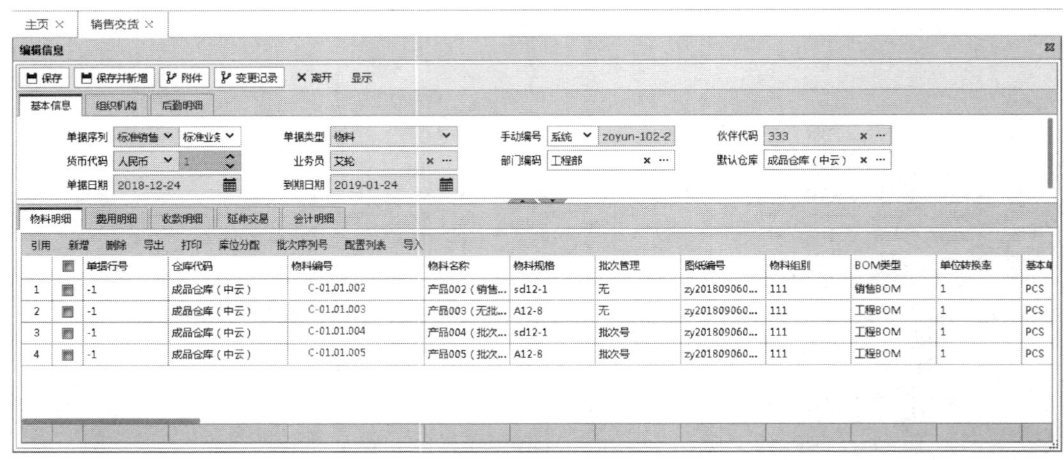

图 4-2-27　销售交货操作界面

收退回产品的业务单据。其主要功能有：

（1）支持手动新增，引用销售订单。

（2）支持单公司和集团企业跨组织销售退货、结算。

（3）支持备品退货处理。

（4）支持退货物料批次管理。

（5）支持标准销售退货、内部销售退货、VMI 销售退货、受托加工销售退货、委托销售退货。

销售退货操作流程如图 4-2-28 所示，具体打开路径：选择“供应链” - “销售管理” - “销售退货”选项，打开的操作界面如图 4-2-29 所示。

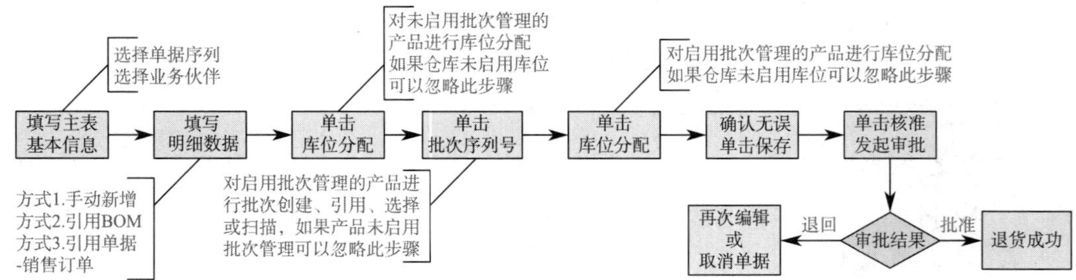

图 4-2-28　销售退货操作流程

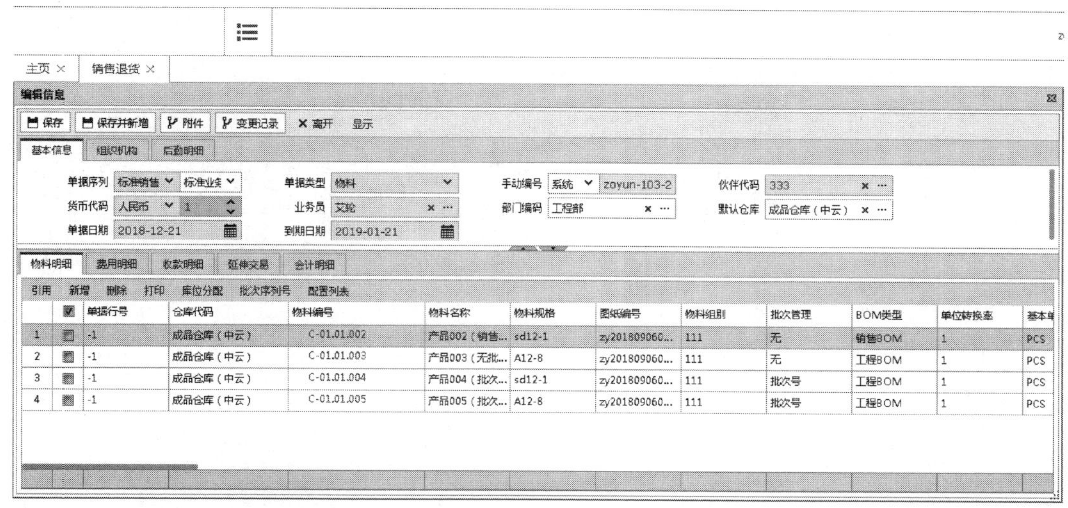

图 4-2-29　销售退货操作界面

第三节　采购管理

一、采购系统概述

采购业务流程分为采购申请、采购报价、采购订单、采购收货、采购退货、预付款、采购发票、采购贷项、预购发票。采购管理主要是帮助采购人员更好地选择供应商，更合理的采购价格、交期、付款方式等，并对采购过程进行管理。采购管理设计理念主要体现多样化、智能化和集成化，其设计理念与体现方式如图 4-3-1 所示。

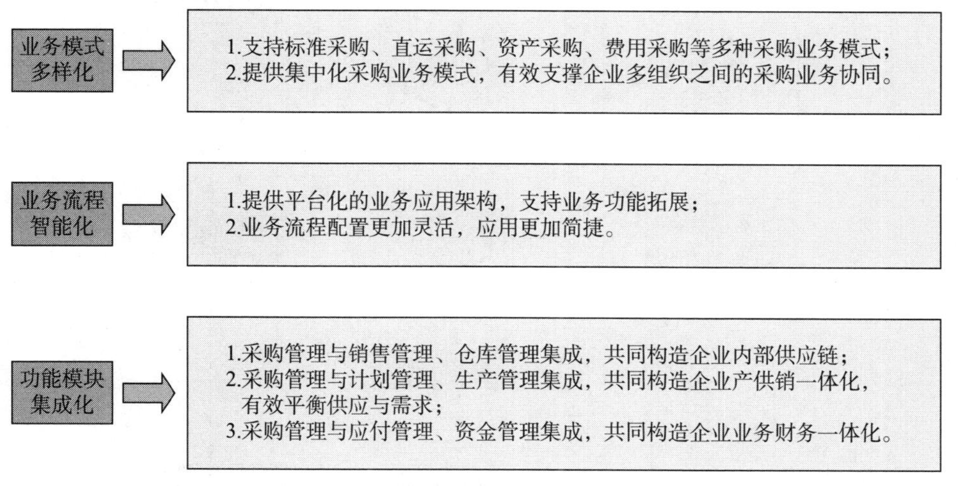

图 4-3-1　采购管理设计理念与体现方式

采购系统架构主要由基础设置、控制策略、业务处理、报表分析 4 个模块组成，各模块具体内容、功能与操作流程如图 4–3–2 所示。

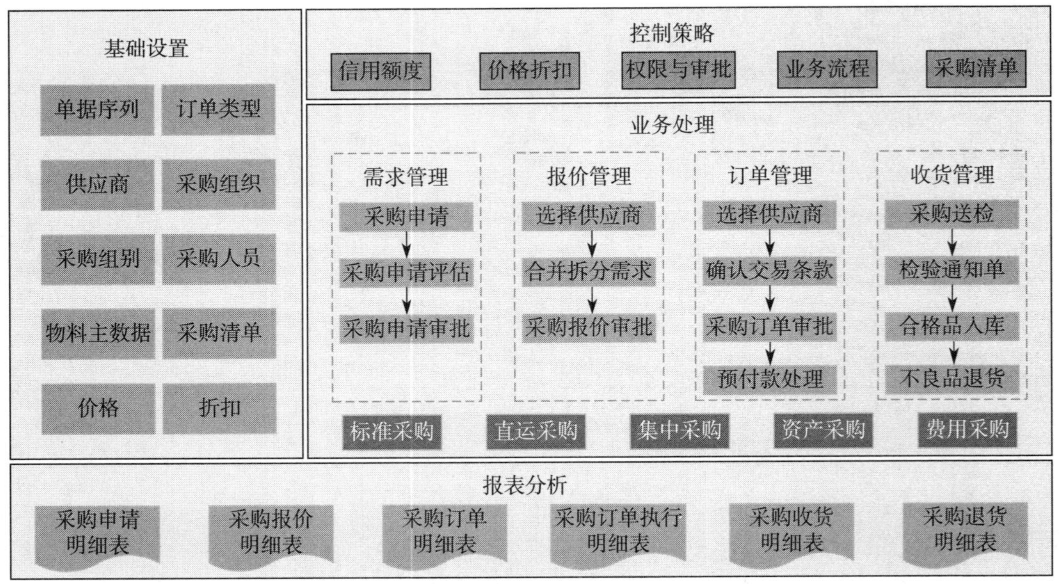

图 4–3–2 采购系统架构示意

采购管理总体流程如图 4–3–3 所示。

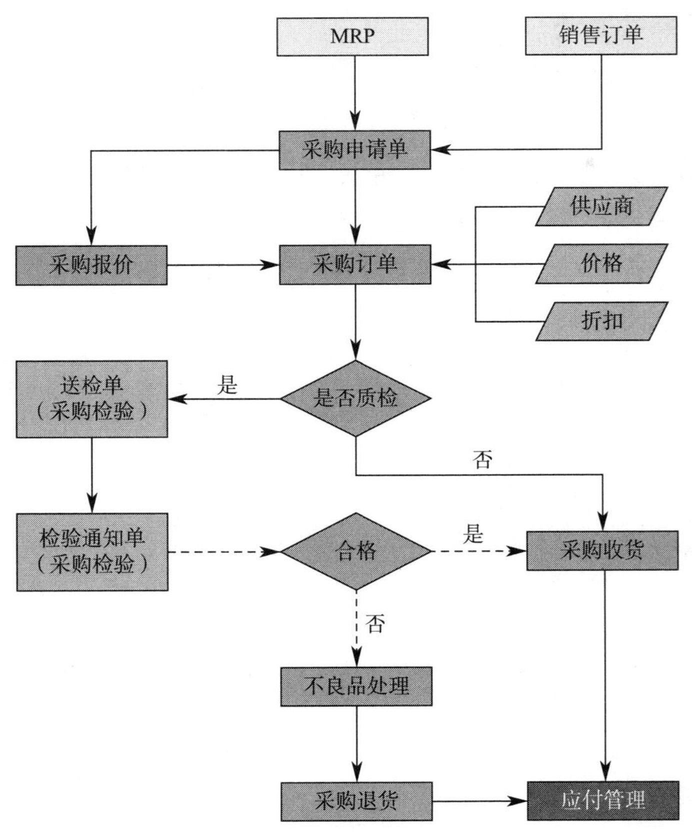

图 4–3–3 采购管理总体流程

二、基础设置

在应用采购管理进行业务单据处理之前，首先需要对基础数据及参数进行设置，用户可以根据自身实际情况进行设置。在中云 MES 中系统预设了常用的单据序列、订单类型及参数，以便于快速实施与应用。

1. 基础设置 1——单据序列与订单类型

打开路径：选择“系统设置” – “系统设置” – “常规”选项。设置完毕后，单据序列与订单类型共同构成不同的业务类型。

2. 基础设置 2——供应商

供应商是采购系统中的关键基础资料，将应用到采购报价、采购订单、采购收货和结算付款等整个采购与付款业务过程中。打开路径：选择“客户关系” – “业务伙伴”选项，打开的编辑界面如图 4–3–4 所示。基本信息编辑完成，在“业务伙伴采购”选项卡中设置好所需的参数，如图 4–3–5 所示。编辑设置时，供应商主数据包括基本信息、商务信息和财务信息；供应商支持多地点管理；供应商可以在采购组织之间进行分配或共享；供应商在不同组织可以设置不同的商务数据。

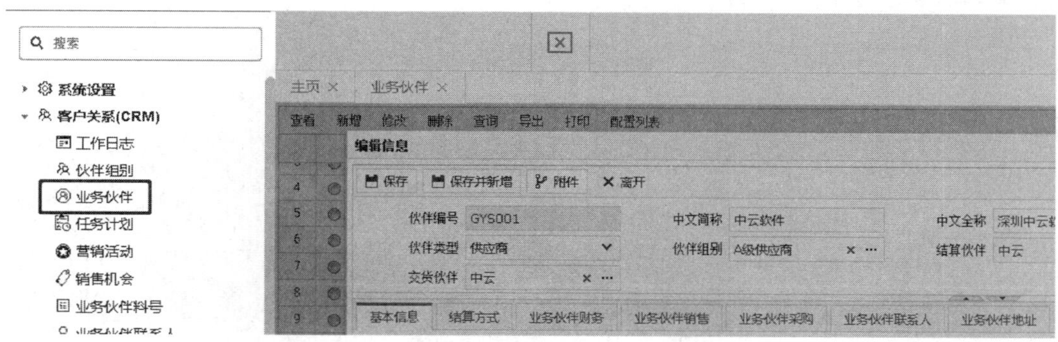

图 4–3–4　供应商基本信息编辑界面

编辑信息

保存　保存并新增　附件　离开

基本信息　结算方式　业务伙伴财务　业务伙伴销售　业务伙伴采购　业务伙伴联系人　业务伙伴地址

新增　删除　配置列表

		公司代码	伙伴编号	状态	部门编码	进项税码	进项税率	付款方式	付款条件	信用额度	承付额度	采购员	佣金	项目代码	海关税率	价格清单	利息	折扣类型	折扣
1		先锋	GYS001	可用			0			0	0		0		0		0		0
2		中云	GYS001	可用	采购部	进项税17	0.17	转账	月结30天	0	0	艾轮	0		0	采购交易价格	0	最低	0

图 4–3–5　供应商参数设置界面

3. 基础设置 3——采购组织、采购组别与采购人员

采购组织分层管理，各层业务范围、权限与功能有明确区分。采购组织架构如图 4–3–6 所示。组织机构设置打开路径：选择“系统设置” – “组织机构” – “组织机构”选项，设置界面如图 4–3–7 所示。采购业务组别设置打开路径：选择“系统设置” – “组织机构” – “业务组别”选项，设置界面如图 4–3–8 所示。采购人员设置打开路径：选择“人力资源” – “人事管理” – “员工主数据”选项，设置界面如图 4–3–9 所示。

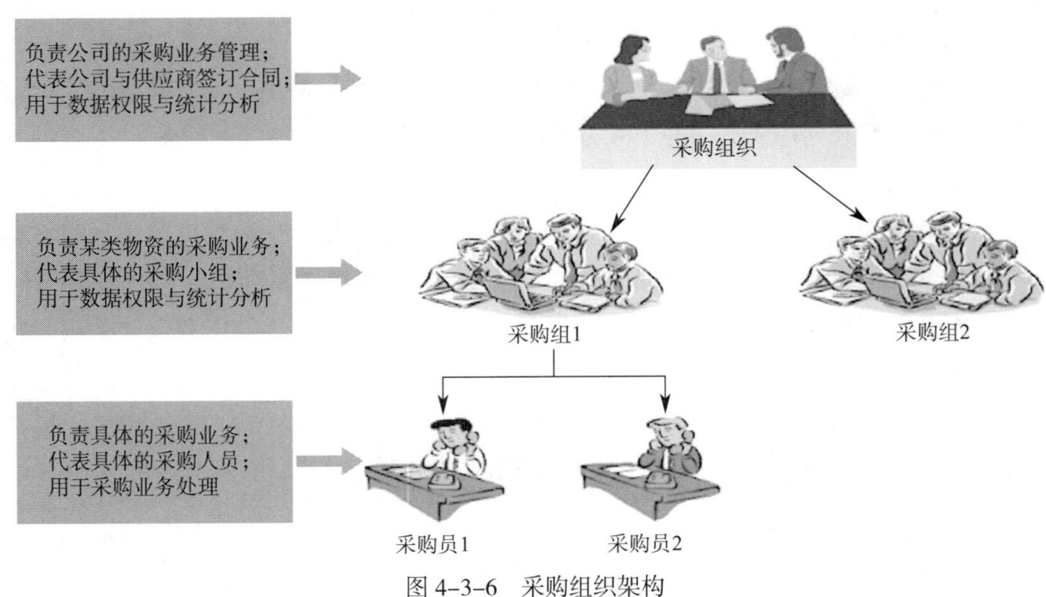

图 4-3-6　采购组织架构

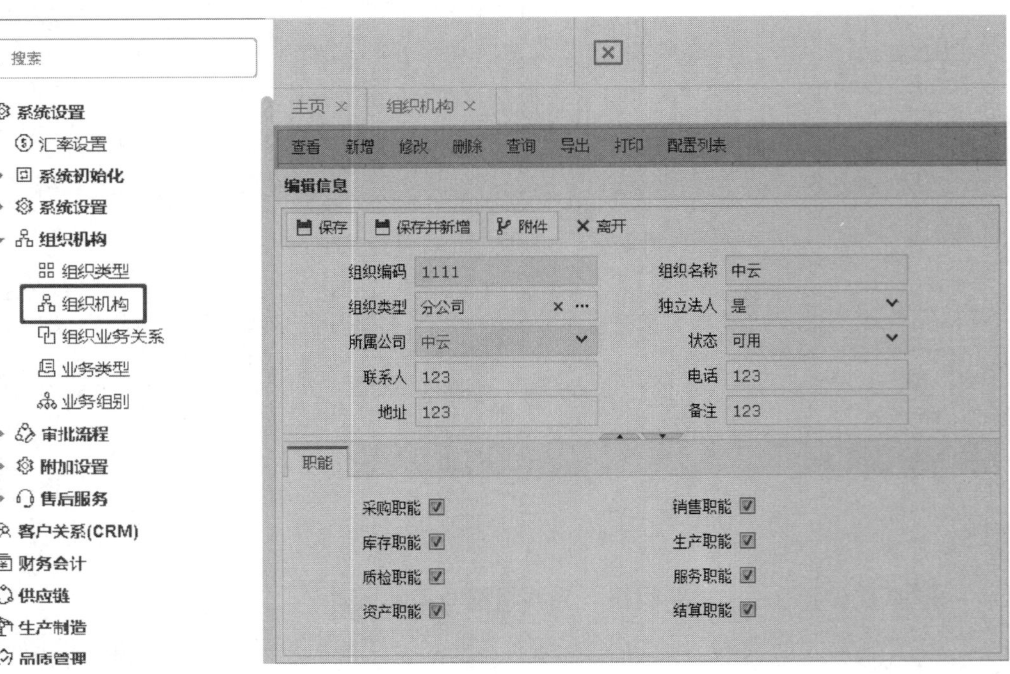

图 4-3-7　采购组织机构设置

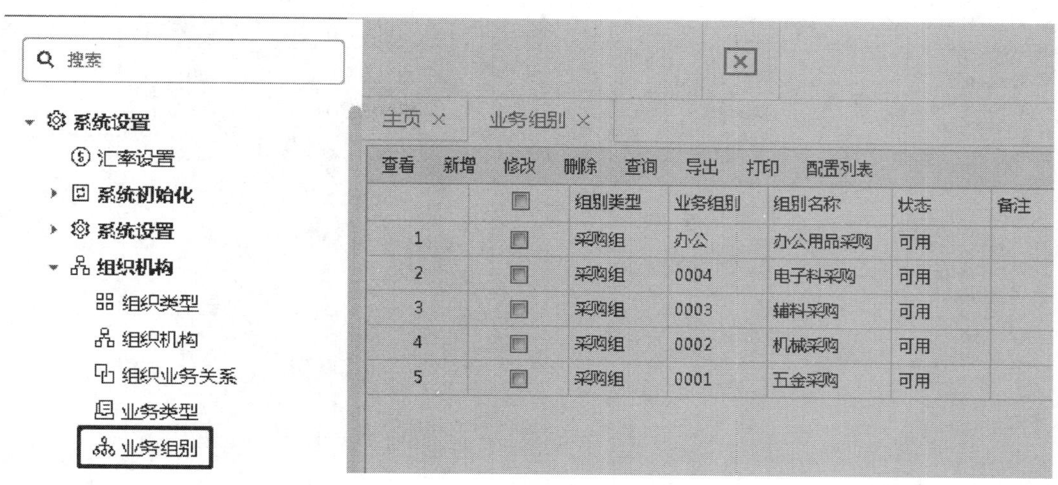

图 4-3-8　采购业务组别设置

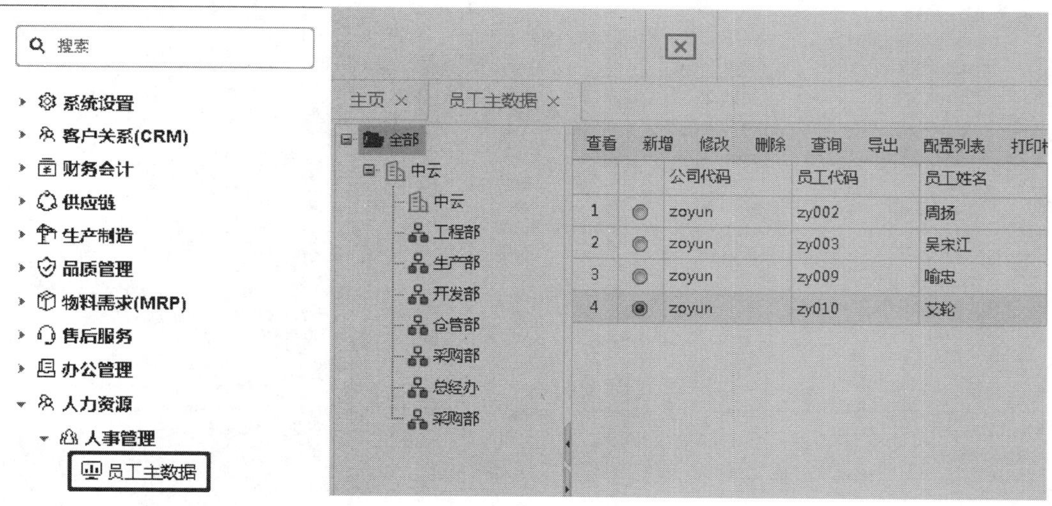

图 4-3-9　采购员工设置

4. 基础设置 4——物料主数据

物料主数据设置打开路径：选择“供应链”–“仓库管理”–“物料主数据”选项，如图 4-3-10 所示。物料主数据用于新增与编辑物料的基本信息及属性，通过物料主数据可以设置物料的采购属性，凡是“采购物料 是”的物料都支持采购管理，如图 4-3-11 所示。

5. 基础设置 5——采购清单

采购清单是销售 BOM 的一种功能，可以实现组合采购。打开路径：选择“生产制造”–“工程管理”–“工程 BOM”选项，如图 4-3-12 所示。

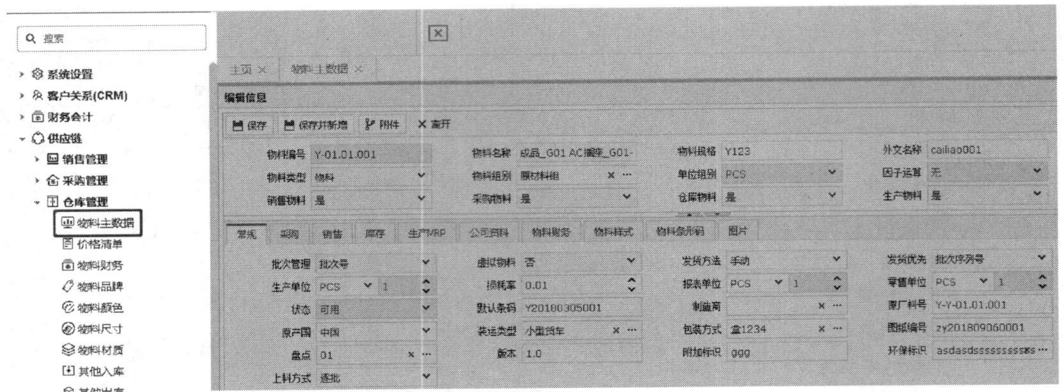

图 4-3-10　物料主数据设置界面

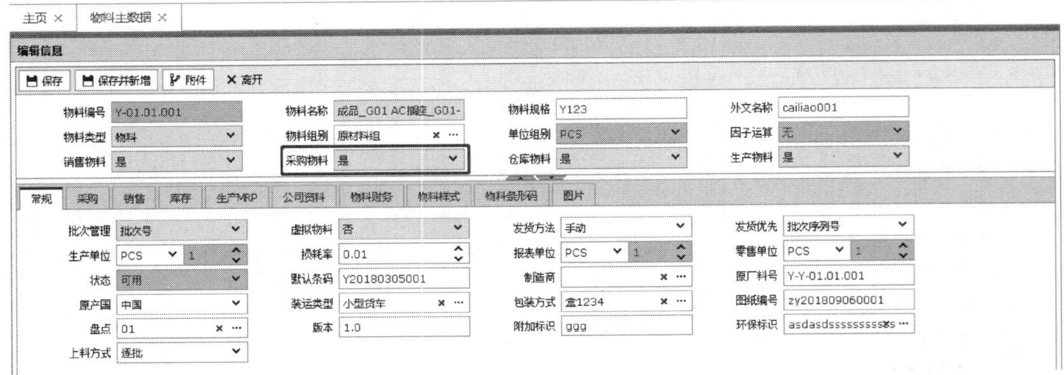

图 4-3-11　支持采购管理设置

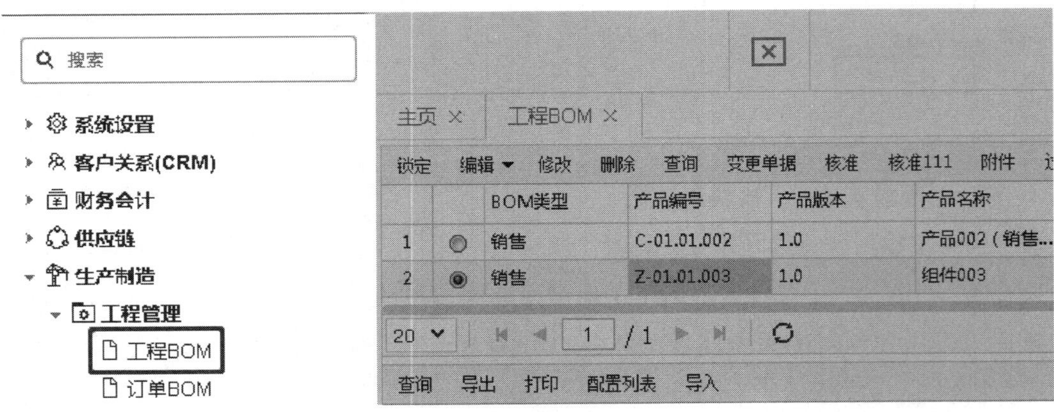

图 4-3-12　组合采购界面

三、业务流程

1. 标准采购流程

标准采购流程主要包括采购管理、品质管理、仓库管理、付款管理。具体流程如图 4-3-13 所示。

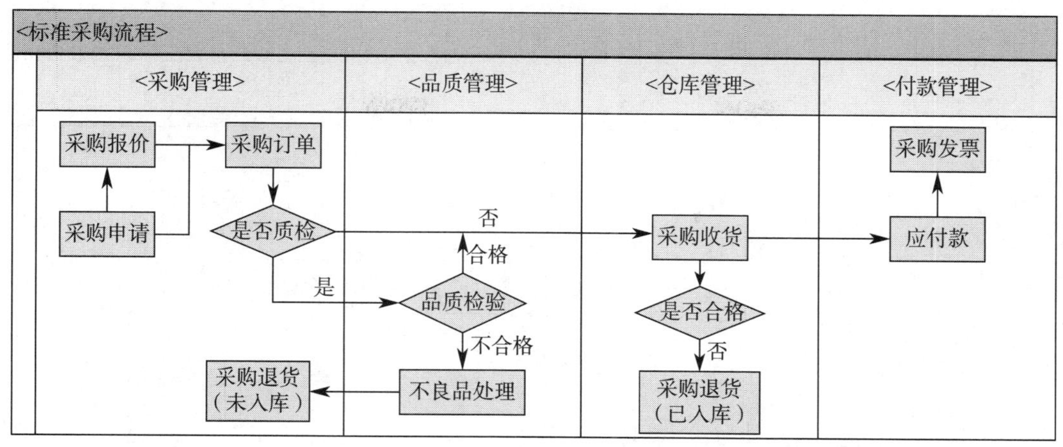

图 4–3–13　标准采购流程

2. 服务类采购流程

服务类采购不涉及仓库管理，主要包括采购申请、采购报价、采购订单、付款管理，其具体流程如图 4–3–14 所示。

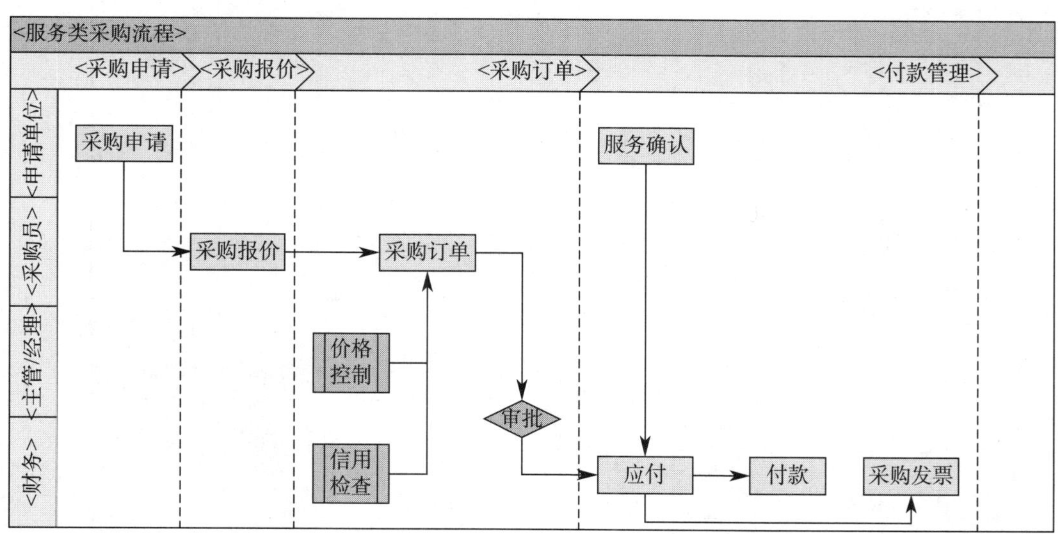

图 4–3–14　服务类采购流程

3. 直运采购流程

直运业务包括直运销售业务和直运采购业务，没有实物的出入库，货物流向是直接从供应商到客户，财务结算通过直运销售发票、直运采购发票解决。直运采购流程如图 4–3–15 所示。

4. 采购退货流程

采购退货主要分为 4 种情形，分别是有源单检验退货、有源单库存退货、按订单集中退货、无来源单库存退货。采购退货流程图 4–3–16 所示。

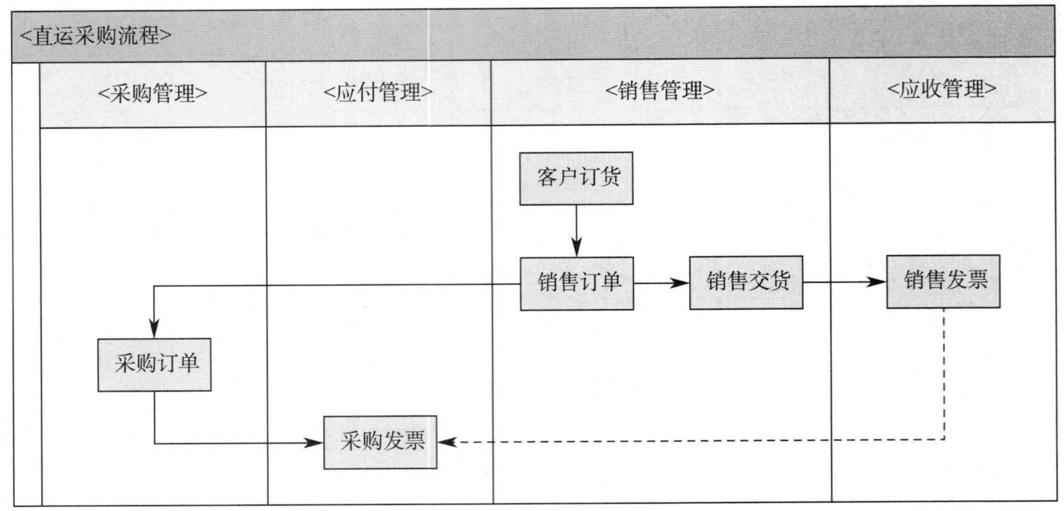

图 4–3–15 直运采购流程

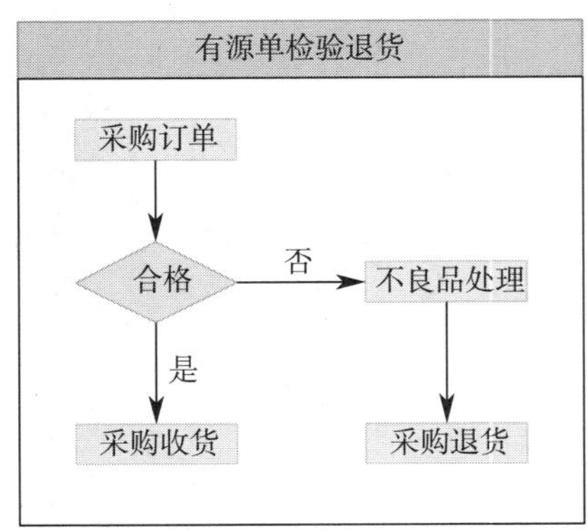

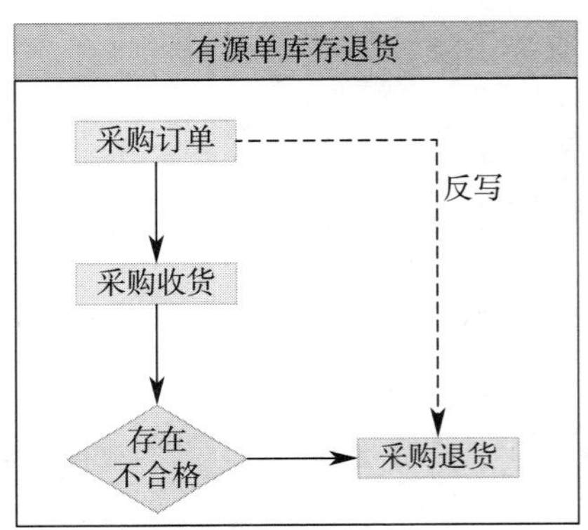

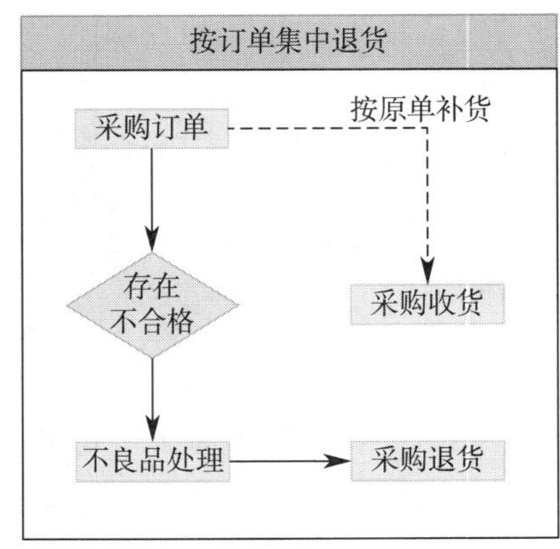

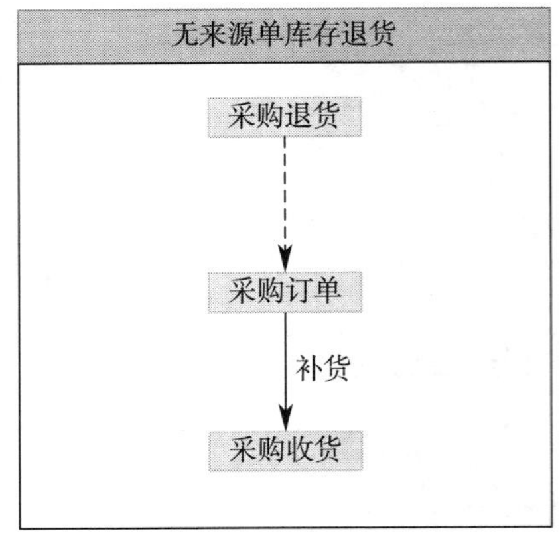

图 4–3–16 采购退货流程

5. 资产采购流程

资产是指由企业过去的交易或事项形成的、由企业拥有或者控制的、预期会给企业带来经济利益的资源。不能带来经济利益的资源不能作为资产，是企业的权利。资产按照流动性可以划分为流动资产、长期投资、固定资产、无形资产和其他资产。固定资产采购流程如图 4-3-17 所示。

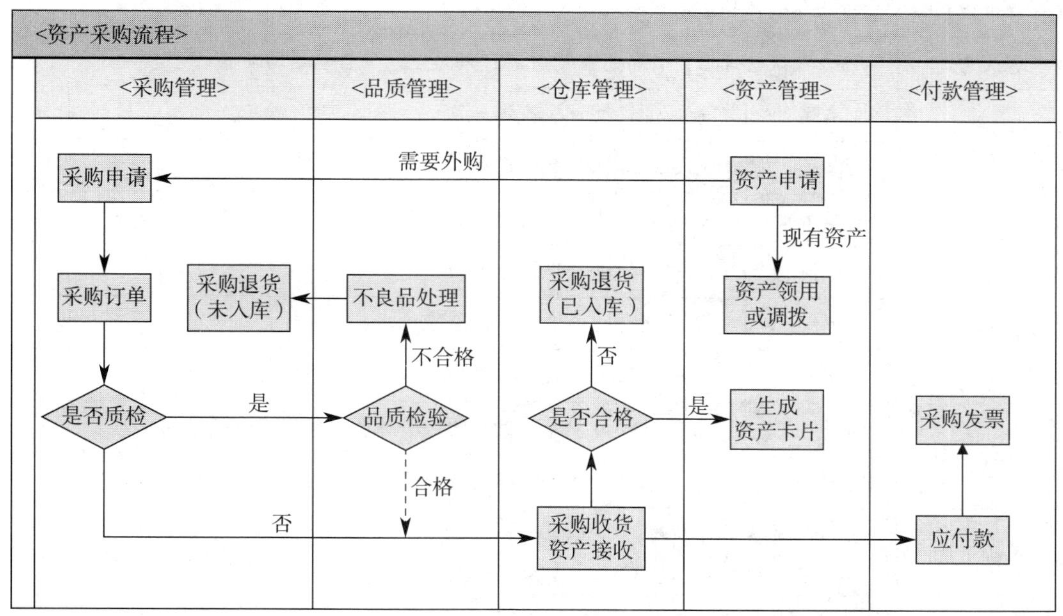

图 4-3-17　固定资产采购流程

6. 组织间的购销流程

组织间的购销实现组织内部购销关系，如销售公司向总部、工厂采购产品等。此模式下，一般参与的双方都为法人，并且有实质的出入库业务，不适应代理销售模式（库存组织直接出货给客户的模式）。其主要功能如下：

（1）一个组织向另一个组织采购产品，下达采购订单。

（2）采购订单可以生成供应商对应组织的销售订单。

（3）按销售订单、采购订单标准流程执行出库、入库。

（4）需要设置两个组织，分别为对方的供应商、客户。

四、采购作业

采购作业所涉及的名称与字段说明如表 4-3-1 所示。

表 4-3-1　采购作业所涉及的名称与字段说明

单据类型	物料	为库存中定义的物料创建一个采购单据，如手机、主板等
	服务	为尚未定义为物料的服务创建一个采购单据，如一次性咨询等
手动编号	系统	单据编号由系统自动生成
	手动	单据编号由用户手动生成
伙伴代码	业务伙伴中供应商 / 内部伙伴编码	
伙伴名称	业务伙伴中供应商 / 内部伙伴名称	

续表

<table>
<tr><td>货币代码</td><td colspan="2">与业务伙伴的交易币别</td></tr>
<tr><td>默认仓库</td><td colspan="2">选择默认仓库后，物料明细中仓库代码为空的行自动填写为默认仓库</td></tr>
<tr><td rowspan="6">单据状态</td><td>草稿</td><td>未通过审批的单据状态</td></tr>
<tr><td>跟进</td><td>已通过审批的单据状态</td></tr>
<tr><td>结案</td><td>已关闭的单据状态（手动变更）</td></tr>
<tr><td>取消</td><td>已取消的单据状态（手动变更）</td></tr>
<tr><td>完成</td><td>跟进状态的单据被目标单据反写后由系统自动变更</td></tr>
<tr><td>删除</td><td>已删除的单据状态（单据被删除后由系统自动变更）</td></tr>
<tr><td rowspan="2">链接类型</td><td>物料明细</td><td>数据来源为来源单据的物料明细表，实现多来源数据反写</td></tr>
<tr><td>延伸交易</td><td>数据来源为来源单据的延伸交易表，实现多来源数据反写</td></tr>
<tr><td>是否质检</td><td colspan="2">是：需要经过品质检验后才能入库；
否：无须经过品质检验，可直接入库</td></tr>
<tr><td>基本类型</td><td colspan="2">来源单据的单据类型</td></tr>
<tr><td>基本单据</td><td colspan="2">来源单据的单据编号</td></tr>
<tr><td>基本行</td><td colspan="2">来源单据的行号</td></tr>
</table>

1. 采购申请

采购申请时，需求组织通过采购申请提出采购需求并进行财务评估。然后采购组织整理采购需求，分配合理的供应商，并做出货源安排。其主要功能有支持手动申请、计划转采购申请；支持合并与拆分；支持合并转换成采购订单；支持采购申请审批流程；支持指定供应商及价格。采购申请流程如图 4–3–18 所示。进行采购申请操作时打开路径：选择“供应链” – “采购管理” – “采购申请”选项，采购申请操作界面如图 4–3–19 所示。

2. 采购订单

采购订单主要价值体现在：通过采购订单向供应商提出订货信息和交易条件等，同时通过采购订单对采购业务进行跟踪，并控制交货。其主要功能有支持手动新增，引用采购申请，引用销售订单；支持供应商的多组织处理；支持数量与交期控制；支持价格管理，自动取价；支持预付款处理。采购订单操作流程如图 4–3–20 所示。采购订单操作时打开路径：选择“供应链” – “采购管理” – “采购订单”选项。采购订单操作界面如图 4–3–21 所示。

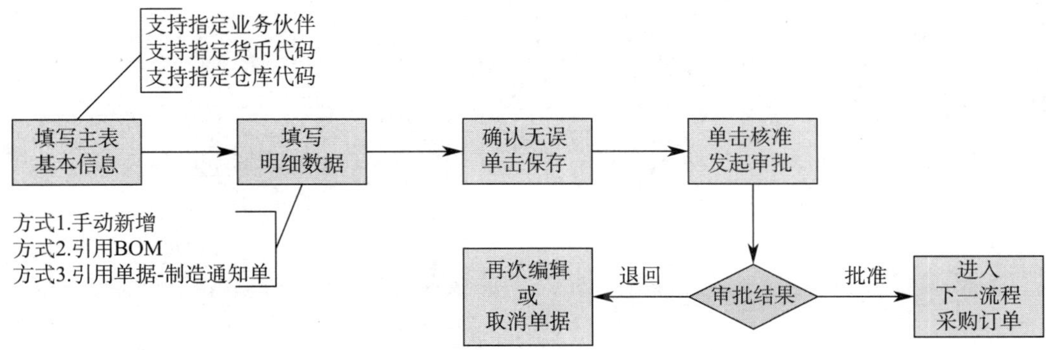

图 4-3-18 采购申请流程

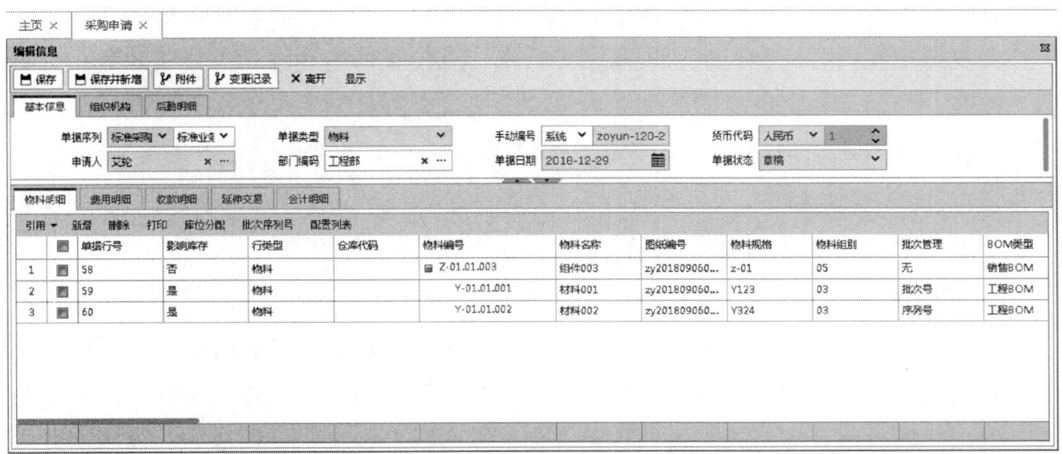

图 4-3-19 采购申请操作界面

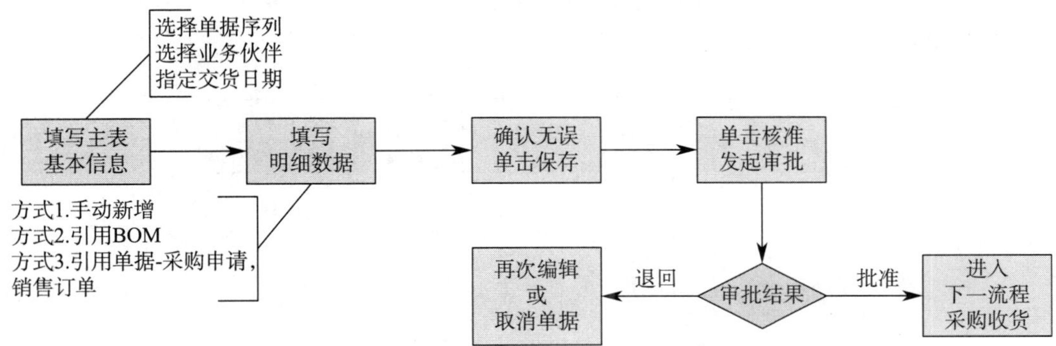

图 4-3-20 采购订单操作流程

主页 × 　采购订单 ×

编辑信息

保存　保存并新增　附件　变更记录　× 离开　显示

基本信息　组织机构　后勤明细

单据序列 标准采购 标准业务　单据类型 物料　手动编号 系统 zoyun-122-2　伙伴代码 KH002

伙伴名称 中石化　货币代码 欧元 0.13　业务员 谢文君　部门编码 采购部

默认仓库 成品仓库（中云）　单据日期 2018-12-28　到期日期 2019-11-28

物料明细　费用明细　收款明细　延伸交易　会计明细

引用　新增　删除　打印　库位分配　批次序列号　配置列表

	单据行号	影响库存	仓库代码	物料编号	物料名称	物料规格	图纸编号	物料组别	批次管理	单位转换率	单位名称
1	35	否	成品仓库（中…	C-01.01.002	产品002（销售…	sd12-1	zy201809060…	111	无	1	PCS
2	36	是	成品仓库（中…	B-01.01.002	配件002	BS-1	zy201809060…	05	序列号	1	PCS
3	37	是	成品仓库（中…	B-01.01.001	配件001	B12-9	zy201809060…	05	序列号	1	PCS
4	38	是	成品仓库（中…	Z-01.01.003	组件003	z-01	zy201809060…	05	无	1	PCS

图 4-3-21　采购订单操作界面

3. 订单变更

订单变更主要价值体现在：通过直接修改来变更采购订单的订货信息或交易条件等；变更历史及内容完全记录，提高变更效率，方便查询追溯。其主要功能有支持新增、修改、取消 3 种变更类型；支持数量、价格、交货日期等变更；支持直接修改变更；已执行订单不能取消。订单变更工作流程如图 4-3-22 所示。订单变更操作时打开路径：选择“供应链”–“采购管理”–“采购订单”–“修改”–“变更记录”选项，订单变更操作界面如图 4-3-23 所示。

4. 采购收货

采购收货主要价值体现在：对于检验合格的物料与无须品质检验的物料安排入库；对于启用批次管理的物料可以生成批次，并支持扫码入库。其主要功能有支持手动新增，引用采购订单；支持入库物料批次管理；支持分批入库；支持备品处理；支持标准采购收货、VMI 采购收货、来料加工收货。采购收货工作流程如图 4-3-24 所示。具体操作时打开路径：选择“供应链”–“采购管理”–“采购收货”选项，采购收货操作界面如图 4-3-25 所示。

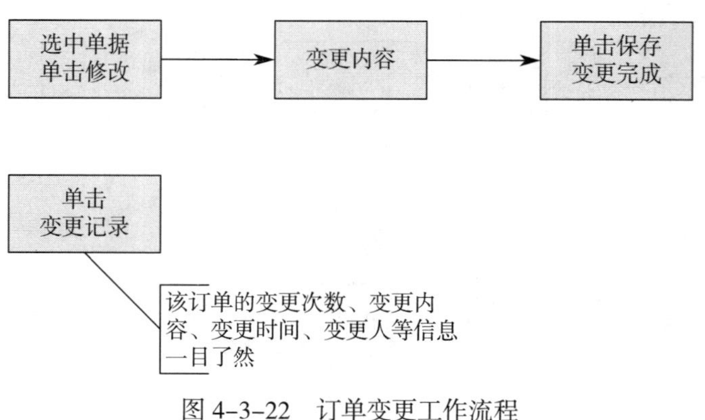

图 4-3-22　订单变更工作流程

图 4-3-23　订单变更操作界面

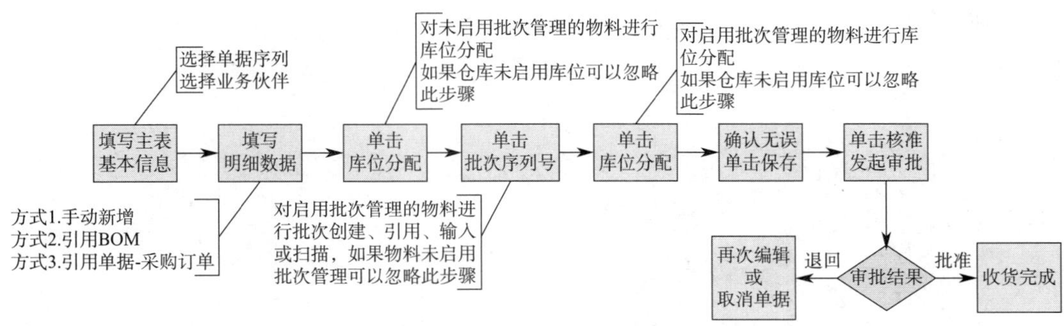

图 4-3-24　采购收货工作流程

图 4-3-25　采购收货操作界面

5. 采购退货

采购退货主要价值体现在：对于检验不合格的物料，依据不良品处理单退料；对于库存退料，可以引用相关采购订单进行退料。其主要功能有支持手动新增，引用采购订单；支持检验退料和库存退料；支持备品退料处理；支持退货物料批次管理；支持标准采购退货、VMI 采购退货。采购退货操作流程如图 4–3–26 所示。具体操作时打开路径：选择“供应链”–“采购管理”–“采购退货”选项，采购退货操作界面如图 4–3–27 所示。

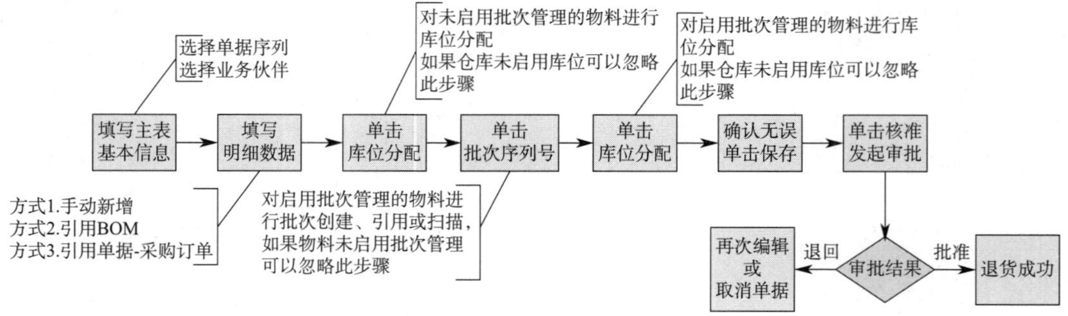

图 4–3–26 采购退货操作流程

主页 × 采购退货 ×

编辑信息

保存 保存并新增 附件 变更记录 × 离开 显示

基本信息 组织机构 后勤明细

单据序列 标准采购 标准业务 单据类型 物料 手动编号 系统 zoyun-124-2 伙伴代码 GYSzy
伙伴名称 供应商中云 货币代码 人民币 1 业务员 尹华勇 部门编码 开发部
单据日期 2018-12-19 到期日期 2018-12-19

物料明细 费用明细 收款明细 延伸交易 会计明细

引用 新增 删除 打印 库位分配 批次序列号 配置列表

		单据行号	仓库代码	物料编号	物料名称	物料规格	图纸编号	物料组别	批次管理	BOM类型	单位转换率	基本单
1		1	成品仓库（中云）	0.0.0.0.01	007	765756	7657	wl01	批次号	工程BOM	1.2	hh
2		2	成品仓库（中云）	000000145	制造通知单物...	444	11111	增加	无	工程BOM	1	秒
3		3	成品仓库（中云）	0000001451	制造通知单物...	444	11111	增加	无	工程BOM	1	秒

图 4–3–27 采购退货操作界面

第四节 仓库管理

一、系统概述

中云库存系统主要管理用于采购、销售、生产中的物料。在销售、采购、生产过程中对物料的出入库进行管理，并且支持处理库存盘点、库存转储、仓库报废等业务。对于特殊属性的物料，用户可以使用序列号和批次进行管理。在系统中使用物料数据，可以优化库存，实现对库存数量的始终控制，分析库存的财务状况。

1. 仓库管理设计理念

中云 MES 仓库管理设计充分考虑先进性、开放性和互联性，各自体现如图 4–4–1 所示。

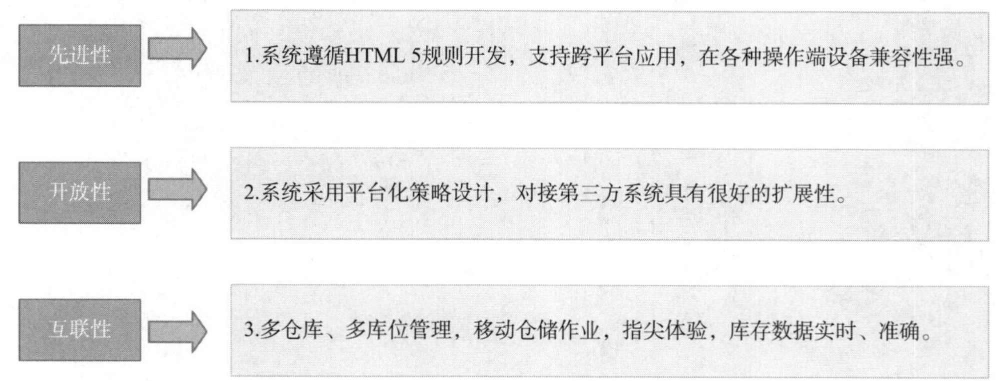

图 4–4–1　仓库管理设计理念

2. 仓库管理整体架构与整体流程

仓库管理整体架构由基础设置、日常出入库处理、库存管理、其他处理、内部交易、报表分析共六大功能模块组成，仓库管理整体架构如图 4–4–2 所示。仓库管理整体流程主要经历基础设置→出入库管理→库存分析报告→库存盘点四大环节，各环节具体工作内容如图 4–4–3 所示。

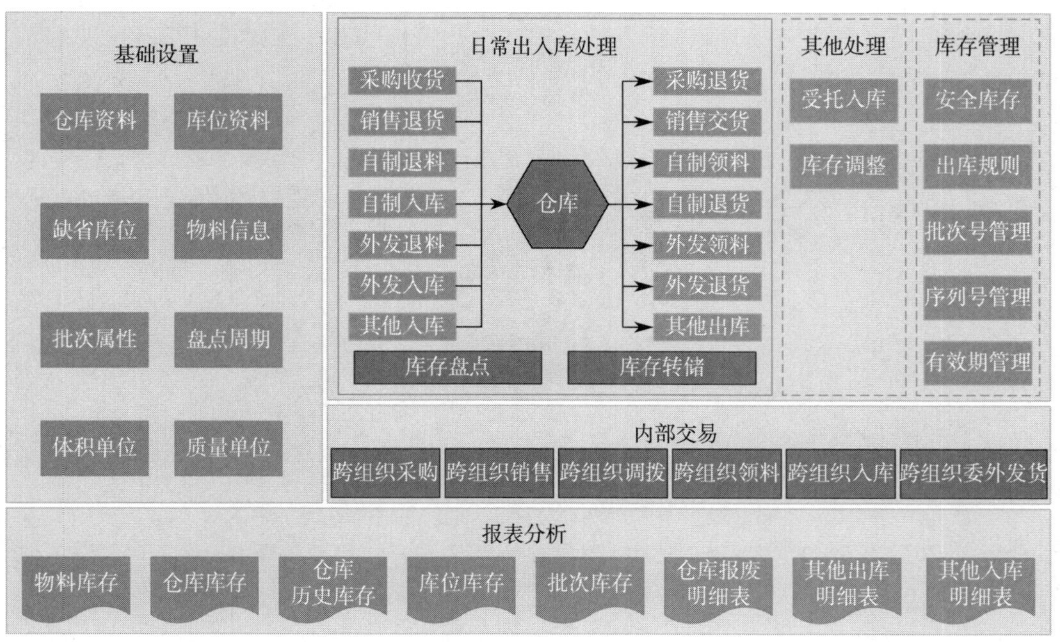

图 4–4–2　仓库管理整体架构

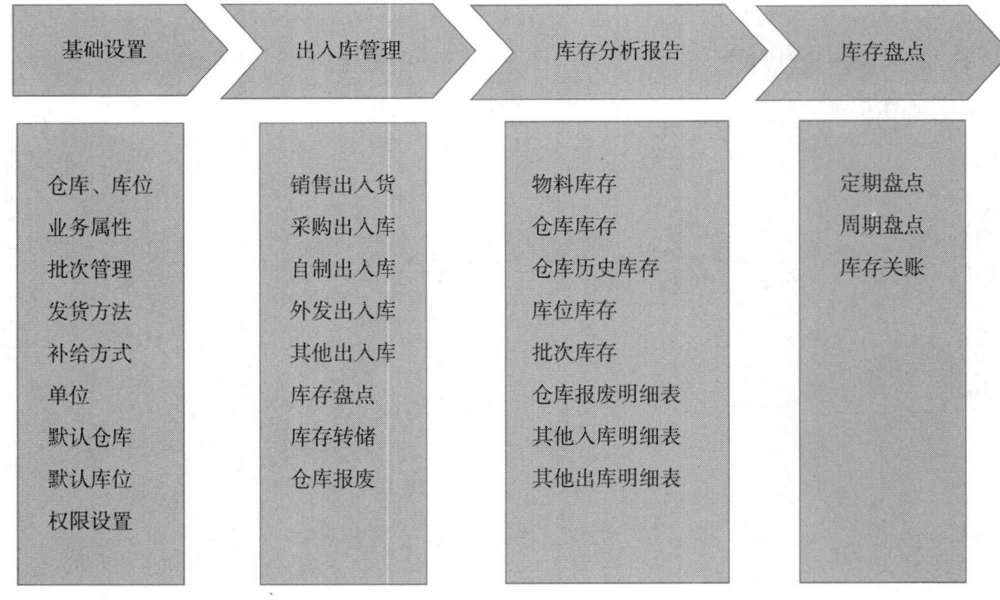

图 4-4-3　仓库管理整体流程

二、基础设置

库存组织主要特性：仓库只能属于一个库存组织；物料、客户、供应商等基础资料在不同的库存组织有不同的属性；角色在不同的库存组织有不同的权限。库存组织特性关系如图 4-4-4 所示。

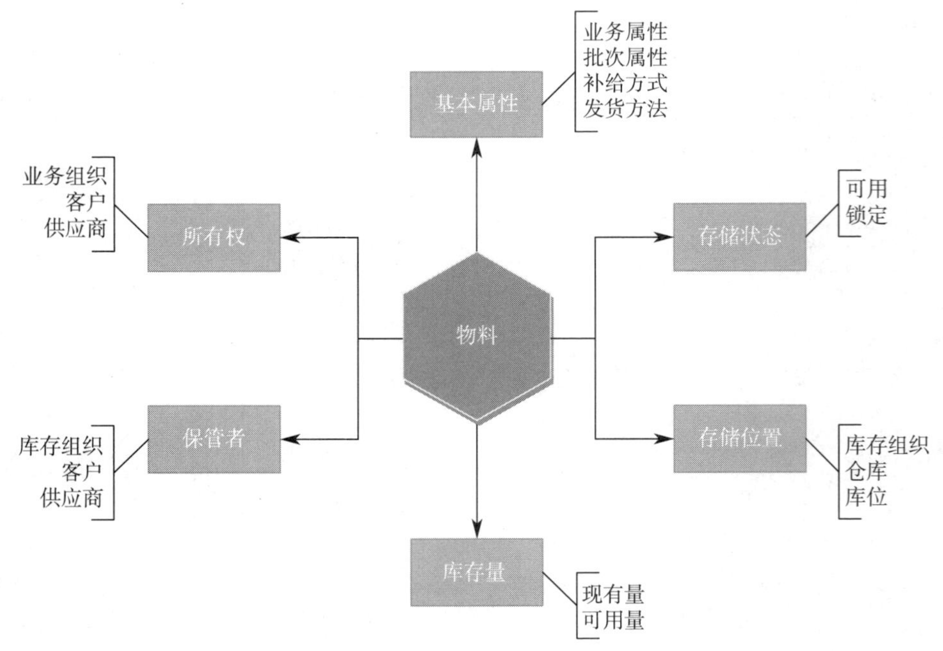

图 4-4-4　库存组织特性

（一）基础设置 1——仓库

主要功能：多种仓库类型，分别为普通仓库、固定资产、在途仓库、生产线仓、外发加工仓、VMI 仓库、来料加工仓；支持启用库位；支持收发货规则；支持设定是否参与 MRP 运算；支持指定库存组织、管理单位、货主单位。具体操作时打开路径：选择“系统设置”－“仓库”－“仓库管理”选项。仓库管理设置界面如图 4-4-5 所示。

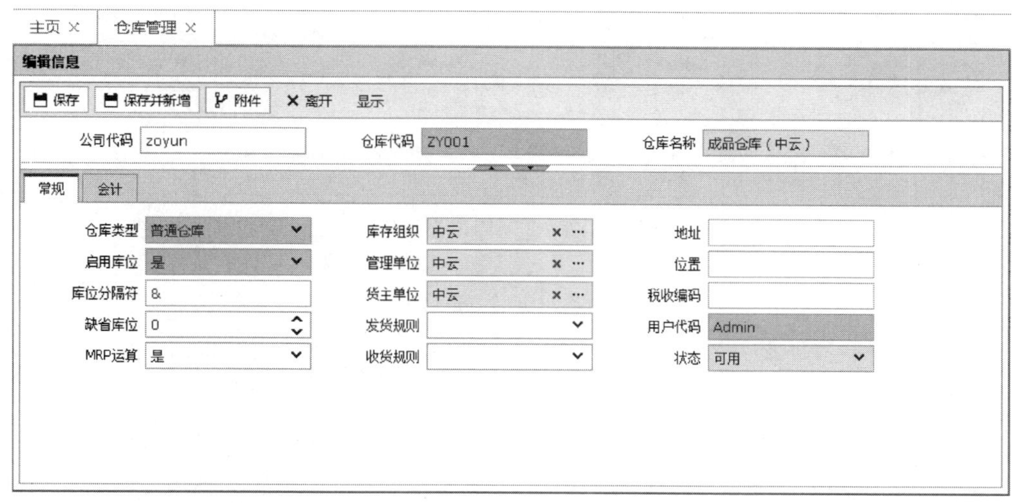

图 4-4-5　仓库管理设置界面

（二）基础设置 2——库位

主要设置功能：库位类别可以是楼房、楼层、巷道、排架、层数、位置号；层级编码可以定义不同的楼房、楼层、巷道、排架、层数、位置号；库位由库位类别与层级编码组合而成，如图 4-4-6 所示。具体操作时打开路径：选择“系统设置”－“仓库”－“仓库管理”－“库位”选项。仓库库位设置界面如图 4-4-7 所示。

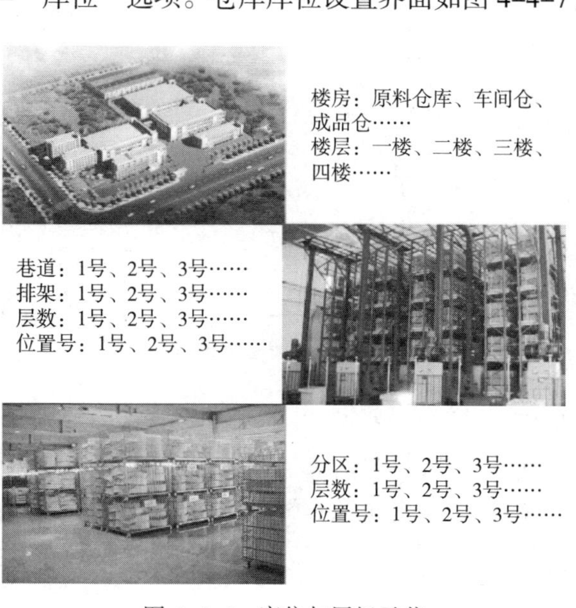

图 4-4-6　库位与层级示范

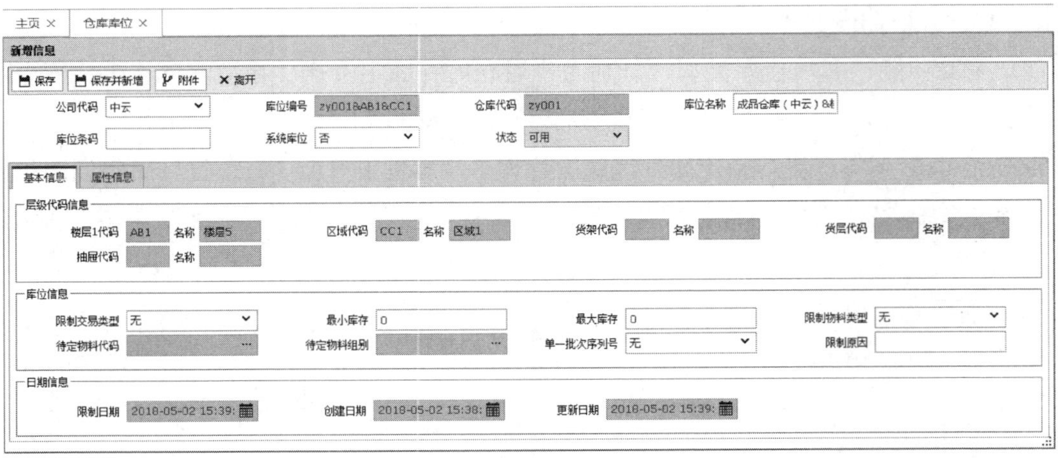

图 4–4–7　仓库库位设置界面

进入库位设置后，具体操作步骤如下：

第一步，选择仓库代码；

第二步，选择楼层；

第三步，选择区域；

第四步，单击“新增”按钮；

最后，确认无误，单击“保存”按钮，如图 4–4–8 所示。

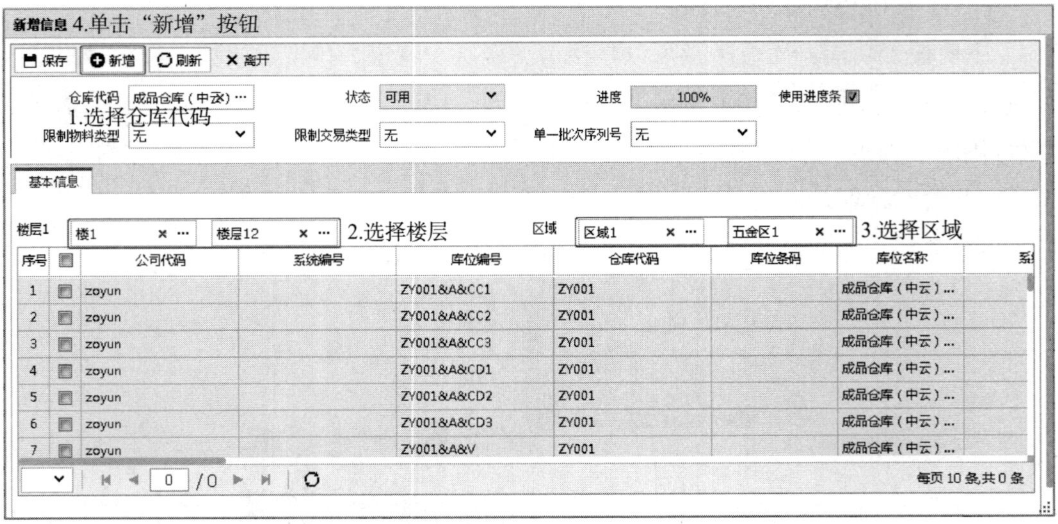

图 4–4–8　新增库位设置界面

（三）基础设置 3——物料主数据

物料主数据用于添加、更新、搜索和维护公司所有的物料数据。打开路径：选择“供应链” – “仓库管理” – “物料主数据”选项。物料主数据设置界面如图 4–4–9 所示。该界面由基本信息和 10 个选项卡组成，可以使用各选项卡管理与物料相关的不同信息。

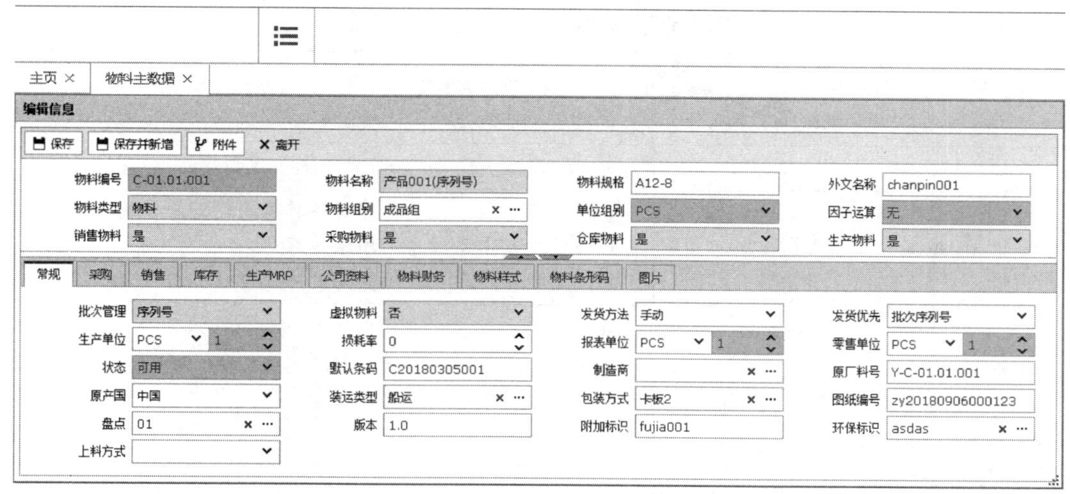

图 4-4-9　物料主数据设置界面

1. 基本信息

基本信息记录了物料编码、物料名称、物料规格、物料类型、物料组别和单位组别，同时也确定了物料的 4 种业务属性。基本信息设置界面如图 4-4-10 所示。其中，销售物料选择“是”，指该物料允许销售；采购物料选择“是”，指该物料允许采购；仓库物料选择“是”，指该物料为库存物料；生产物料选择“是”，指该物料允许生产。

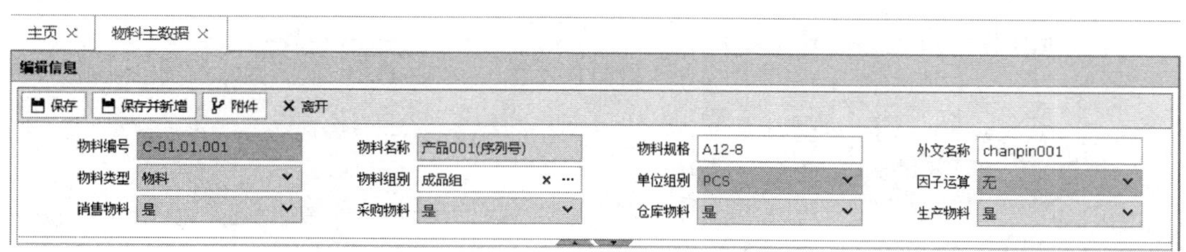

图 4-4-10　基本信息设置界面

2.“常规”选项卡

单击“常规”选项卡，可对批次管理、虚拟物料、发货方法等进行设置，其设置界面如图 4-4-11 所示。该选项卡中出现的选项活动及描述如表 4-4-1 所示。

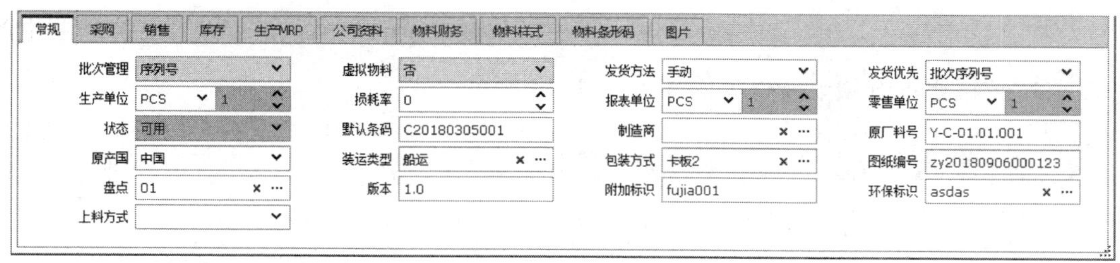

图 4-4-11　“常规”选项卡设置界面

表 4-4-1 “常规”选项卡中出现的选项活动及描述表

字段	活动 / 描述	
批次管理	无 / 批次号 / 序列号	规定物料是否启用批次管理
虚拟物料	是 / 否	例如，服务 / 咨询 / 人工费等属于虚拟物料
发货方法	手动 / 倒冲	手动：需要通过相关出库业务单据手动处理出库 倒冲：发货由系统自动扣除库存 批次属性物料不支持设置为倒冲发货
上料方式	逐批 / 连续	MES 制造执行上料接料时物料的上料方式 逐批：每个上料单都需要分别上料 连续：支持多个上料单或多个生产单只做一次上料
生产单位	支持多个生产单位	
损耗率	生产过程中的损耗比率	

3. “采购”选项卡

在“采购”选项卡中，为物料输入与采购相关的信息，采购单位支持多单位。长度、宽度、高度、体积：这些维度是指采购单位，而不是基本单位。输入长度、宽度和高度值，以便计算物料的体积；也可以输入体积，而不输入长度、宽度和高度。因子 1、2、3、4：因子字段用作变量，因此可以输入适当的值以计算相应的数量。在物料主数据中输入的值将显示在营销单据中。各因子的默认值为 1。因子是否启用需要在“常规”选项卡中的因子运算中进行配置。“采购”选项卡操作界面如图 4-4-12 所示。

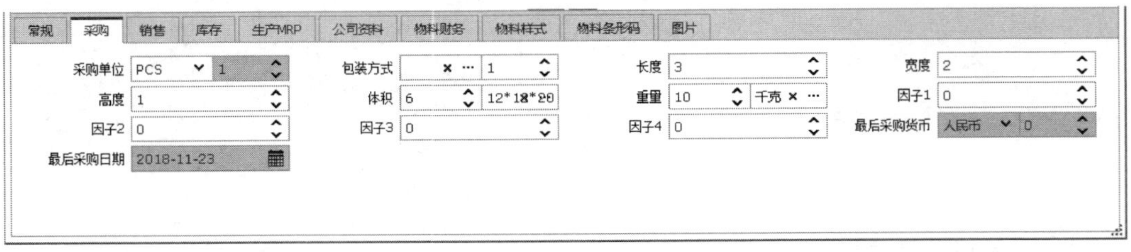

图 4-4-12 “采购”选项卡操作界面

4. “销售”选项卡

在“销售”选项卡中，为物料输入与销售相关的信息，销售单位支持多单位。单位和因子选项与“采购”选项卡功能一致。且在物料主数据中输入的值将显示在营销单据中。“销售”选项卡操作界面如图 4-4-13 所示。

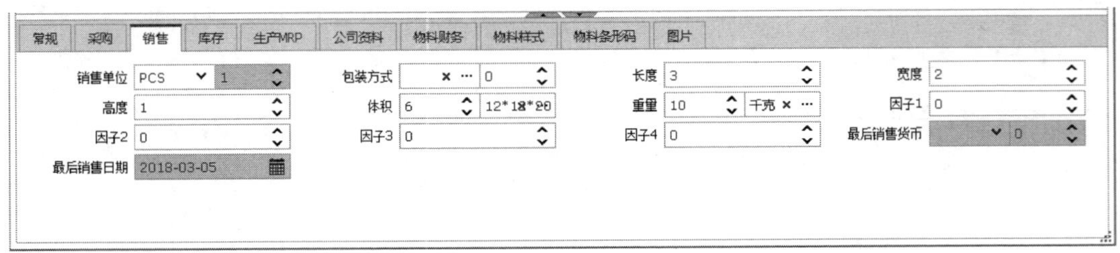

图 4-4-13 “销售”选项卡操作界面

5. “仓库”选项卡

“仓库”选项卡用于输入和查看关于某物料的仓库信息，库存单位为基本单位。“仓库”选项卡中记录物料的库存单位、总账依据、成本算法、周转天数、有效期（天）、最低库存、最高库存、安全库存、管理类别等信息。“仓库”选项卡操作界面如图 4-4-14 所示。

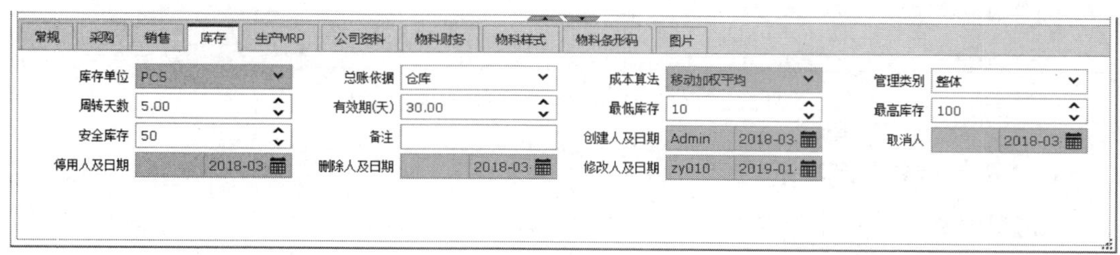

图 4-4-14　“仓库”选项卡操作界面

6. “生产 MRP”选项卡

“生产 MRP”选项卡用于输入与 MRP 和生产相关信息，支持集团企业多公司管理，各公司可以分别设置物料的 MRP 属性。“生产 MRP”选项卡操作界面如图 4-4-15 所示。“生产 MRP”选项卡中出现的选项活动及描述如表 4-4-2 所示。

常规　采购　销售　库存　生产MRP　公司资料　物料财务　物料样式　物料条形码　图片

新增　删除　配置列表

	☑	公司代码	计划方法	补给方式	订购周期	周期天数	提前期(天)	容差天数	订购倍数	最小采购量	最小包装量	状态
1	☑	先锋	无	购买		0	0	0	0	0	0	可用
2	☑	中云	MRP	生产		0	0	0	0	0	0	可用

图 4-4-15　“生产 MRP”选项卡操作界面

表 4-4-2　“生产 MRP”选项卡中出现的选项活动及描述表

字段	活动 / 描述
计划方法	无：不通过 MRP 运算物料的采购 / 生产的物料需求
	MRP：参与 MRP 运算，生成采购 / 生产的物料需求
补给方式	生产 / 购买
订购周期	定义不同订单间的时间间隔
提前期（天）	输入从订购物料到接收或生产物料之间的天数。如果提前期为 3 天，那么 MRP 为子级物料发出采购或生产订单的到期日将比为上级物料发出订单的到期日提前 3 天

7. “公司资料”选项卡

“公司资料”选项卡中支持集团企业多公司管理，各公司可以分别设置物料的状态，首选供应商、专供客户、销项税率、进项税率、默认仓库、默认库位、库存单位、佣金、是否质检、最大采购量等信息。也可以查看当前物料的库存量、采购在途、生产在途、外发在途、最低库存、最高库存、安全库存等。“公司资料”选项卡操作界面如图 4-4-16 所示。

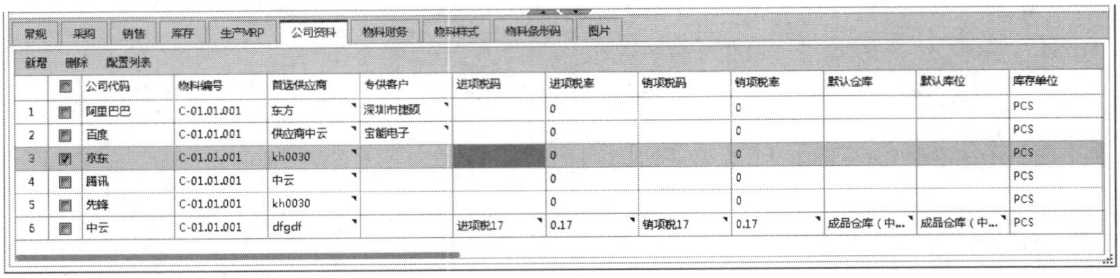

常规 采购 销售 库存 生产MRP 公司资料 物料财务 物料样式 物料条形码 图片

新增 删除 配置列表

		公司代码	物料编号	首选供应商	专供客户	进项税码	进项税率	销项税码	销项税率	默认仓库	默认库位	库存单位
1		阿里巴巴	C-01.01.001	东方	深圳市捷硕		0		0			PCS
2		百度	C-01.01.001	供应商中云	宝能电子		0		0			PCS
3		京东	C-01.01.001	kh0030			0		0			PCS
4		腾讯	C-01.01.001	中云			0		0			PCS
5		先锋	C-01.01.001	kh0030			0		0			PCS
6		中云	C-01.01.001	dfgdf		进项税17	0.17	销项税17	0.17	成品仓库（中...	成品仓库（中...	PCS

图 4-4-16 “公司资料”选项卡操作界面

8. “物料财务”选项卡

“物料财务”选项卡支持集团企业多公司管理，通过此选项卡设置物料在各公司的会计科目等财务方面的信息。“物料财务”选项卡操作界面如图 4-4-17 所示。

常规 采购 销售 库存 生产MRP 公司资料 物料财务 物料样式 物料条形码 图片

新增 删除 配置列表

		公司代码	物料编号	费用科目	销售收入	库存科目	销售成本	发出商品	物资采购	差异科目	价格差异	成本货币
1		阿里巴巴	C-01.01.001									
2		百度	C-01.01.001									
3		京东	C-01.01.001									
4		腾讯	C-01.01.001									
5		先锋	C-01.01.001									
6		中云	C-01.01.001									

图 4-4-17 “物料财务”选项卡操作界面

9. “物料样式”选项卡

通过“物料样式”选项卡可以管理物料的尺寸、颜色、品牌、材质信息，方便业务单据的引用。“物料样式”选项卡操作界面如图 4-4-18 所示。

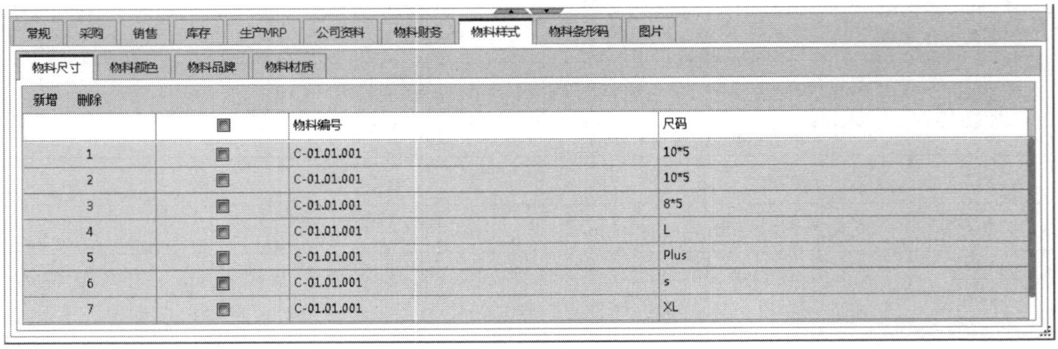

常规 采购 销售 库存 生产MRP 公司资料 物料财务 物料样式 物料条形码 图片

物料尺寸 物料颜色 物料品牌 物料材质

新增 删除

		物料编号	尺码
1		C-01.01.001	10*5
2		C-01.01.001	10*5
3		C-01.01.001	8*5
4		C-01.01.001	L
5		C-01.01.001	Plus
6		C-01.01.001	s
7		C-01.01.001	XL

图 4-4-18 “物料样式”选项卡操作界面

10. “物料条形码”选项卡

通过“物料条形码”选项卡可以管理物料条形码，并支持多单位。“物料条形码”选项卡操作界面如图 4-4-19 所示。

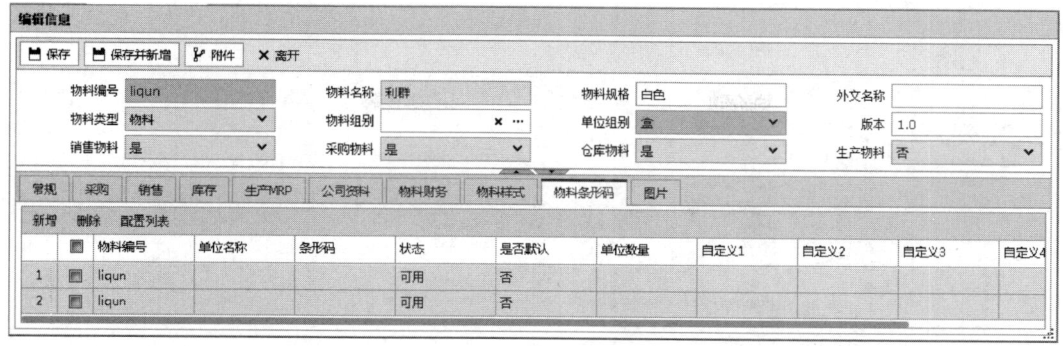

图 4-4-19 “物料条形码”选项卡操作界面

11. “图片”选项卡

通过“图片”选项卡可以上传物料的图片。“图片”选项卡操作界面如图 4-4-20 所示。

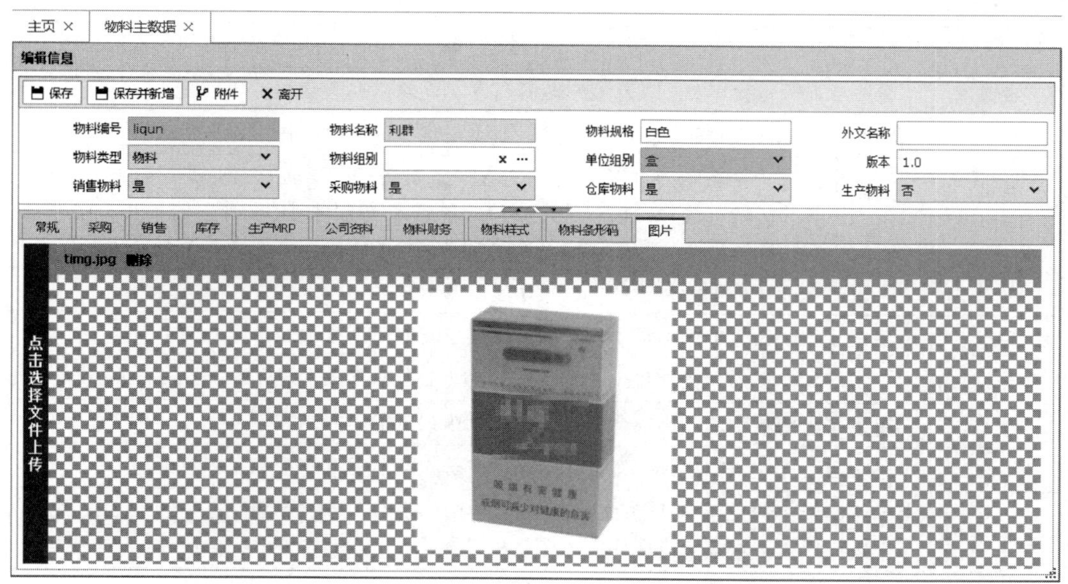

图 4-4-20 “图片”选项卡操作界面

12. 结构与说明

在物料主数据结构分布界面中，左侧是物料的树形分类结构，支持多级分类；右侧是物料明细列表，如图 4-4-21 所示。物料主数据中出现的选项活动及描述如表 4-4-3 所示。

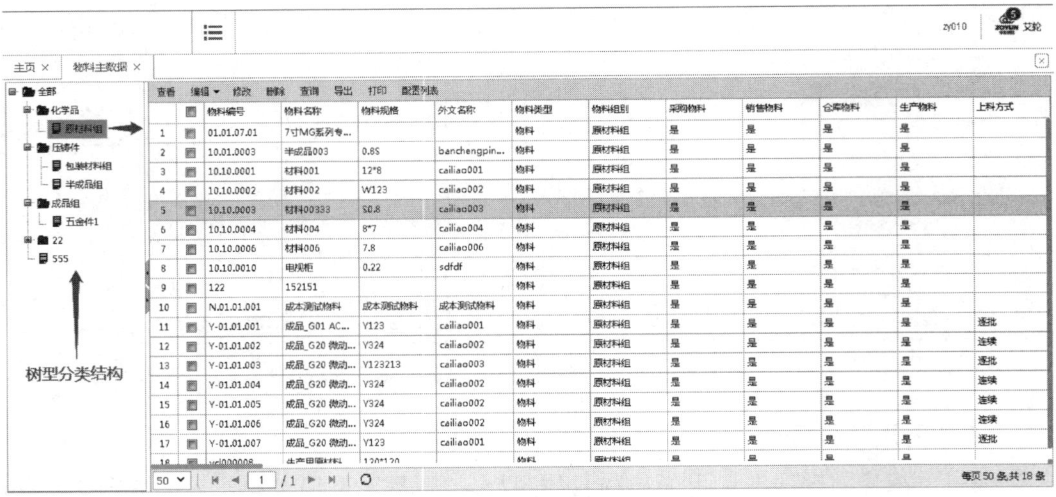

图 4-4-21 物料主数据结构分布界面

表 4-4-3 物料主数据中出现的选项活动及描述表

字段	活动 / 描述	
查看	单击后打开选中单据，用于查看单据信息（受权限列表管控）	
编辑	新增	单击后打开“新建”窗口，用于创建一条新的物料信息（受权限列表管控）
	复制新增	选中一条已存在的物料，单击“复制新增”按钮后，打开“新建”窗口，与“新增”按钮不同，被选中的物料信息被复制到“新建”窗口中，用户只需稍做编辑即可完成创建。用于相似物料之间的快速创建（受权限列表管控）
修改	单击后打开“选中物料”窗口，用于修改物料信息	
删除	单击后删除选择单据，用于删除物料信息（受权限列表管控）	
查询	单击后打开查询方案，用于查询物料信息（受权限列表管控）	
导出	用于导出物料信息，生成电子文档（受权限列表管控）	
打印	单击后打开“打印模板”窗口，用于打印选中物料信息（受权限列表管控）	
配置列表	单击后打开“配置列”窗口，用于控制字段的显示 / 隐藏 / 排序，可见列中已勾选为显示字段，未勾选为隐藏字段（受权限列表管控）	

三、仓库作业

仓库作业所涉及的名称与字段说明如表 4-4-4 所示。

表 4-4-4 仓库作业所涉及的名称与字段说明表

单据类型	物料	为库存中定义的物料创建一个其他出 / 入库单据，如手机、移动电源等
	服务	为尚未定义为物料的服务创建一个其他出 / 入库单据，如一次性咨询等
手动编号	系统	单据编号由系统自动生成
	手动	单据编号由用户手动生成
伙伴代码	业务伙伴中的客户 / 供应商 / 内部伙伴编码	
伙伴名称	业务伙伴中的客户 / 供应商 / 内部伙伴名称	
货币代码	与业务伙伴的交易币别	

续表

发货仓库	调出货物的仓库，主表选择该仓库后，物料明细中发出仓库会自动填写为主表中的发出仓库	
收货仓库	调入货物的仓库，主表选择该仓库后，物料明细中收货仓库会自动填写为主表中的收货仓库	
单据状态	草稿	未通过审批的单据状态
	跟进	已通过审批的单据状态
	结案	已关闭的单据状态（手动变更）
	取消	已取消的单据状态（手动变更）
	完成	跟进状态的单据被目标单据反写后由系统自动变更
	删除	已删除的单据状态（单据被删除后由系统自动变更）

（一）其他出库与其他入库

其他出库与其他入库功能主要体现在：非采购、销售、生产、转储、盘点业务发生的出入库业务；其他出库的领用组织和货主跨结算组织时，将产生组织间交易；其他入库、其他出库支持退货；其他出库支持普通物流出库、资产出库、VMI 出库、费用物料出库。其他出库、其他入库操作流程，如图 4–4–22 和图 4–4–23 所示。其他出库与其他入操作时打开路径：选择"供应链"–"仓库"–"其他出库""其他入库"选项，操作界面如图 4–4–24 和图 4–4–25 所示。

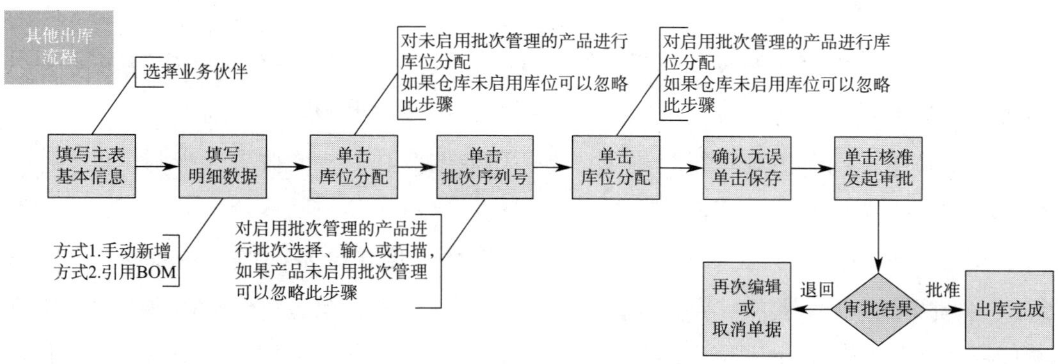

图 4–4–22　其他出库操作流程

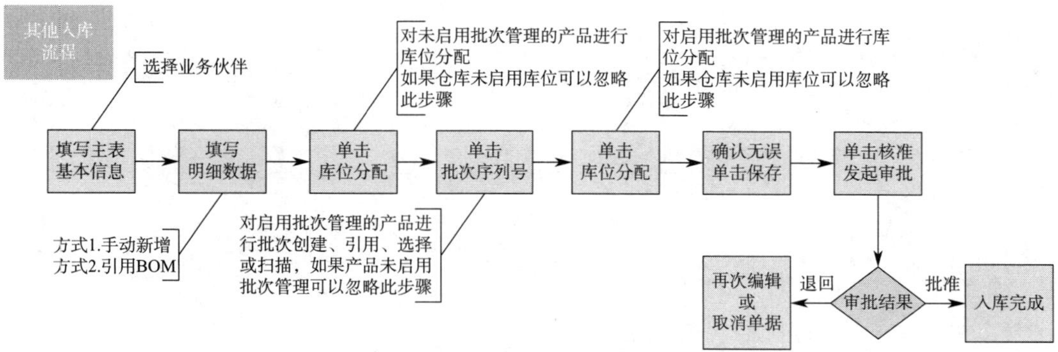

图 4–4–23　其他入库操作流程

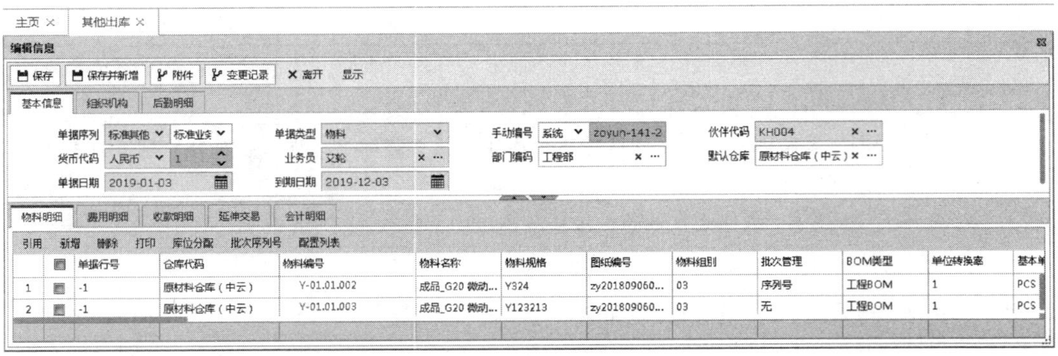

图 4–4–24　其他出库操作界面

图 4–4–25　其他入库操作界面

（二）库存转储

库存转储分为直接调拨和分步调拨。其中，直接调拨主要应用于生产调拨、委外调拨、寄售调拨、VMI 调拨。主要特性体现在：扣减调出方库存的同时，增加调入方库存；支持组织内调拨和跨组织调拨；支持普通调拨和退货调拨。分步调拨主要应用场景有组织内调拨和跨组织调拨，组织内调拨：在途库存归属 = 调出方或调入方；跨组织调拨：在途库存归属 = 调出方。其主要特性体现在分步调拨、在途库存，包含组织内调拨和跨组织调拨；调出货主与调入货主跨结算组织时将产生内部交易；支持调拨退货，退货时调出库存为原货物接收方。库存转储操作时打开路径：选择“供应链” – “仓库管理” – “库存转储”选项，操作界面如图 4–4–26 所示。

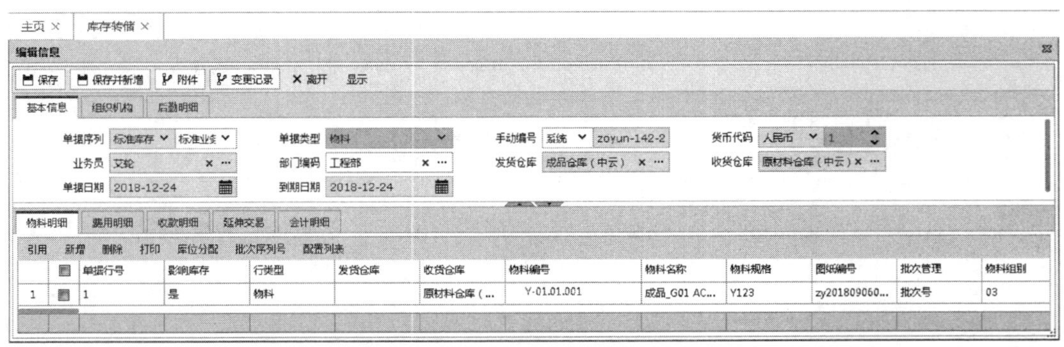

图 4–4–26　库存转储操作界面

（三）库存盘点

库存盘点应用场景主要有指定时间停止仓库物料的进出，清点物料，填写盘点表；根据物料的重要性设置物料的盘点周期，到期进行盘点。主要操作步骤为确定盘点计划及方案→打印盘点表→实际盘点→录入实盘数→根据盘盈盘亏调整库存。库存盘点操作时打开路径：选择“供应链”－“仓库管理”－“库存盘点”选项，操作界面如图 4–4–27 所示。

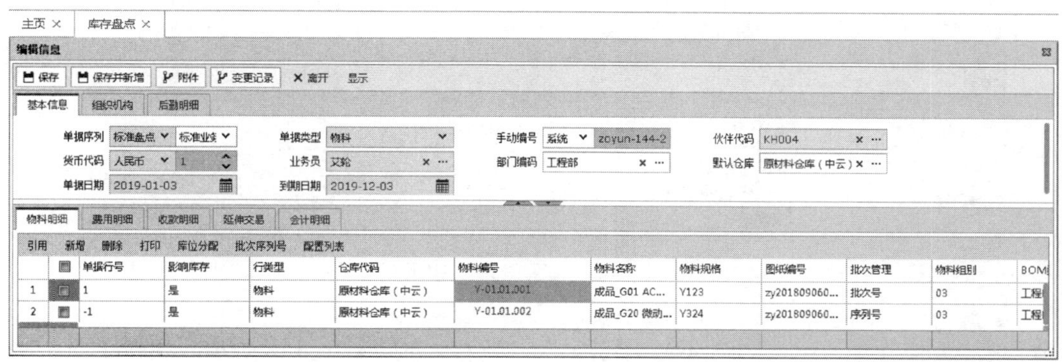

图 4–4–27　库存盘点操作界面

第五节　工程管理

一、系统概述

工程管理通过物料、BOM、加工中心、工序、工艺路线等功能，对产品数据进行有效的管理，并为销售、计划、生产、委外、库存、成本等业务提供重要的支持。工程管理整体架构主要由基础设置、业务处理、物料管理、报表分析四大模块组成，如图 4–5–1 所示。

二、BOM 模型

中云 MES 系统支持两种 BOM 模型：工程 BOM 和订单 BOM。其中，工程 BOM 支持 5 种不同的 BOM 类型：装配 BOM、销售 BOM、生产 BOM、包装 BOM 和模板 BOM，用以满足不同的业务需求应用。

（一）工程 BOM

工程 BOM 是工程研发部门用来确定产品的 BOM 物料清单、生产工艺路线、生产流程、指令工单、样品制作等，为生产等后续环节做好准备，同时为 PMC 备料提供依据。工程 BOM 一次只能创建一个物料单级别。工程 BOM 打开路径：选择“生产制

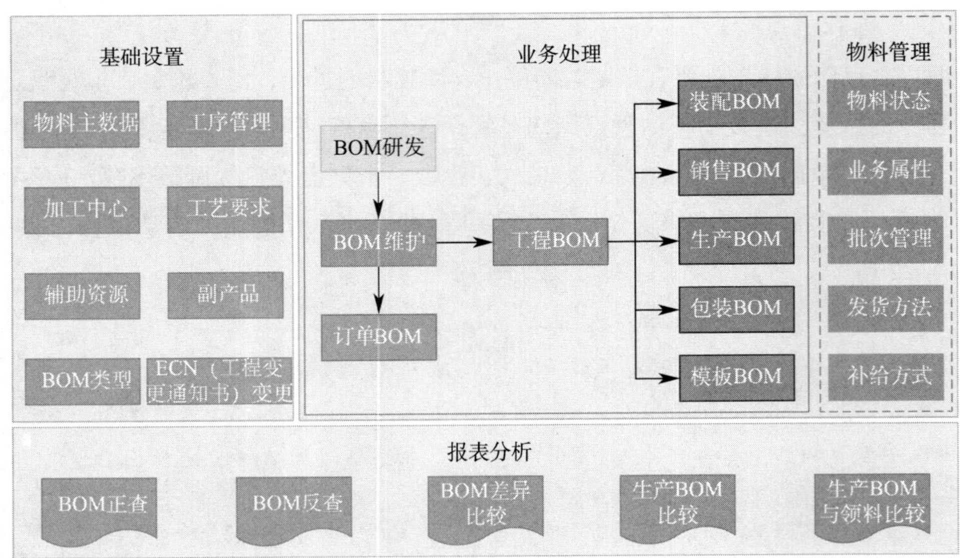

图 4-5-1 工程管理架构示意

造”-“工程管理”-“工程 BOM”选项，其操作界面如图 4-5-2 所示。在操作时，字段及活动描述如表 4-5-1 所示。

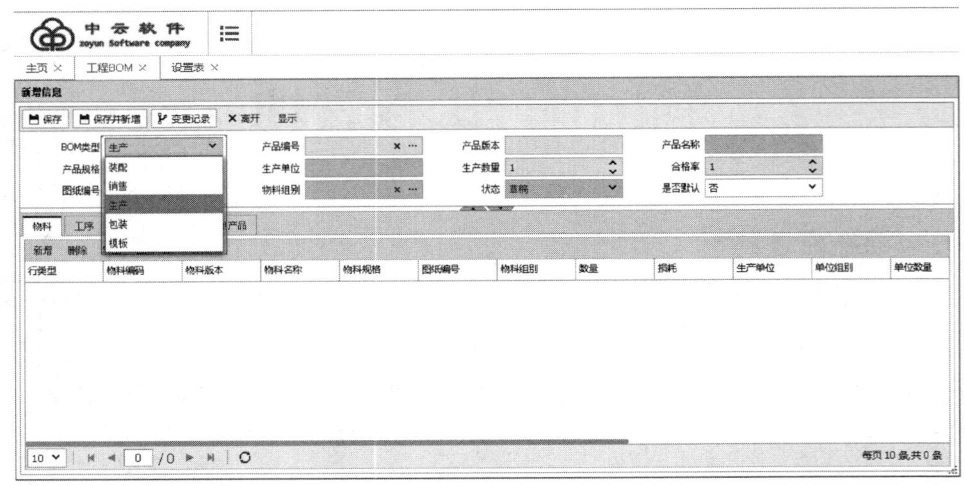

图 4-5-2 工程 BOM 操作界面

表 4-5-1　　工程 BOM 字段及活动描述表

字段	活动 / 描述	
BOM 类型	装配	用于 BOM 清单保密的销售 / 采购单据
	销售	用于销售 / 采购单据中，实现按套、组等销售或采购的业务需求
	生产	用于生产的 BOM 类型，是生产物料清单和工序工艺的重要依据
	包装	主要用于包装时的防呆防错，可以实现按包装出入库
	模板	用于灵活选择产品组件的物料清单

续表

字段	活动 / 描述	
状态	草稿	未通过审批的 BOM 状态
	跟进	已通过审批的 BOM 状态
	锁定	暂时不允许使用的 BOM 状态，需要时可以解锁
损耗	损耗 = 单位用量 × 损耗率（损耗率在物料主数据“常规”选项卡中可以设置）	
是否默认	产品编码相同，版本不同时，只允许有一个版本为默认 BOM，设置为默认 BOM 的版本，物料清单将会自动带入制造通知单物料明细中	

1. 生产 BOM

生产 BOM 描述了由不同库存组件（下级组件）构成的成品（上级）。在生产过程中，将这些组件转化为成品。生产 BOM 中的组件可以是实际物料（如螺钉、木板、按计量单位计量的润滑油或油漆），也可以是虚拟对象（如一个工作小时）。生产 BOM 中，产品与组件在生产物料选项中都必须设置为“是”。

2. 销售 BOM 和装配 BOM

销售 BOM 和装配 BOM 描述了在销售阶段组装的成品，即只有在成品实际售出后，成品才能由其组件物料组成。在仓库中，组件物料会被单独存储和跟踪。

（1）两者的区别

1）对于销售 BOM，成品和组件都作为独立的物料出现在销售订单单据中。无法更改组件物料或将其从销售订单中移除；无法在销售订单的父级和组件物料之间插入物料；组件物料的数量可以修改。

2）对于装配 BOM，成品出现在销售订单单据中（适用于 BOM 清单保密的情况）。

（2）两者的共性：成品只能是销售物料；组件必须是销售物料，可以是单独销售和库存的物料，销售交货时，将从库存倒冲发货的组件。

3. 模板 BOM

模板 BOM 为一个物料包，其中父级产品是清单中的第一个物料。添加到销售单据后，父级物料将与组件物料一起组成销售明细清单。可以更新物料的数量、互换物料，或者在物料清单或销售订单中将其删除。组件将出现在父级物料的下面，作为销售单据中的物料清单。当需要灵活选择产品组件时，可以使用模板物料清单。

4. 包装 BOM

包装 BOM 为一个套装包，其中父级是包装类物料，子级是该包装所包含的产品或者组件，主要用于包装时的防呆防错。

（二）订单 BOM

订单 BOM 是根据客户要求针对销售订单中的某行产品而制作的 BOM。操作时打开路径：选择“生产制造”－“工程管理”－“订单 BOM”选项，一次可以创建一个完整产品的树形结构，其操作界面如图 4–5–3 所示。在操作时，字段及活动描述如表 4–5–2 所示。

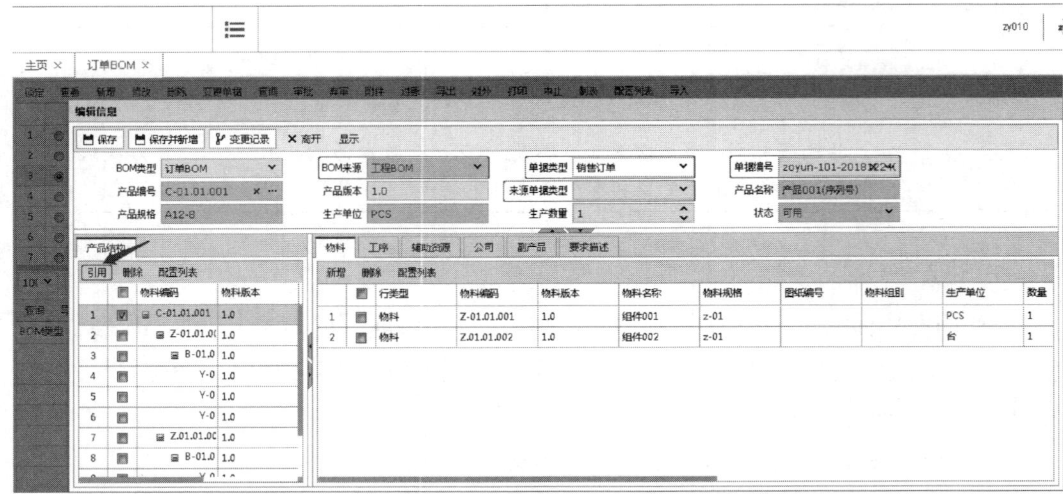

图 4–5–3　订单 BOM 操作界面

表 4–5–2　　订单 BOM 字段及活动描述表

字段	活动 / 描述	
BOM 来源	工程 BOM	作为引用 BOM 时的筛选条件。引用数据源为该产品状态为可用的工程 BOM，包括不同 BOM 类型及版本
	订单 BOM	作为引用 BOM 时的筛选条件。引用数据源为来源单据类型下的该产品状态为可用的订单 BOM
状态	草稿	未通过审批的 BOM 状态
	跟进	已通过审批的 BOM 状态
	锁定	暂时不允许使用的 BOM 状态，需要时可以解锁
单据类型	销售订单，作为引用单据时的筛选条件	
单据编号	销售订单的单据编号	
单据行号	引用数据源为销售订单中 BOM 类型为订单 BOM 且状态为跟进的物料行	
是否默认	设置为默认订单 BOM，物料清单将会自动带入制造通知单物料明细中	

第六节　生产管理

一、系统概述

生产管理主要由基础设置、控制策略、业务处理、报表分析四大模块组成。生产管理业务处理流程分为自制领料、自制退料、自制入库、自制退货、外发领料、外发退料、外发入库、外发退货、品质管理等子流程，帮助企业生产管理人员解决生产过程控制，实现计划生产，平衡产能，控制品质，协调多部门、多车间、多机器协调作业，做到高效率、高品质、高节约、低成本的管理要求。生产管理整体架构与流程如图 4–6–1 所示。

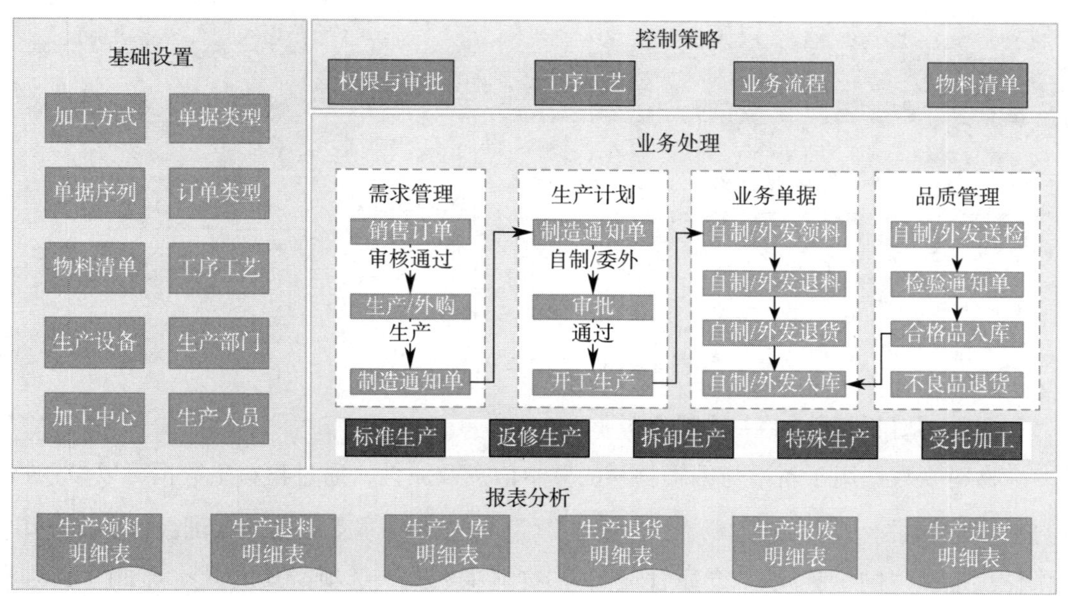

图 4–6–1　生产管理整体架构与流程

二、基础设置

在应用生产管理进行业务单据处理之前，首先需要对基础数据及参数进行设置，用户可以根据自身实际情况进行设置。在中云 MES 中系统预设了常用的单据序列、订单类型及参数，以便于快速实施与应用。

（一）基础设置 1——单据序列与订单类型

操作时打开路径：选择“系统设置”–“系统设置”–“常规”选项，单据序列与订单类型共同构成不同的业务类型。

（二）基础设置 2——物料清单

操作时打开路径：选择“生产制造”-“工程管理”选项，主要进行工程 BOM 和订单 BOM 设置，如图 4-6-2 和图 4-6-3 所示。

主页 × 工程BOM ×

锁定 编辑 修改 删除 查询 变更单据 核准 核准111 附件 过账 导出 对外 打印 中止 制表 配置列表 导入

		BOM类型	产品编号	产品版本	产品名称	产品规格	图纸编号	物料组别	生产单位	生产数量	合格率	基本数量	是否默认	状态
6	◉	生产	C-01.01.003	2.0	产品001（无批…	A12-8	zy201809060…	成品组	PCS	1	1	1	否	可用
7	●	生产	C-01.01.004	1.0	产品004（批次…	sd12-1	zy201809060…	成品组	PCS	1	1	1	是	可用

20 ∨ 1 /1 每页 20 条,共 8 条

查询 导出 打印 配置列表 导入

BOM类型	BOM阶层	产品编号	产品版本	物料编码	物料版本	物料名称	物料规格	生产单位	单位组别	数量	损耗	单
	1			C-01.01.003	2.0	产品001（无批次）	A12-8	PCS	PCS	1		1
	2	C-01.01.003	2.0	Z.01.01.002	1.0	组件002	z-01	台	台	3	0	1
	3	Z.01.01.002	1.0	B-01.01.004	1.0	配件001	B12-9	PCS	PCS	3	0	1
	4	B-01.01.004	1.0	Y-01.01.004	1.0	成品_G20 微动开关_G20-04	Y324	箱	PCS	3	0	5
	4	B-01.01.004	1.0	Y-01.01.005	1.0	成品_G20 微动开关_G20-05	Y324	箱	PCS	6	0.06	5
	4	B-01.01.004	1.0	Y-01.01.006	1.0	成品_G20 微动开关_G20-06	Y324	箱	PCS	9	0	5
	2	C-01.01.003	2.0	Z-01.01.001	1.0	组件001	z-01	PCS	PCS	1	0	1

图 4-6-2　工程 BOM 操作界面

主页 × 订单BOM ×

锁定 查看 新增 修改 删除 变更单据 查询 核准 弃审 附件 过账 导出 对外 打印 中止 制表 配置列表 导入

		BOM类型	单据类型	单据编号	单据行号	产品编号	产品版本	产品名称	产品规格	图纸编号	生产单位	生产数量	合格率	基本数量
6	●	订单BOM	销售订单	zoyun-101-20…	17	C-01.01.003	33	产品001	A12-8	zy201809060…	PCS	1	1	1
7	●	订单BOM	销售订单	zoyun-101-20…	17	C-01.01.003	2	产品001	A12-8	zy201809060…	PCS	1	1	1
8	◉	订单BOM	销售订单	zoyun-101-20…	17	C-01.01.003	1.0	产品001	A12-8	zy201809060…	PCS	1	1	1

100 ∨ 1 /1 每页 100 条,共 17 条

查询 导出 打印 配置列表 导入

BOM类型	BOM阶层	产品编号	产品版本	物料编码	物料版本	物料名称	物料规格	生产单位	单位组别	数量	损耗	单位数量
	1			C-01.01.003	1.0	产品001	A12-8	PCS	PCS	1		1
	2	C-01.01.003	1.0	Z-01.01.001	1.0	组件001	z-01	PCS	PCS	1	0	1
	3	Z-01.01.001	1.0	B-01.01.003	1.0	配件001	B12-9	PCS	PCS	1	0	1
	4	B-01.01.003	1.0	Y-01.01.001	1.0	材料001	Y123	PCS	PCS	1	0.01	1
	4	B-01.01.003	1.0	Y-01.01.002	1.0	材料002	Y324	PCS	PCS	2	0.02	1
	4	B-01.01.003	1.0	Y-01.01.003	1.0	材料003	Y123213	PCS	PCS	3	0.03	1
	2	C-01.01.003	1.0	Z.01.01.002	1.0	组件002	z-01	台	台	3	0	1

图 4-6-3　订单 BOM 操作界面

（三）基础设置 3——物料主数据

物料主数据用于新增与编辑物料的基本信息及属性，通过物料主数据可以设置物料的生产属性，凡是“生产物料 是 ∨”的物料都支持生产管理。操作时打开路径：选择“供应链”-“仓库管理”-“物料主数据”选项，其设置界面如图 4-6-4 所示。

图 4-6-4　物料主数据设置界面

三、业务流程

法人或公司独立核算的组织之间，因产能或工艺原因，将产品或某道工序委托给其他公司或组织进行加工，委托方提供产品加工所需的材料或大部分材料。需要强调的是，制造通知单的生产组织为“受托组织”，委托组织为“委托组织”；“委托组织”与“受托组织”提供的材料，会分单生成相应的领料单，领料单的生产组织均是“受托组织”，领料单主表的产品货主分别为“委托组织”与“受托组织”；受托组织的生产入库单的货主固定为“委托组织”不可修改。组织间受托加工业务流程如图 4–6–5 所示。

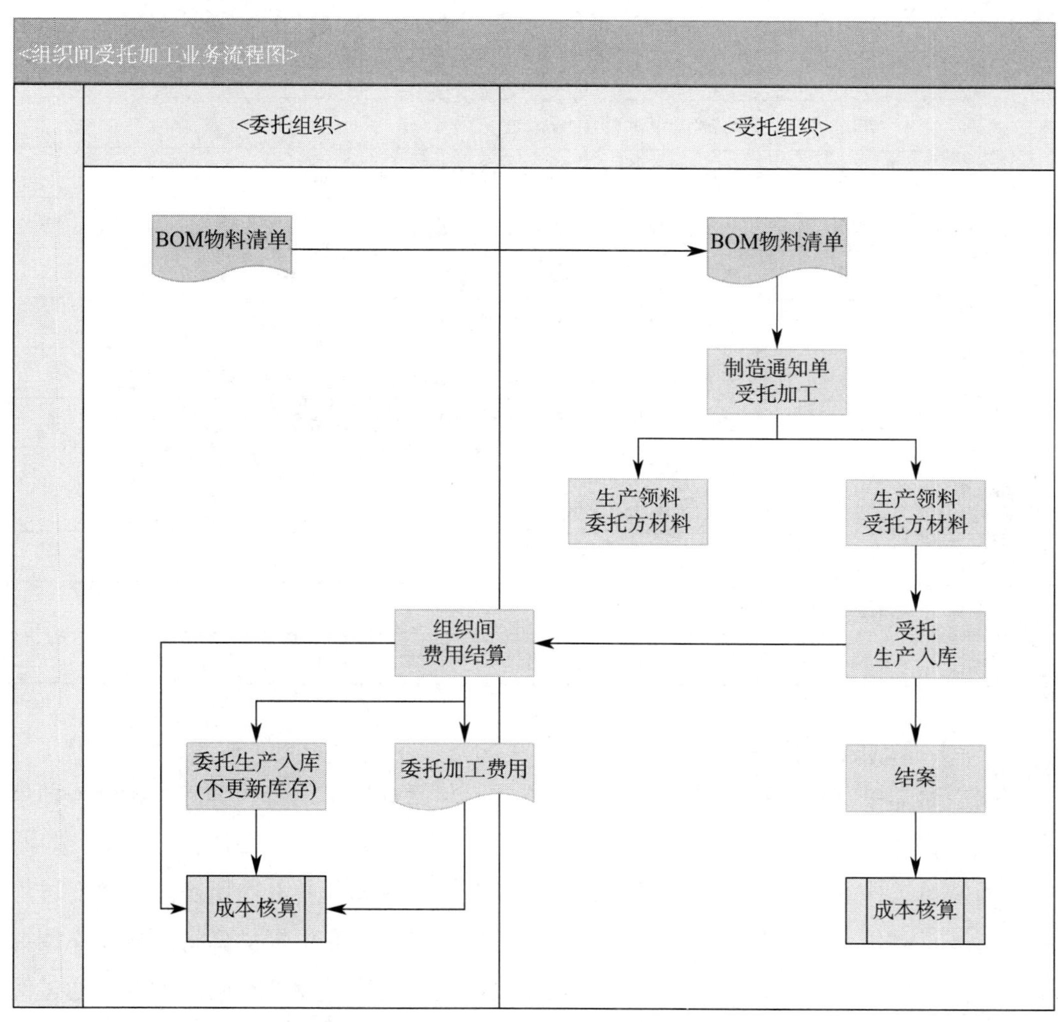

图 4–6–5　组织间受托加工业务流程

四、生产作业

生产作业字段及活动描述如表 4–6–1 所示。

表 4-6-1　　生产作业字段及活动描述表

<table>
<tr><td rowspan="2">单据类型</td><td>物料</td><td>为库存中定义的物料创建一个生产单据，如手机、主板等</td></tr>
<tr><td>服务</td><td>为尚未定义为物料的服务创建一个生产单据，如一次性咨询等</td></tr>
<tr><td rowspan="2">手动编号</td><td>系统</td><td>单据编号由系统自动生成</td></tr>
<tr><td>手动</td><td>单据编号由用户手动生成</td></tr>
<tr><td>伙伴代码</td><td colspan="2">业务伙伴中的外发厂商编码</td></tr>
<tr><td>伙伴名称</td><td colspan="2">业务伙伴中的外发厂商名称</td></tr>
<tr><td>货币代码</td><td colspan="2">与外发厂商的交易币别</td></tr>
<tr><td>默认仓库</td><td colspan="2">选择默认仓库后，物料明细中仓库代码为空的行自动填写为默认仓库</td></tr>
<tr><td rowspan="6">单据状态</td><td>草稿</td><td>未通过审批的单据状态</td></tr>
<tr><td>跟进</td><td>已通过审批的单据状态</td></tr>
<tr><td>结案</td><td>已关闭的单据状态（手动变更）</td></tr>
<tr><td>取消</td><td>已取消的单据状态（手动变更）</td></tr>
<tr><td>完成</td><td>跟进状态的单据被目标单据反写后由系统自动变更</td></tr>
<tr><td>删除</td><td>已删除的单据状态（单据被删除后由系统自动变更）</td></tr>
<tr><td rowspan="2">链接类型</td><td>物料明细</td><td>数据来源为来源单据的物料明细表，实现多来源数据反写</td></tr>
<tr><td>延伸交易</td><td>数据来源为来源单据的延伸交易表，实现多来源数据反写</td></tr>
<tr><td>是否质检</td><td colspan="2">是：需要经过品质检验后才能入库；
否：无须经过品质检验可直接入库</td></tr>
<tr><td>基本类型</td><td colspan="2">来源单据的单据类型</td></tr>
<tr><td>基本单据</td><td colspan="2">来源单据的单据编号</td></tr>
<tr><td>基本行</td><td colspan="2">来源单据的行号</td></tr>
</table>

（一）制造通知单

制造通知单支持自制与外发两种加工方式，包括标准、返修、拆卸、特殊 4 种单据类型。操作时打开路径：选择“生产制造”-“生产管理”-“制造通知单”选项。制造通知单操作界面如图 4-6-6 所示，单据类型及描述如表 4-6-2 所示。在生产过程中，对于一些价值低、共用性强、不易拆包的材料，通常先根据估算将其从仓库调拨至车间。待产品完工入库后，根据产品入库数量及材料定额反冲车间的库存。通过倒冲领料可以减少材料的出入库操作及单据维护，帮助企业提高业务处理效率。支持跨组织倒冲领料。倒冲物料可以在物料主数据发货方法中设置，也可以在 BOM 物料清单中设置，还可以在制造通知单的物料清单中设置，倒冲物料的设置时间截止于制造通知单审核后，状态变为跟进。

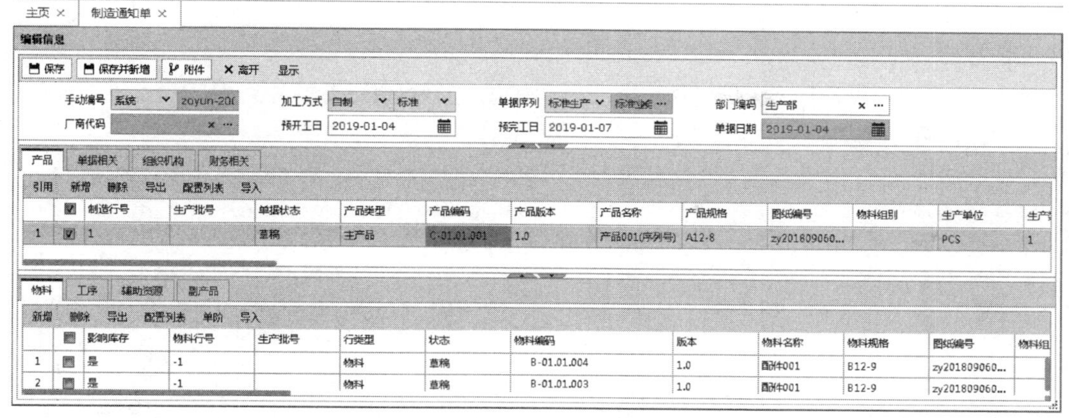

图 4–6–6　制造通知单操作界面

表 4–6–2　　制造通知单单据类型及描述表

单据类型	活动 / 描述
标准	基于物料清单且用于生成常规生产物料。物料清单中不允许有产品本身
返修	用于生产和修复物料，或执行未必是物料清单物料的生产活动，例如，用户服务跟踪卡或已拒绝装配的维修单。物料清单中允许有产品本身
拆卸	用于把常规产品的上级物料拆分为多个下级物料。拆分后的各个部分可以入库和销售，例如，可以回收一辆旧汽车，将其拆卸之后销售单个组件
特殊	用于特殊工艺的产品生产，例如，产品上打个孔。物料清单中允许有产品本身

（二）自制领料

自制领料是生产车间依照生产订单所需的物料清单，从仓库领取物料的业务单据。自制领料的引用数据源为制造通知单的物料明细，由于倒冲物料是自动发送的，所以自制领料的引用数据为加工方式为自制、状态为跟进、发货方法为手动的物料。主要价值体现在：生产车间 / 产线根据生产需要进行物料领取；生产领料将作为生产成本核算的重要依据之一。主要功能有支持手动新增，引用制造通知单；支持跨组织领料；支持领料物料批次管理。自制领料操作流程如图 4–6–7 所示。具体操作时打开路径：选择“生产制造”–“生产管理”–“自制领料”选项，自制领料操作界面如图 4–6–8 所示。

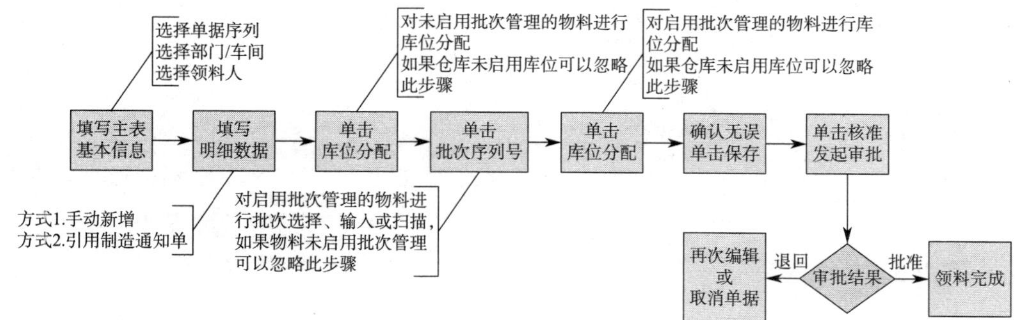

图 4–6–7　自制领料操作流程

主页 × 自制领料 ×

编辑信息

保存 保存并新增 附件 × 离开 显示

基本信息 组织机构 其他信息

单据序列 标准生产 标准业务 单据类型 物料 手动编号 系统 zoyun-162-2 领料人 尹华勇

部门编码 开发部 默认仓库 蓝特电子仓库（VM 单据日期 2019-01-02 备注

物料明细 费用明细 收款明细 延伸交易 会计明细

引用 新增 删除 打印 库位分配 批次序列号 配置列表

		单据行号	行类型	行状态	仓库代码	批次管理	物料编号	版本	物料名称	物料规格	物料组别	影响库存
1		19	物料	草稿	蓝特电子仓库...	批次号	Y-01.01.001	1.0	成品_G01 AC...	Y123	原材料组	是
2		20	物料	草稿	蓝特电子仓库...	序列号	Y-01.01.002	1.0	成品_G20 微动...	Y324	原材料组	是
3		21	物料	草稿	蓝特电子仓库...	无	Y-01.01.003	1.0	成品_G20 微动...	Y123213	原材料组	是

图 4-6-8　自制领料操作界面

（三）自制退料

自制退料主要价值体现在：细化退料类型，精准体现生产过程用料问题的原因和责任归属；生产领料将作为生产成本核算的重要依据之一。主要功能有支持手动新增，引用制造通知单；支持跨组织退料；支持良品退料、来料不良退料、作业不良退料；支持退料物料批次管理；支持生产或拆卸退料。自制退料操作流程如图 4-6-9 所示。具体操作时打开路径：选择“生产制造”-“生产管理”-“自制退料”选项，操作界面如图 4-6-10 所示。

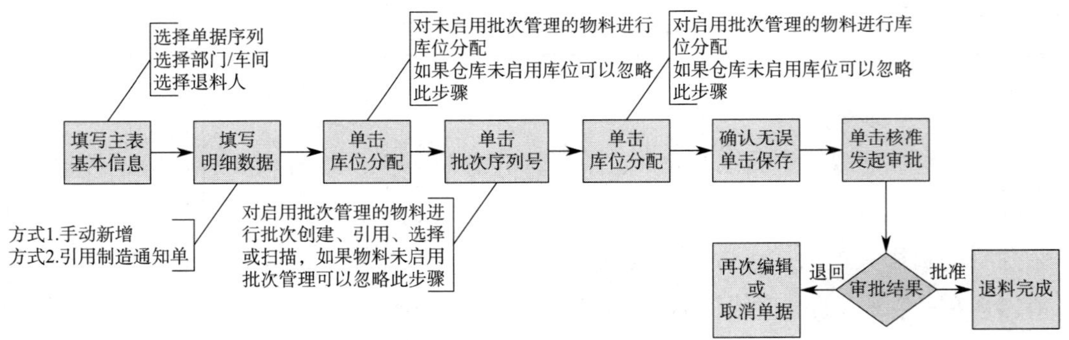

图 4-6-9　自制退料操作流程

主页 × 自制退料 ×

编辑信息

保存 保存并新增 附件 × 离开 显示

基本信息 组织机构 其他信息

单据序列 标准生产 标准业务 单据类型 物料 手动编号 系统 zoyun-163-2 退料人 艾轮

部门编码 工程部 默认仓库 原材料仓库（中云） 单据日期 2019-01-05 备注

物料明细 费用明细 收款明细 延伸交易 会计明细

引用 新增 删除 打印 库位分配 批次序列号 配置列表

		单据行号	行类型	行状态	仓库代码	批次管理	物料编号	版本	物料名称	物料规格	物料组别	图纸编号
1		-1	物料	草稿	原材料仓库（...	批次号	Y-01.01.001	1.0	成品_G01 AC...	Y123	03	zy20180906
2		-1	物料	草稿	原材料仓库（...	序列号	Y-01.01.002	1.0	成品_G20 微动...	Y324	03	zy20180906
3		-1	物料	草稿	原材料仓库（...	无	Y-01.01.003	1.0	成品_G20 微动...	Y123213	03	zy20180906
4		-1	物料	草稿	原材料仓库（...	批次号	Y-01.01.004	1.0	成品_G20 微动...	Y324	03	zy20180906
5		-1	物料	草稿	原材料仓库（...	序列号	Y-01.01.005	1.0	成品_G20 微动...	Y324	03	zy20180906

图 4-6-10　自制退料操作界面

（四）自制入库

自制入库主要价值体现在：对于检验合格的产品与无须品质检验的产品安排入库；对于启用批次管理的物料可以生成批次，并支持扫码入库。其主要功能有支持手动新增，引用制造通知单；支持入库产品批次管理；支持副产品业务；支持跨组织入库；支持品质管理流程。自制入库工作流程如图 4–6–11 所示。具体操作时打开路径：选择“生产制造” – “生产管理” – “自制入库”选项，操作界面如图 4–6–12 所示。

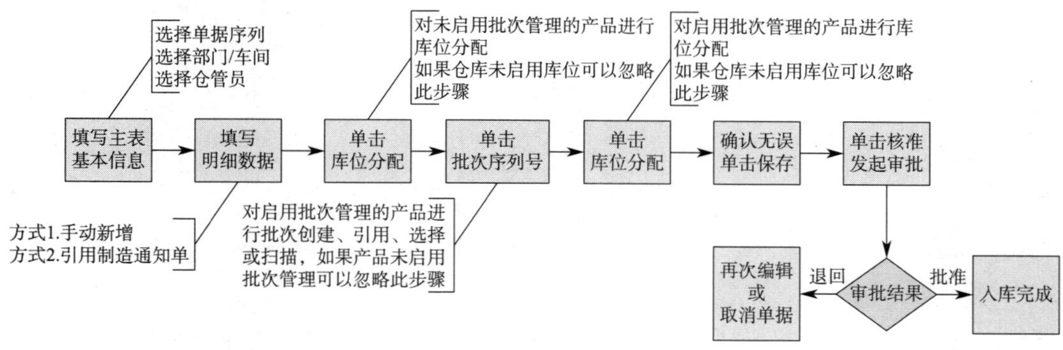

图 4–6–11　自制入库操作流程

主页　自制入库

编辑信息

保存　保存并新增　附件　离开　显示

基本信息　组织机构　其他信息

单据序列 标准生产 标准业务　单据类型 物料　手动编号 系统 zoyun-160-2　仓管员 艾轮

部门编码 工程部　默认仓库 成品仓库（中云）　单据日期 2018-12-30　备注

物料明细　费用明细　收款明细　延伸交易　会计明细

引用　新增　删除　打印　库位分配　批次序列号　配置列表

	单据行号	行类型	行状态	仓库代码	产品类型	批次管理	产品编号	版本	物料名称	物料规格	物料组别	图纸编
1	4	物料	草稿	成品仓库（中...		序列号	C-01.01.001	1.0	产品001(序列号)	A12-8	111	zy201
2	-1	物料	草稿	成品仓库（中...		序列号	C-01.01.001	1.0	产品001(序列号)	A12-8	111	zy201
3	-1	物料	草稿	成品仓库（中...		无	C-01.01.002	1.0	产品002（销售...	sd12-1	111	zy201
4	-1	物料	草稿	成品仓库（中...		无	C-01.01.003	1.0	产品003（无批...	A12-8	111	zy201
5	-1	物料	草稿	成品仓库（中...		批次号	C-01.01.004	1.0	产品004（批次...	sd12-1	111	zy201
6	-1	物料	草稿	成品仓库（中...		批次号	C-01.01.005	1.0	产品005（批次...	A12-8	111	zy201

图 4–6–12　自制入库操作界面

（五）自制退货

自制退货主要价值体现在：生产入库后，发现产品有质量问题等，需要退回车间重新加工；生产入库后，发现部分批次的产品编码、订单编号等信息有误，需要退回重新入库。主要功能有支持手动新增，引用制造通知单；支持副产品业务；支持跨组织退货；支持退货产品批次管理；支持合格品退货、不合格品退货、报废品退货。自制退货操作流程如图 4–6–13 所示。具体操作时打开路径：选择“生产制造” – “生产管理” – “自制退货”选项，打开的操作界面如图 4–6–14 所示。

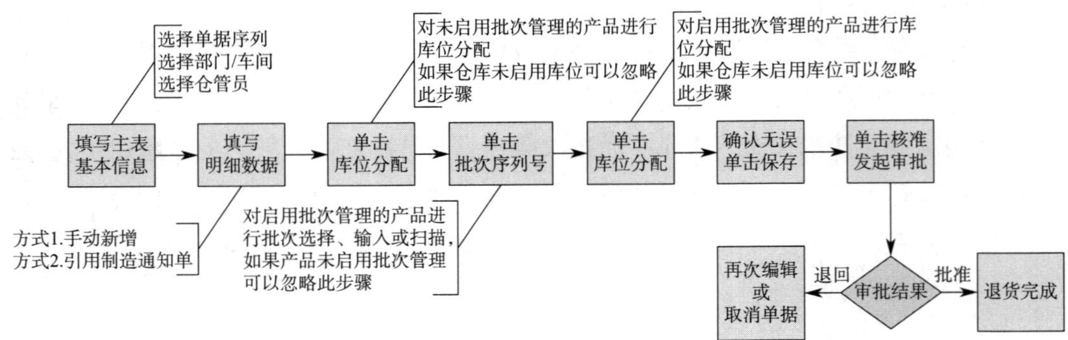

图 4-6-13 自制退货操作流程

主页 × 自制退货 ×

编辑信息

保存 保存并新增 附件 × 离开 显示

基本信息 组织机构 其他信息

单据序列 标准生产 标准业途 单据类型 物料 手动编号 系统 zoyun-161-2 仓管员 艾轮

部门编码 工程部 默认仓库 成品仓库（中云） 单据日期 2018-12-30 备注

产品明细 费用明细 收款明细 延伸交易 会计明细

引用 新增 删除 打印 库位分配 批次序列号 配置列表

		单据行号	行类型	行状态	仓库代码	产品类型	批次管理	产品编号	版本	物料名称	物料规格	物料组别	图纸编
1		7	物料	草稿	成品仓库（中…		序列号	C-01.01.001	1.0	产品001(序列号)	A12-8	111	zy201
2		-1	物料	草稿	成品仓库（中…		无	C-01.01.002	1.0	产品002（销售…	sd12-1	111	zy201
3		-1	物料	草稿	成品仓库（中…		无	C-01.01.003	1.0	产品003（无批…	A12-8	111	zy201
4		-1	物料	草稿	成品仓库（中…		批次号	C-01.01.004	1.0	产品004（批次…	sd12-1	111	zy201
5		-1	物料	草稿	成品仓库（中…		批次号	C-01.01.005	1.0	产品005（批次…	A12-8	111	zy201

图 4-6-14 自制退货操作界面

（六）外发领料

外发领料是依照外发生产订单所需的物料清单，从仓库领取物料的业务单据。外发领料的引用数据源为制造通知单的物料明细，由于倒冲物料是自动发送的，所以外发领料的引用数据为加工方式为外发、状态为跟进、发货方法为手动的物料。外发领料主要价值体现在：生产车间 / 产线根据生产需要进行物料领取；生产领料将作为生产成本核算的重要依据之一。主要功能有支持手动新增，引用制造通知单；支持跨组织领料；支持领料物料批次管理。外发领料操作流程如图 4-6-15 所示。具体操作时打开路径：选择“生产制造”–“生产管理”–“外发领料”选项，打开的操作界面如图 4-6-16 所示。

（七）外发退料

外发退料主要价值体现在：细化退料类型，精准体现生产过程用料问题的原因和责任归属；生产领料将作为生产成本核算的重要依据之一。主要功能有支持手动新增，引用制造通知单；支持跨组织退料；支持良品退料、来料不良退料、作业不良退料；支持退料物料批次管理；支持生产或拆卸退料。外发退料操作流程如图 4-6-17 所示。

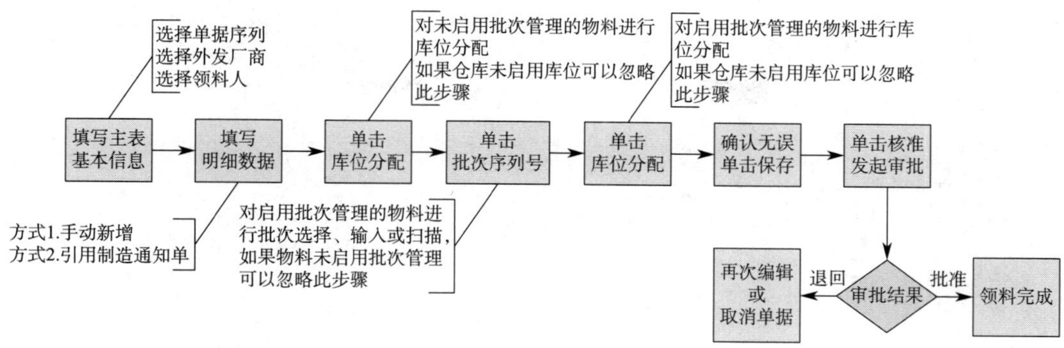

图 4–6–15　外发领料操作流程

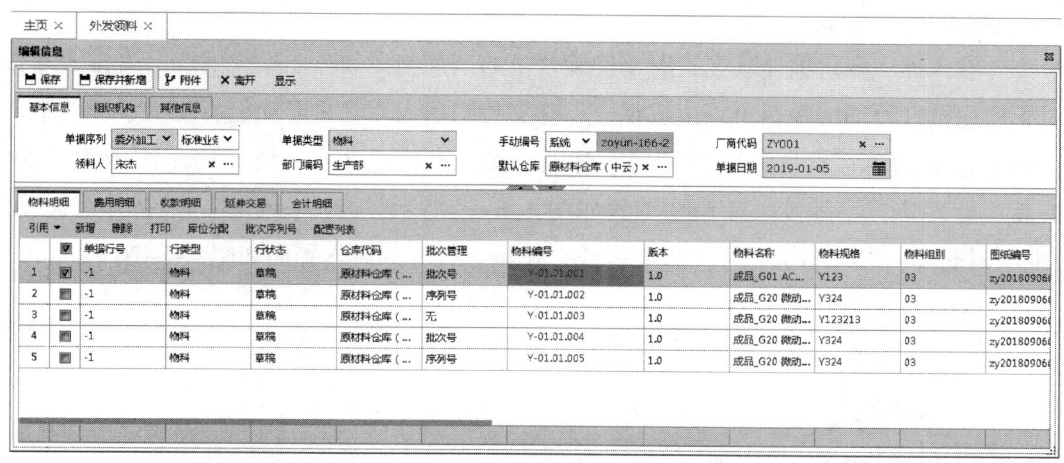

图 4–6–16　外发领料操作界面

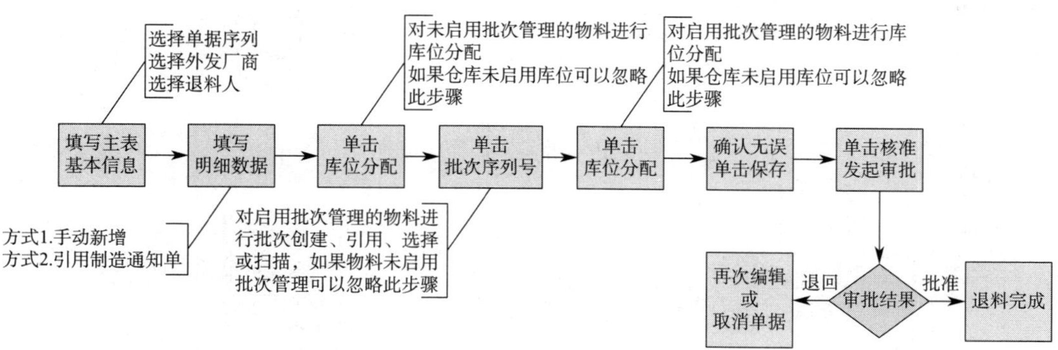

图 4–6–17　外发退料操作流程

具体操作时打开路径：选择“生产制造”–“生产管理”–“外发退料”选项，打开的操作界面如图 4–6–18 所示。

主页 × 外发退料 ×

编辑信息

保存 保存并新增 附件 × 离开 显示

基本信息 组织机构 其他信息

单据序列 委外加工 标准业务 单据类型 物料 手动编号 系统 zoyun-167-2 厂商代码 ZY001

退料人 宋杰 部门编码 生产部 默认仓库 原材料仓库（中云） 单据日期 2019-01-05

物料明细 费用明细 收款明细 延伸交易 会计明细

引用 新增 删除 打印 库位分配 批次序列号 配置列表

		单据行号	行状态	仓库代码	批次管理	物料编号	版本	物料名称	物料规格	物料组别	图纸编号	单位名称
1	☑	-1	草稿	原材料仓库（...	批次号	Y-01.01.001	1.0	成品_G01 AC...	Y123	03	zy201809060...	PCS
2	■	-1	草稿	原材料仓库（...	序列号	Y-01.01.002	1.0	成品_G20 微动...	Y324	03	zy201809060...	PCS
3	■	-1	草稿	原材料仓库（...	无	Y-01.01.003	1.0	成品_G20 微动...	Y123213	03	zy201809060...	PCS
4	■	-1	草稿	原材料仓库（...	批次号	Y-01.01.004	1.0	成品_G20 微动...	Y324	03	zy201809060...	箱
5	■	-1	草稿	原材料仓库（...	序列号	Y-01.01.005	1.0	成品_G20 微动...	Y324	03	zy201809060...	箱

图 4-6-18 外发退料操作界面

（八）外发入库

外发入库主要价值体现在：对于检验合格的产品与无须品质检验的产品安排入库；对于启用批次管理的物料可以生成批次，并支持扫码入库。主要功能有支持手动新增，引用制造通知单；支持入库产品批次管理；支持副产品业务；支持跨组织入库；支持品质管理流程。外发入库操作流程如图 4-6-19 所示。具体操作时打开路径：选择“生产制造”-“生产管理”-“外发入库”选项，打开的操作界面如图 4-6-20 所示。

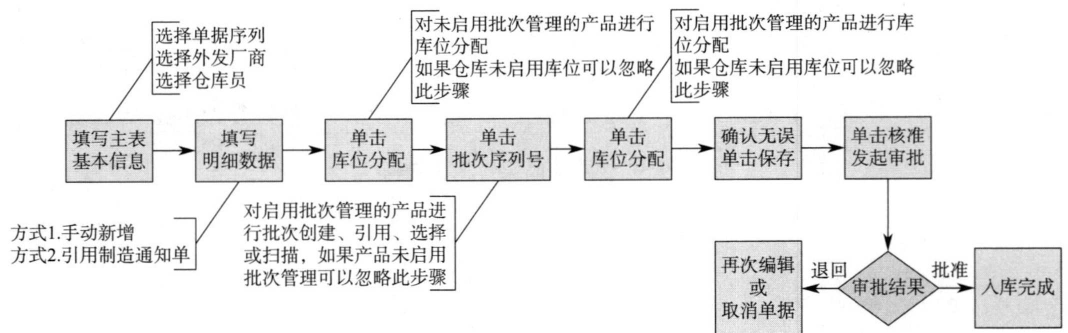

图 4-6-19 外发入库操作流程

主页 × 外发入库 ×

编辑信息

保存 保存并新增 附件 × 离开 显示

基本信息 组织机构 其他信息

单据序列 委外加工 标准业务 单据类型 物料 手动编号 系统 zoyun-164-2 厂商代码 ZY001

仓管员 宋杰 部门编码 生产部 默认仓库 成品仓库（中云） 单据日期 2019-01-05

产品明细 费用明细 收款明细 延伸交易 会计明细

引用 新增 删除 打印 库位分配 批次序列号 配置列表

		单据行号	行类型	行状态	仓库代码	产品类型	批次管理	产品编号	版本	物料名称	物料规格	物料组别	图纸编
1	☑	-1	物料	草稿	成品仓库（中...		序列号	C-01.01.001	1.0	产品001(序列号)	A12-8	111	zy201
2	■	-1	物料	草稿	成品仓库（中...		无	C-01.01.002	1.0	产品002（销售...	sd12-1	111	zy201
3	■	-1	物料	草稿	成品仓库（中...		无	C-01.01.003	1.0	产品003（无批...	A12-8	111	zy201
4	■	-1	物料	草稿	成品仓库（中...		批次号	C-01.01.004	1.0	产品004（批次...	sd12-1	111	zy201
5	■	-1	物料	草稿	成品仓库（中...		批次号	C-01.01.005	1.0	产品005（批次...	A12-8	111	zy201

图 4-6-20 外发入库操作界面

（九）外发退货

外发退货主要价值体现在：生产入库后，发现产品有质量问题等，需要退回车间重新加工；生产入库后，发现部分批次的产品编码、订单编号等信息有误，需要退回重新入库。主要功能有支持手动新增，引用制造通知单；支持副产品业务；支持跨组织退货；支持退货产品批次管理；支持合格品退货、不合格品退货、报废品退货。外发退货操作流程如图 4–6–21 所示。具体操作时打开路径：选择“生产制造”–“生产管理”–“外发退货”选项，打开的操作界面如图 4–6–22 所示。

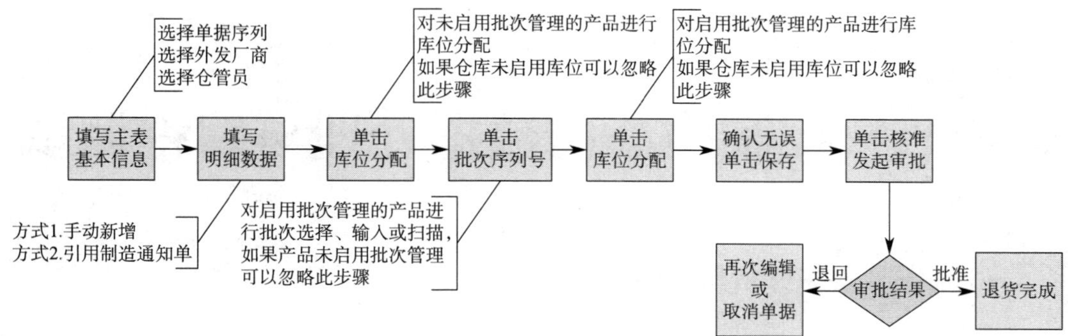

图 4–6–21　外发退货操作流程

主页 × 外发退货 ×
编辑信息
保存　保存并新增　附件　× 离开　显示
基本信息　组织机构　其他信息
单据序列 委外加工 标准业务　单据类型 物料　手动编号 系统 zoyun-165-2　厂商代码 KH004
仓管员 艾轮　部门编码 工程部　默认仓库 成品仓库（中云）　单据日期 2018-12-30
产品明细　费用明细　收款明细　延伸交易　会计明细
引用　新增　删除　打印　库位分配　批次序列号　配置列表

	单据行号	行类型	行状态	仓库代码	产品类型	批次管理	产品编号	版本	物料名称	物料规格	物料组别	图纸编
1	-1	物料	草稿	成品仓库（中...		序列号	C-01.01.001	1.0	产品001(序列号)	A12-8	111	zy201
2	-1	物料	草稿	成品仓库（中...		无	C-01.01.002	1.0	产品002（销售...	sd12-1	111	zy201
3	-1	物料	草稿	成品仓库（中...		无	C-01.01.003	1.0	产品003（无批...	A12-8	111	zy201
4	-1	物料	草稿	成品仓库（中...		批次号	C-01.01.004	1.0	产品004（批次...	sd12-1	111	zy201
5	-1	物料	草稿	成品仓库（中...		批次号	C-01.01.005	1.0	产品005（批次...	A12-8	111	zy201

图 4–6–22　外发退货操作界面

第五章 SX-TF14 智能教学工厂信息化应用与设计

第一节　控制中心的数据处理与编程调试

一、MES 需求分析与应用

（一）MES 作用与架构

MES 是美国管理界 20 世纪 90 年代提出的概念，对 MES 的定义是 MES 能通过信息传递对从订单下达到产品完成的整个生产过程进行优化管理。当工厂发生实时事件时，MES 能对此及时做出反应、报告，并用当前的准确数据对它们进行指导和处理。这种对状态变化的迅速响应使 MES 能够减少企业内部没有附加值的活动，能有效地指导工厂的生产运作过程，从而使其既能提高工厂及时交货能力，改善物料的流通性能，又能提高生产回报率。

MES 系统一般包括订单管理、物料管理、过程管理、生产排程、品质控管、设备控管及对外部系统的 PDM 整合接口与 ERP 整合接口等模块。MES 是将企业生产所需的核心业务的所有流程整合在一起的信息系统，它提供实时化、多生产形态架构、跨公司生产管制的信息交换，可随产品、订单种类及交货期的变动弹性调整参数等诸多能力，能有效地协助企业管理存货、降低采购成本、提高准时交货能力，增进企业少量多样的生产控管能力。

MES 系统是企业实施工业 4.0、迈向智能工厂、智能生产的三大要素之一。MES 系统是集合系统管理软件和多类硬件的综合智能化系统，它由一组共享数据的程序，通过布置在生产现场的专用设备，对原材料上线到成品入库的整个生产过程实时采集数据、控制和监控。通过控制物料、仓库、设备、人员、品质、工艺、异常、流程指令和其他设施等工厂资源来提高生产效率。MES 系统在智能制造系统架构中的位置如图 5-1-1 所示。

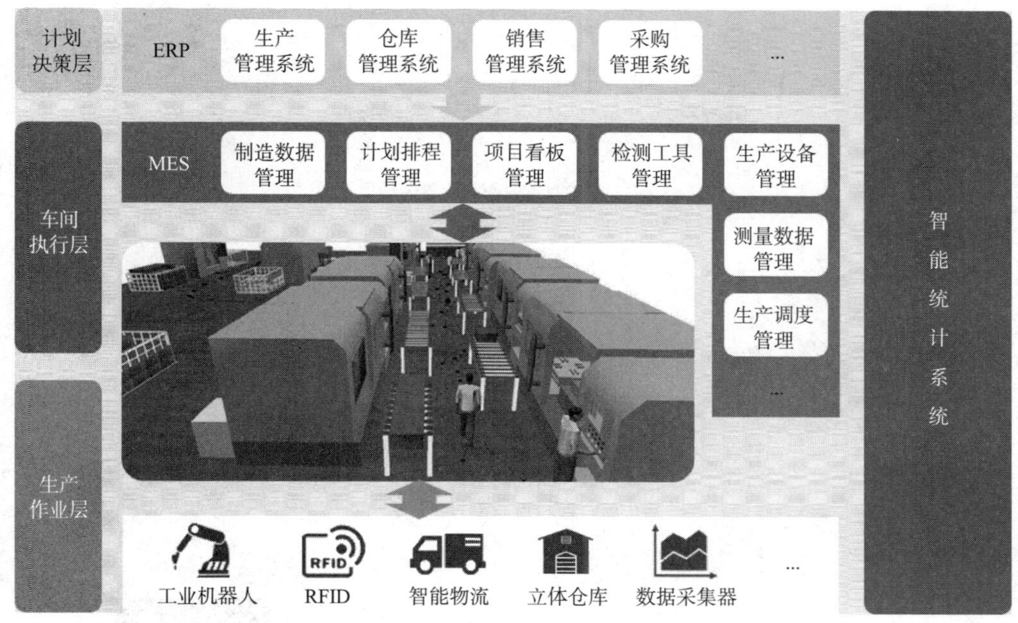

图 5-1-1 智能制造系统架构

（二）MES 需求分析

SX-TF14 智能教学工厂实训设备紧密围绕“工业 4.0”的“智能工厂”“智能生产”“智能物流”三大主题，综合运用了数控车床智能生产制造、工业机器人应用、RFID 射频识别、工业机器人视觉检测、AGV 小车搬运、智能仓储物流、MES 系统各类先进生产要素。该设备实现步进电动机产品生产、加工、装配、检测、运输、仓储一体化，完美演绎了工业互联网、产品生产制造，实现能耗跟踪管理及生产过程数字化与信息化的完美结合。

结合本实训设备以生产步进电动机分别：42A 步进电动机、42B 步进电动机、35A 步进电动机、35B 步进电动机 4 种类型。该 MES 系统主要包含如下管理模块。

1. MES 系统订单管理模块

订单管理模块主要包括选择步进电动机下单种类、数量，加入购物车、库存数量等，如图 5-1-2 ~ 图 5-1-4 所示。

2. MES 系统智能排产管理模块

智能排产管理模块主要包括订单号、客户、电话、下单日期、完工日期、状态等。MES 系统可以根据计划模式设定约束条件，对工单进行生产排序，装配单元机器人视觉检测到废品时，MES 重新下单等操作，如图 5-1-5 所示。

3. 智能制造监控管理模块与各个单元运行状态看板

MES 生产管理系统通过 RFID 射频技术、原材料的出仓、成品的进仓；机器人视觉检测、判断成品是否合格等多种手段实时采集生产车间数据，自动生成报表。通过设备生产看板展示生产进度与目标差距，实时跟进，敦促达成原计划生产目标，如图 5-1-6 ~ 图 5-1-12 所示。

图 5-1-2　35A 系列两相步进电动机网页下单

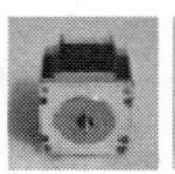
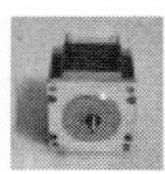

图 5-1-3　35B 系列两相步进电动机网页下单

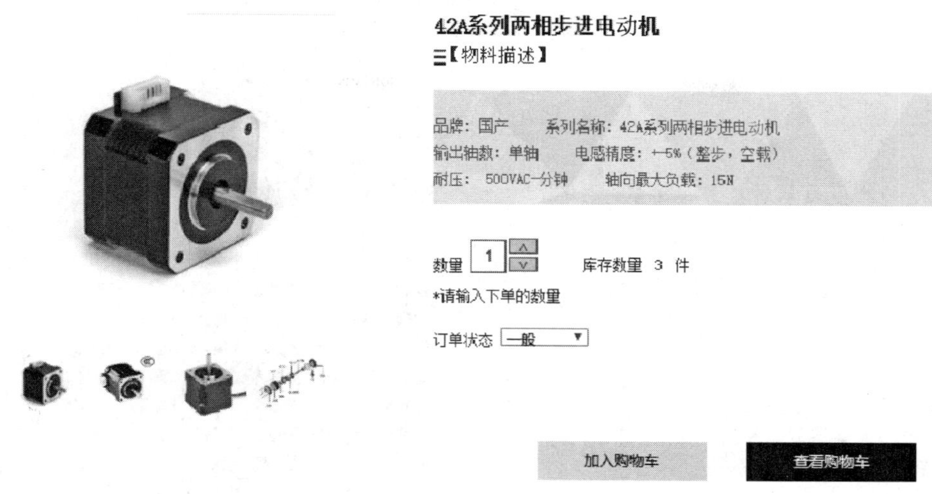

图 5-1-4 42A 系列两相步进电动机网页下单

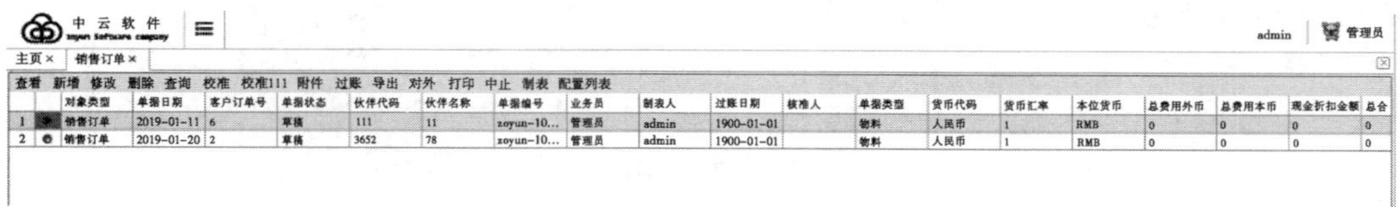

		对象类型	单据日期	客户订单号	单据状态	伙伴代码	伙伴名称	单据编号	业务员	制表人	过账日期	核准人	单据类型	货币代码	货币汇率	本位货币	总费用外币	总费用本币	现金折扣金额	总合
1		销售订单	2019-01-11	6	草稿	111	11	zoyun-10…	管理员	admin	1900-01-01		物料	人民币	1	RMB	0	0	0	0
2		销售订单	2019-01-20	2	草稿	3652	78	zoyun-10…	管理员	admin	1900-01-01		物料	人民币	1	RMB	0	0	0	0

图 5-1-5 智能排产管理

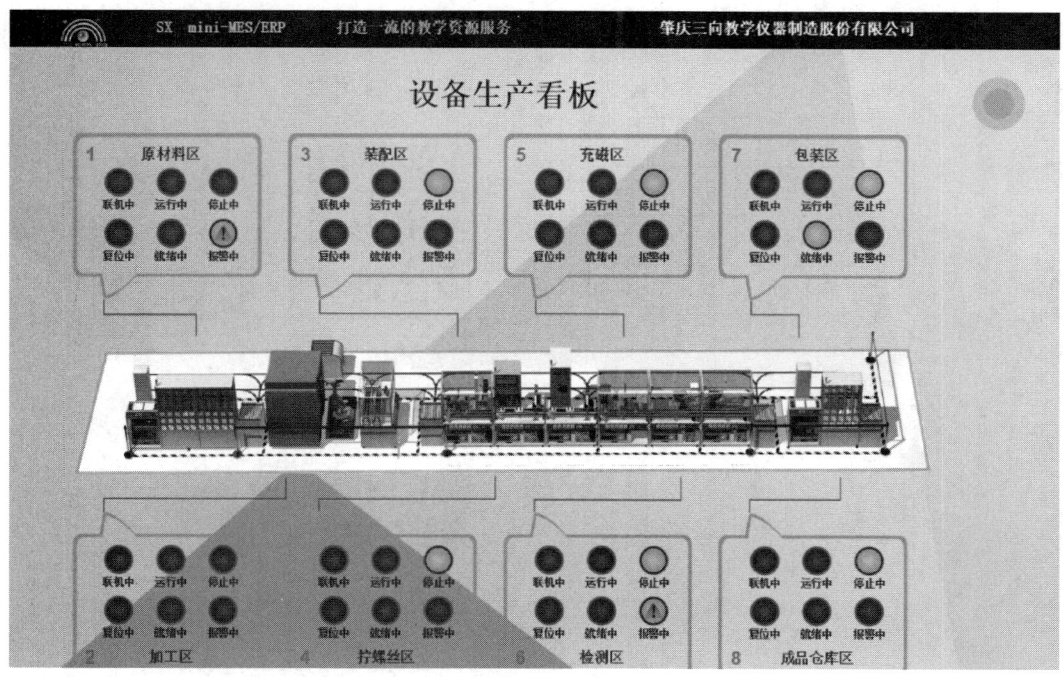

图 5-1-6 设备生产工作状态看板

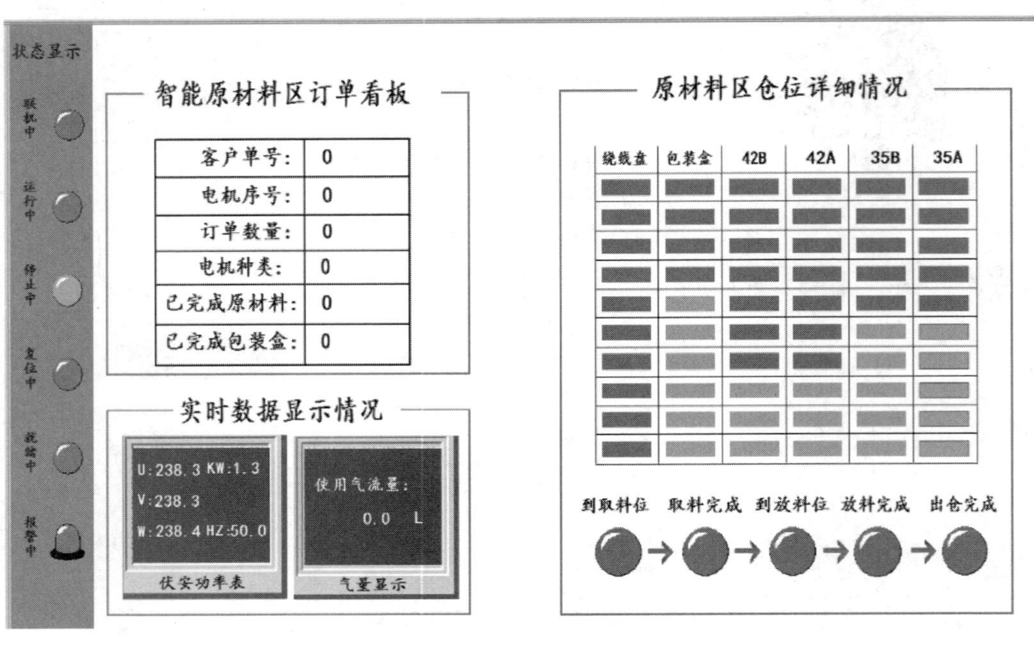

图 5-1-7 原材料区状态看板

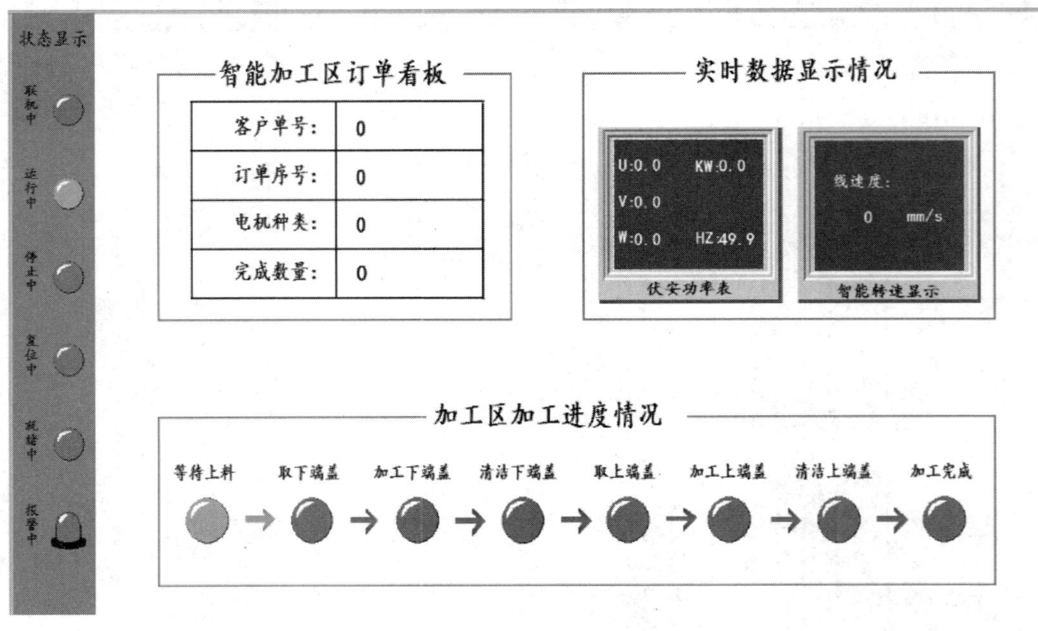

图 5-1-8 智能加工区状态看板

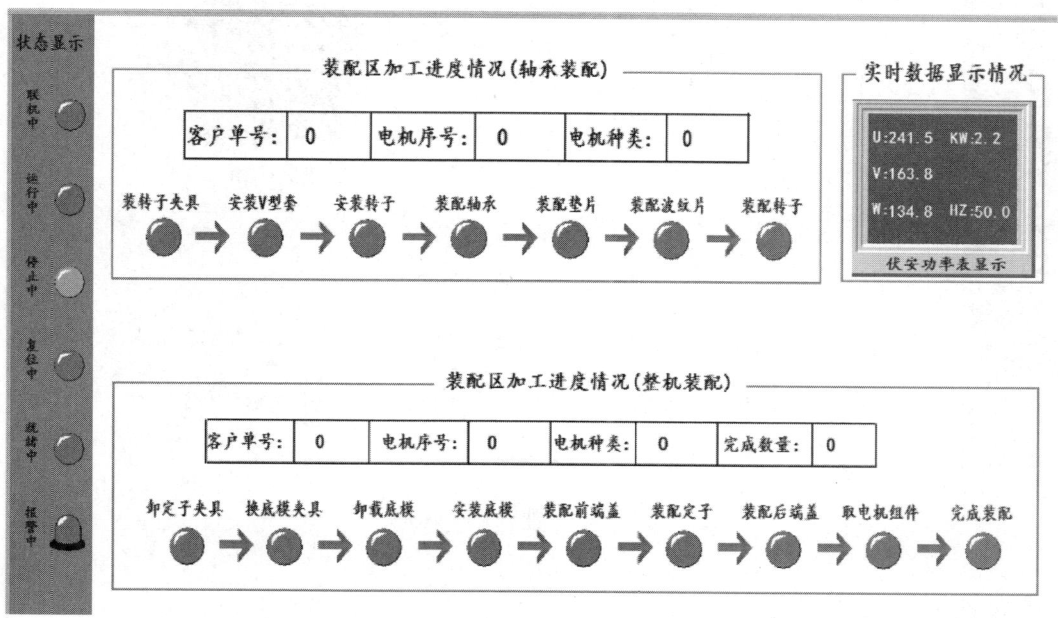

图 5−1−9　装配区状态看板

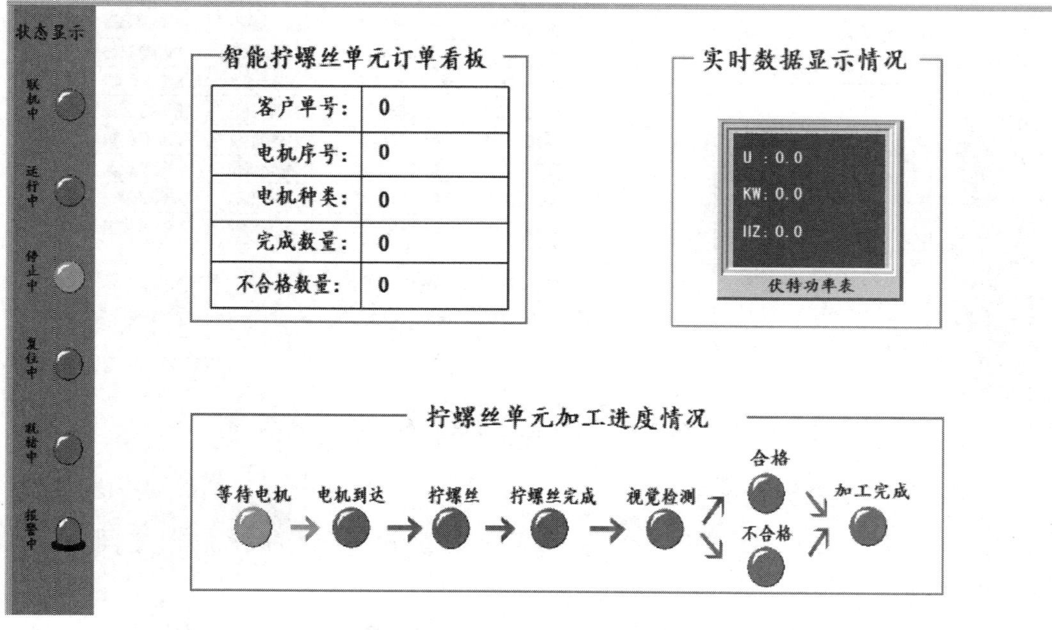

图 5−1−10　拧螺丝单元状态看板

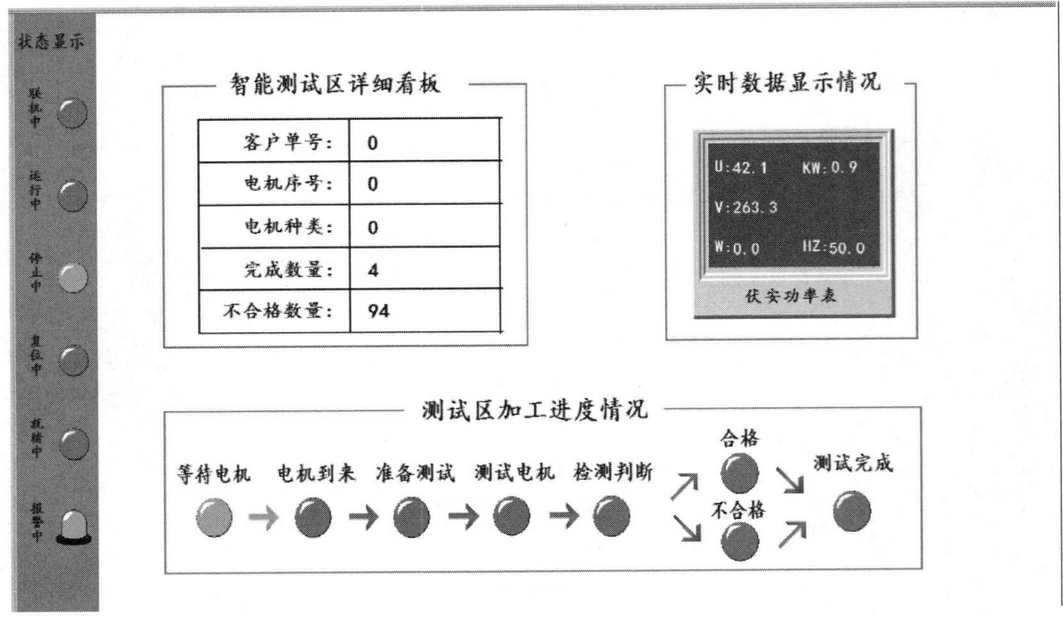

图 5-1-11 智能测试区状态看板

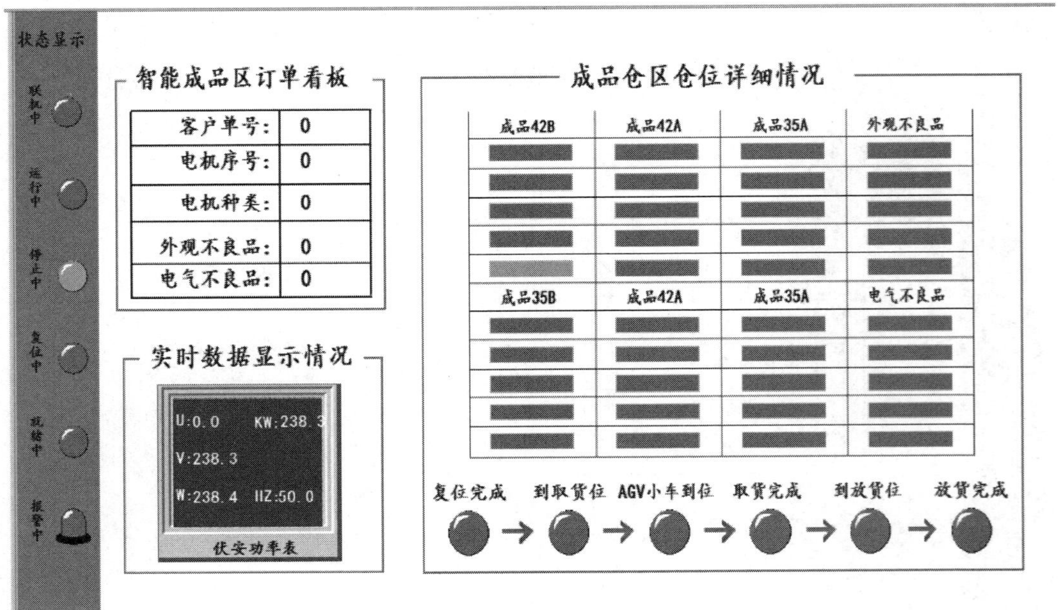

图 5-1-12 成品仓库区状态看板

（三）数据关联设计

在 SX-TF14 工业 4.0 智能教学工厂实训设备中，各子系统数据之间关系如图 5-1-13 所示。

MES 系统读取关系数据库内容与执行层进行数据交换，关系数据起到桥梁作用，将现场收集到的数据传送到 MES 系统。MES 系统将通过关系数据传递到执行层。

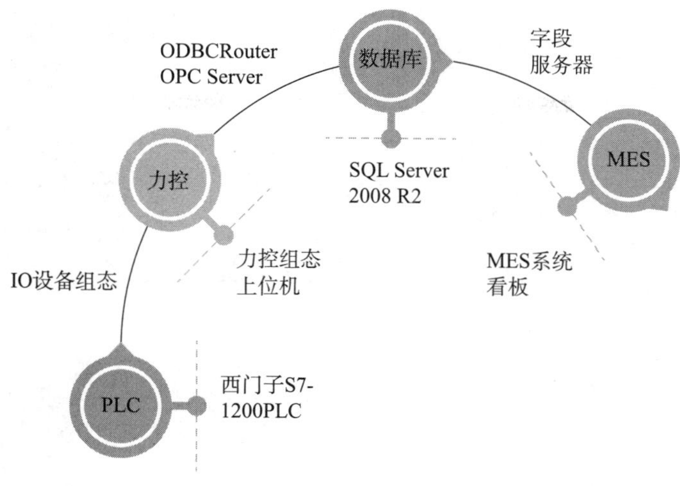

图 5-1-13　各子系统之间数据关联

1. 原材料看板运行与 PLC 程序设计

（1）新建一个 PLC 程序项目，型号为 CPU 1214C DC/DC/DC。

（2）进入 PLC 属性页面，修改以太网地址为“192.168.0.111”，单击“确定”按钮，如图 5-1-14 所示。

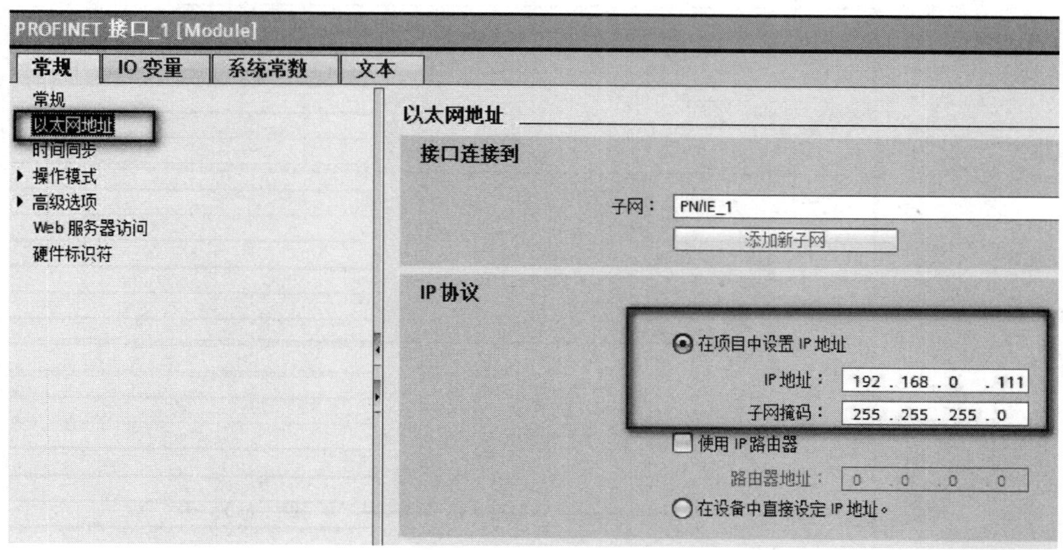

图 5-1-14　PLC 通信 IP 设置

（3）添加程序块 FC10，通信信号处理 PLC_HMI[FC10]，在程序段 9 中：原材料仓库出仓状态流程图，放映仓库出仓实时状态，如图 5-1-15 所示。

（4）力控软件需要配置仓储单元原材料仓库流程图，分别对应 PLC 地址原点待命点 I306.0、原料分拣中 I306.1、原料出仓中 I306.2、到达放料位 I306.3、装料中 I306.4、装料完成 I306.5，如图 5-1-16 所示。

（5）PLC 程序下载完成后，单击“ ”程序运行不同位置，状态切换。也可以监

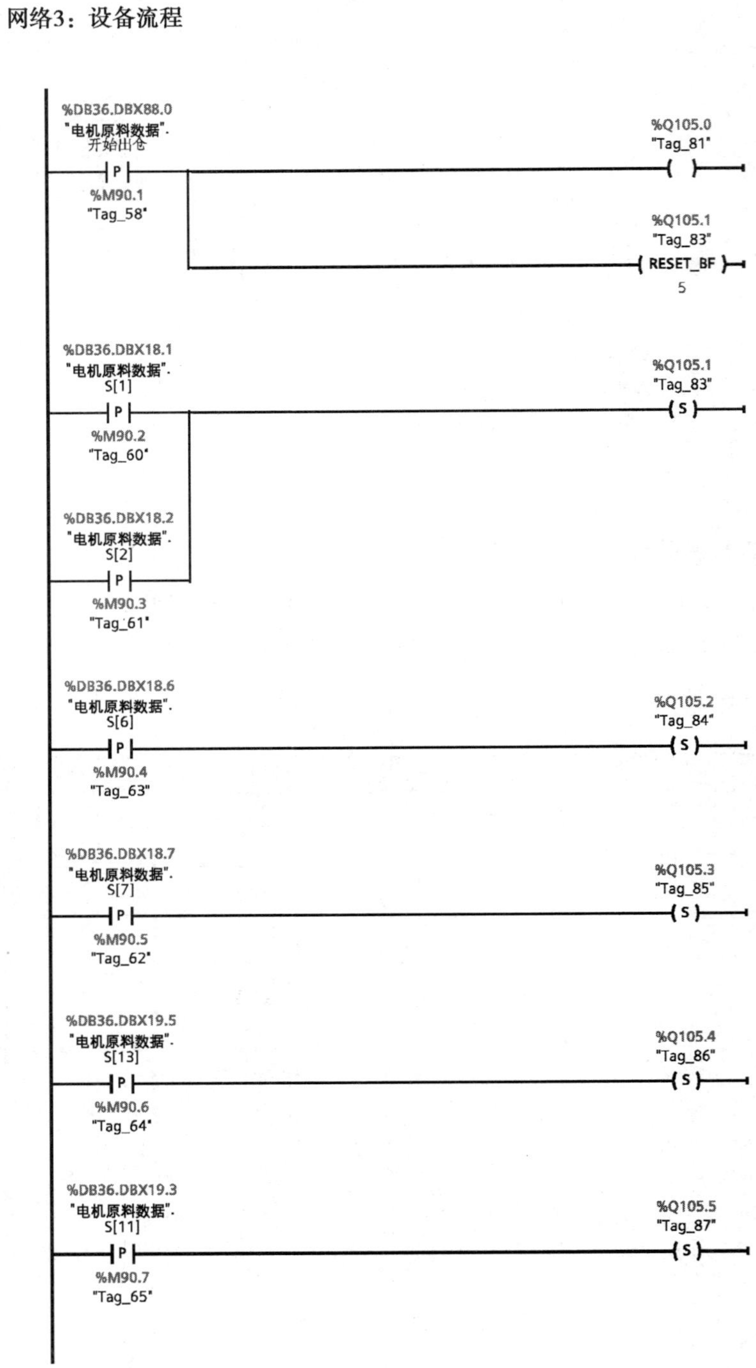

网络3：设备流程

%DB36.DBX88.0
"电机原料数据".
开始出仓
P
%M90.1
"Tag_58"
%Q105.0
"Tag_81"
( )
%Q105.1
"Tag_83"
RESET_BF
5
%DB36.DBX18.1
"电机原料数据".
S[1]
P
%M90.2
"Tag_60"
%Q105.1
"Tag_83"
S
%DB36.DBX18.2
"电机原料数据".
S[2]
P
%M90.3
"Tag_61"
%DB36.DBX18.6
"电机原料数据".
S[6]
P
%M90.4
"Tag_63"
%Q105.2
"Tag_84"
S
%DB36.DBX18.7
"电机原料数据".
S[7]
P
%M90.5
"Tag_62"
%Q105.3
"Tag_85"
S
%DB36.DBX19.5
"电机原料数据".
S[13]
P
%M90.6
"Tag_64"
%Q105.4
"Tag_86"
S
%DB36.DBX19.3
"电机原料数据".
S[11]
P
%M90.7
"Tag_65"
%Q105.5
"Tag_87"
S

图 5-1-15 PLC 源程序

控到 MES 系统状态不同的变化，如图 5-1-17 所示。

26	13050	原点待命	PV=S7_1200:Q:305:8位无符号:0
27	13051	运行中	PV=S7_1200:I:305:8位无符号:1
28	13052	到成品取货位	PV=S7_1200:I:305:8位无符号:2
29	13053	取货完成	PV=S7_1200:I:305:8位无符号:3
30	13054	入仓中	PV=S7_1200:I:305:8位无符号:4
31	13055	入仓完成	PV=S7_1200:I:305:8位无符号:5
32	13060	原点待命	PV=S7_1200:I:306:8位无符号:0
33	13061	原料分拣中	PV=S7_1200:I:306:8位无符号:1
34	13062	原料出仓中	PV=S7_1200:I:306:8位无符号:2
35	13063	到达放料位	PV=S7_1200:I:306:8位无符号:3
36	13064	装料中	PV=S7_1200:I:306:8位无符号:4
37	13065	装料完成	PV=S7_1200:I:306:8位无符号:5
38	13070	码垛机构抓取托盘	PV=S7_1200:I:307:8位无符号:0
39	13071	原料出仓中	PV=S7_1200:I:307:8位无符号:1
40	13072	到达AGV小车放料位	PV=S7_1200:I:307:8位无符号:2
41	13073	RFID信息读取对比	PV=S7_1200:I:307:8位无符号:3
42	13080	RFID对成品进行写操作	PV=S7_1200:I:308:8位无符号:0

图 5-1-16　力控与 PLC 关联配置

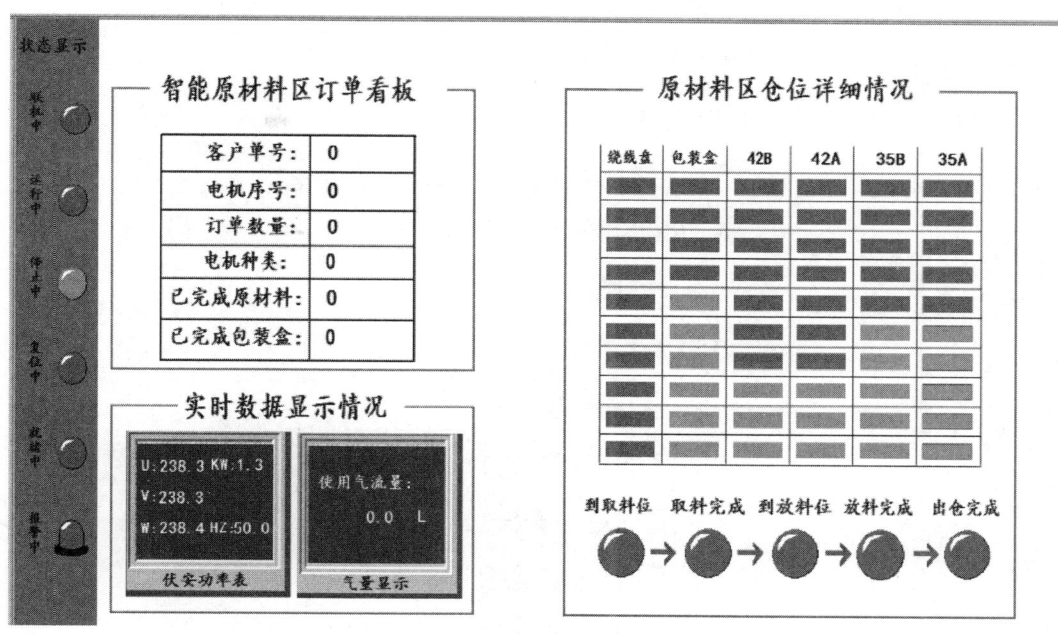

图 5-1-17　运行原材料区看板

2. MES 系统智能排产管理模块

下面以 MES 下单，选择步进电动机的类型、数量和下单排产过程为例子，说明 MES 操作过程。

（1）单击快捷 MES 系统，进入登录界面，如图 5-1-18 所示。

admin
三向教学
2019-01-23
默认
登录

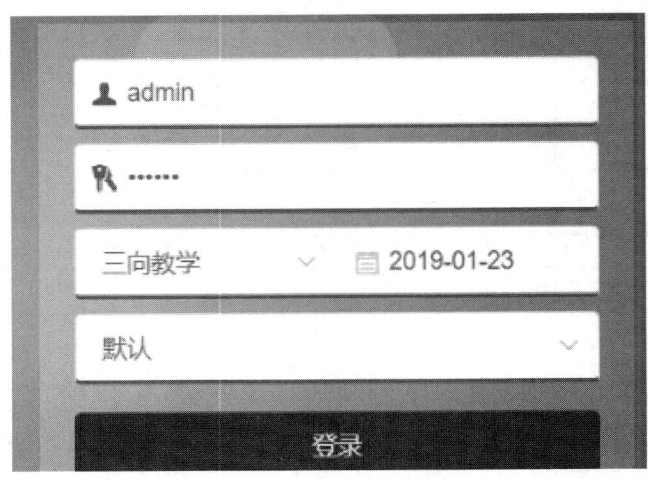

图 5-1-18　MES 登录界面

（2）进入 MES 系统主界面，可单击“报表看板”子菜单，如图 5-1-19 所示。

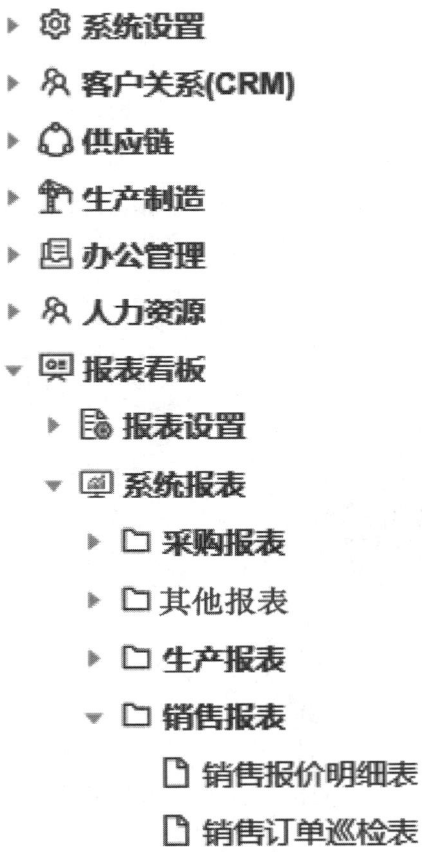

系统设置
客户关系(CRM)
供应链
生产制造
办公管理
人力资源
报表看板
报表设置
系统报表
采购报表
其他报表
生产报表
销售报表
销售报价明细表
销售订单巡检表

图 5-1-19　MES“报表看板”子菜单

（3）单击快捷 MES 系统，可“查询”当前订单的执行状态，如“订单编号”“客户名称”“下单时间”“下单状态”，如图 5-1-20 所示。

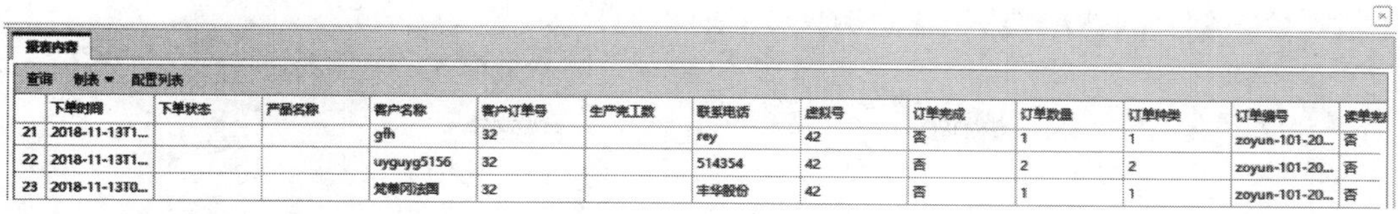

报表内容

查询　制表 ▾　配置列表

	下单时间	下单状态	产品名称	客户名称	客户订单号	生产完工数	联系电话	虚拟号	订单完成	订单数量	订单种类	订单编号	读单完
21	2018-11-13T1...			gfh	32		rey	42	否	1	1	zoyun-101-20...	否
22	2018-11-13T1...			uyguyg5156	32		514354	42	否	2	2	zoyun-101-20...	否
23	2018-11-13T0...			梵蒂冈法国	32		丰华股份	42	否	1	1	zoyun-101-20...	否

图 5-1-20　MES 中查看订单状态

MES 系统的具体应用，根据底层控制系统采集的与生产有关的实时数据，对短期生产作业的计划调度、监控、资源配置和生产过程进行优化。

二、订单管理与编程调试

订单管理是智能制造的核心部分之一，在通过 MES/ERP 处理客户订单信息、智能排产后，将订单逐一传送至控制中心。在本任务中，控制中心建立订单数据块，并编写订单管理程序，利用间接寻址对数组进行订单的存、取，并根据各单元生产进度进行订单分配，出现质量情况时进行订单补单处理等。

订单处理编程控制需要熟悉 SIMATIC S7-1200 指令系统语法及应用，同时必须熟悉数组元素的间接寻址的基础知识，对于 SIMATIC S7-1200 的数组元素的寻址，除了常量用户也可以指定一个整数类型的变量作为索引值，目前已允许长达 32 位的整数。下面的语法用于命名为“Quantities”的数组元素的索引寻址，“Quantities”数组在数据块“Data_DB”中进行声明：

- “Data_DB”. Quantities [“i”]（一维数组）
- “Data_DB”. Quantities [“i”]. a（一维结构体数组）
- “Data_DB”. Quantities [“i”，“j”]（多维数组）
- “Data_DB”. Quantities [“i”，“j”]. a（多维结构体数组）

变量说明如表 5-1-1 所示。

表 5-1-1　变量说明

组成部分	描述
Data_DB	用于存储数组变量的数据块的名称
Quantities	数组类型的变量
i，j	PLC 用于指针的整数型变量
a	结构体其他的可变变量

（一）创建订单数据块

根据数组元素的间接寻址知识，再结合本系统控制要求，创建订单数据块，数据块（DB5）命名“订单数据”，如图 5-1-21 所示。

订单数据（创建的快照：2019/1/14 11:48:31）

	名称	数据类型	启动值	保持性	可从 HMI
1	▼ Static			☐	☐
2	订单数量	SInt	0	☐	☑
3	订单容量	SInt	10	☐	☑
4	▶ 队列订单已经完成...	Array[0..19] of SInt		☐	☑
5	▶ 队列虚拟订单号	Array[0..19] of SInt		☐	☑
6	▶ 队列客户订单号	Array[0..19] of SInt		☐	☑
7	▶ 队列订单电机数量	Array[0..19] of SInt		☐	☑
8	▶ 队列订单电机种类	Array[0..19] of SInt		☐	☑
9	队列头	SInt	0	☐	☑
10	队列尾	SInt	0	☐	☑
11	当前入列电机序号	SInt	0	☐	☑
12	▶ T	Array[0..5] of Bool		☐	☑

图 5-1-21 创建订单数据块

（二）根据控制要求编写订单管理程序

在进行编程前，先创建功能块 FC8 并命名为“订单处理”。以下介绍订单管理程序的编程思路、程序的逻辑关系。在参考本订单管理程序的基础上，需要根据控制要求按照自己的编程思路编写订单管理程序并进行调试。

1. 订单接收

订单接收分为两种情况，一种是在触摸屏进行模拟下单，另一种是接收 MES 传送过来的客户订单。

（1）模拟下单。接收触摸屏模拟下单，将订单信息暂存在中间变量“MD100”中，订单加工数量暂存在中间变量“MB104”中，暂存成功后将触摸屏订单信息清零。模拟下单控制程序如图 5-1-22 所示。

（2）MES 下单。在 MES 下单界面进行下单，如图 5-1-23 所示，主站不断检测 MES 下单情况，有新订单时进行处理。检测处理程序如图 5-1-24 所示。

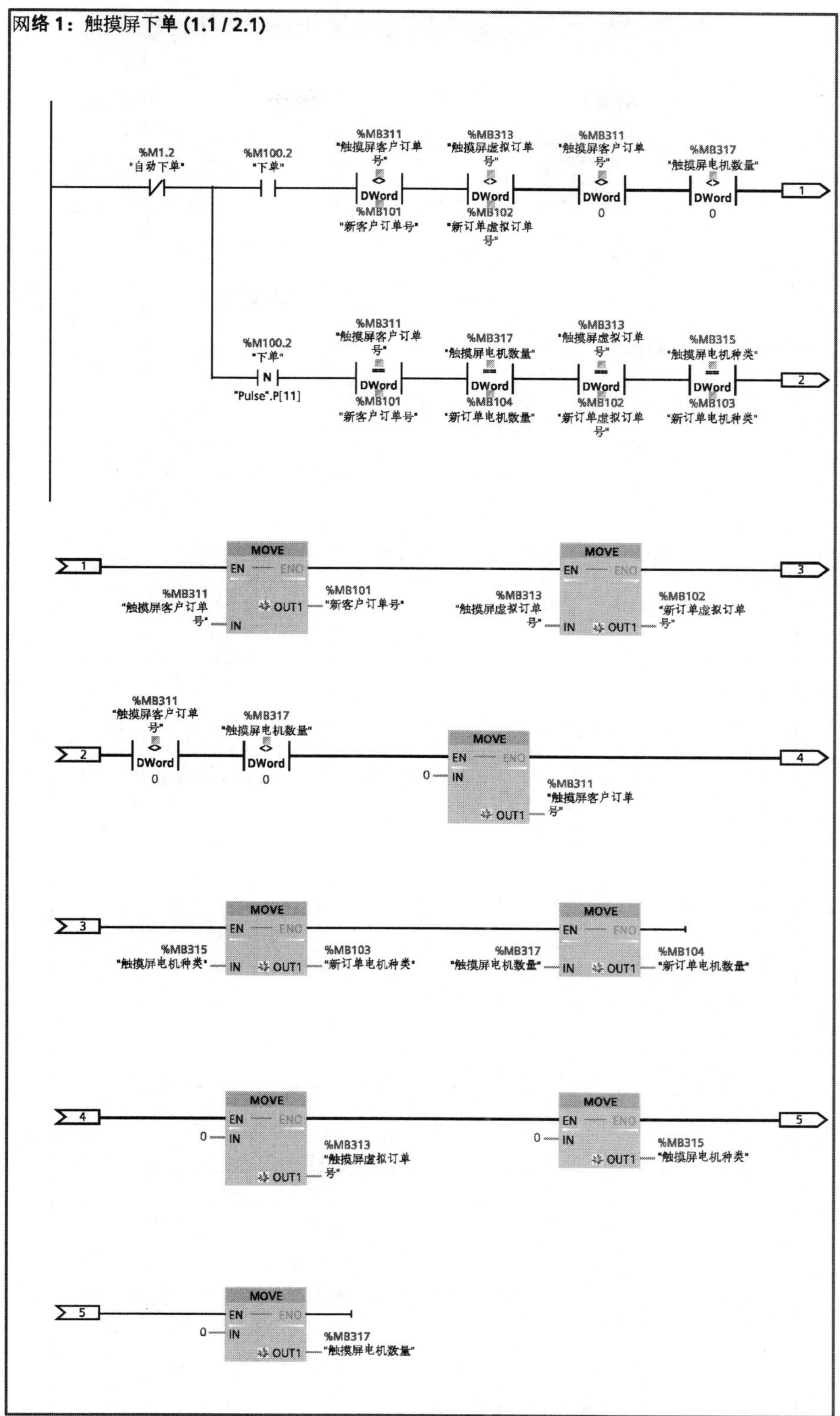

图 5-1-22 模拟下单控制程序

图 5-1-23 MES 下单操作界面

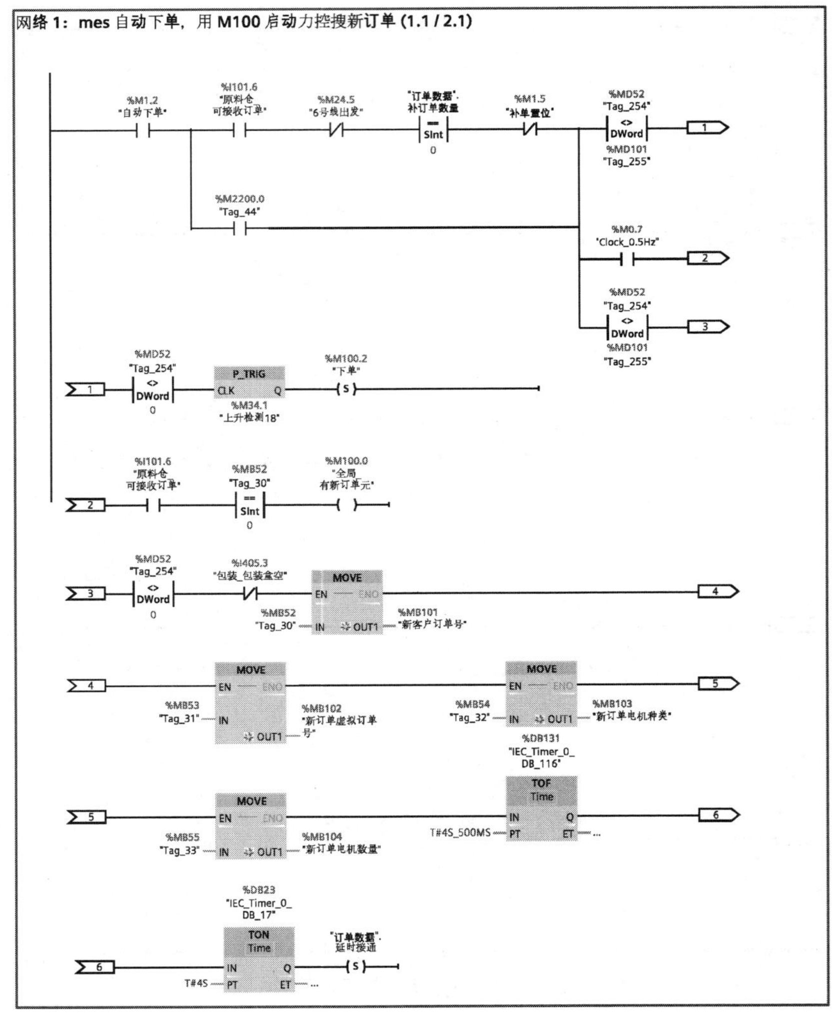

图 5-1-24 MES 下单主站检测处理程序

2. 订单存储

订单列队数据处理，PLC 源程序如图 5-1-25 所示。

网络 6：订单队列数据处理，查找当前订单号在队列里的位置："订单处理数据".n

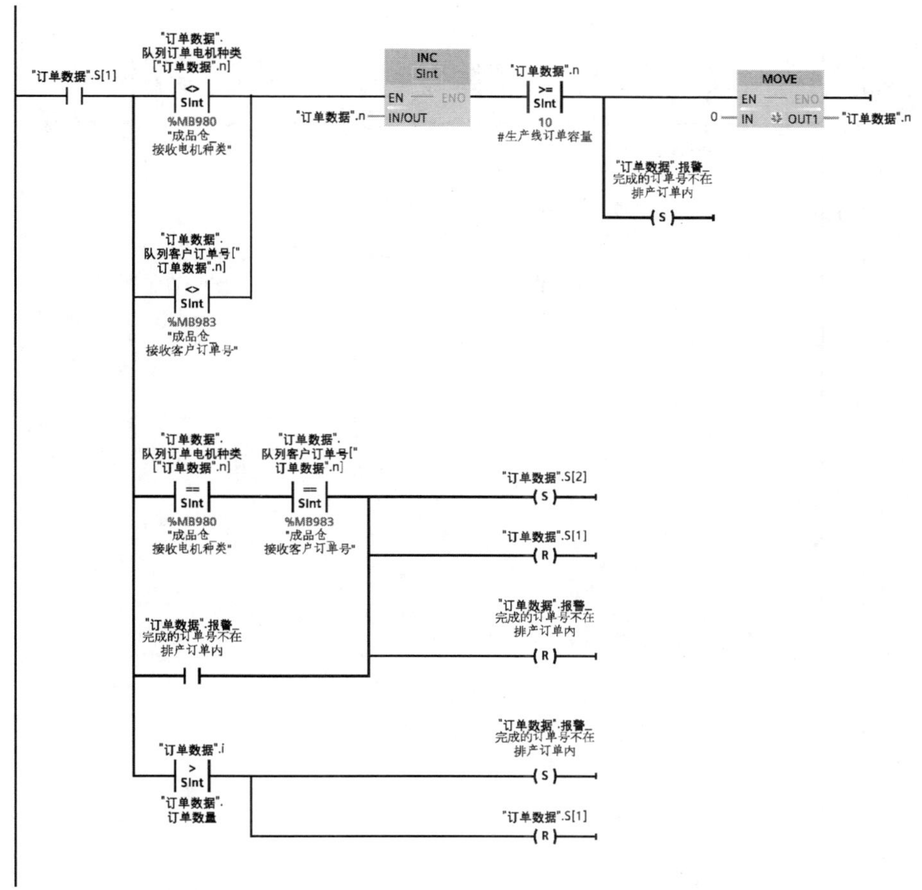

图 5-1-25 订单队列数据处理源程序

3. 订单提取

根据生产情况在智能原料单元可以接收新订单时，进行订单提取。PLC 源程序如图 5-1-26 ~ 图 5-1-28 所示。

4. 补单处理

当出现不良品时，需要进行补单作业，详细源程序如图 5-1-29 所示。

完成以上编程后，还需要结合 MES、触摸屏、各个单元进行综合调试，直到符合订单管理控制要求为止。

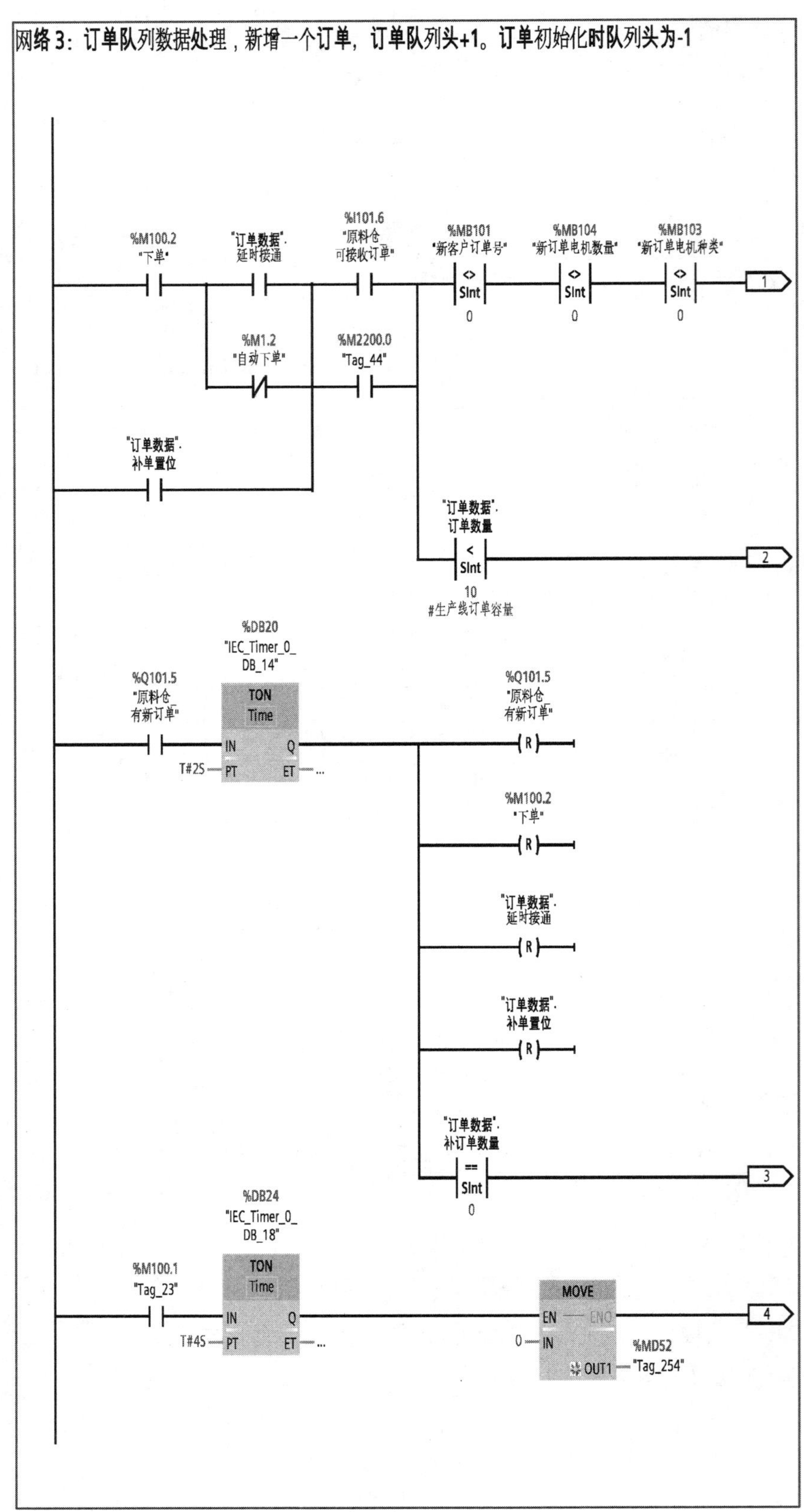

图 5-1-26 订单提取源程序（一）

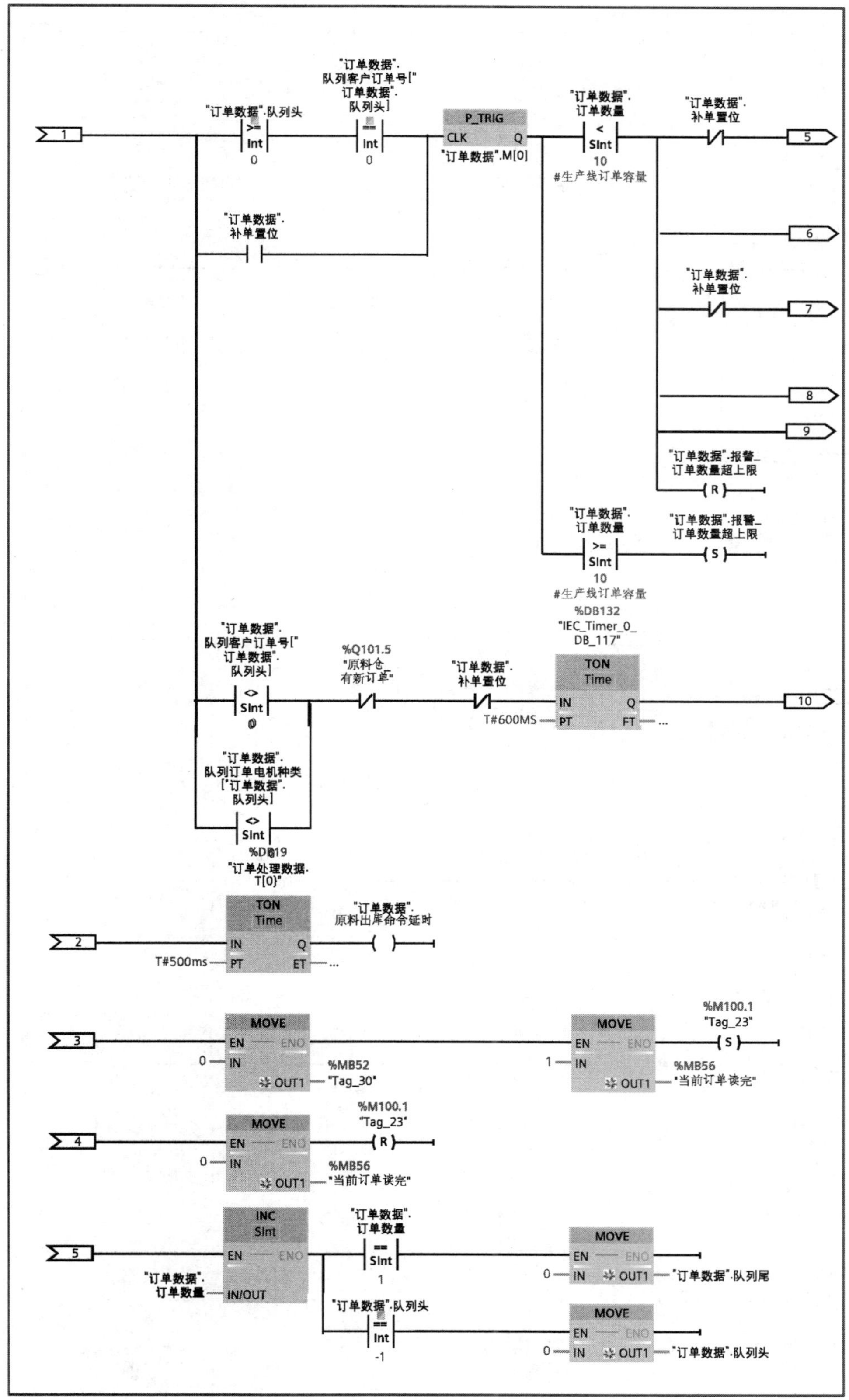

图 5-1-27 订单提取源程序（二）

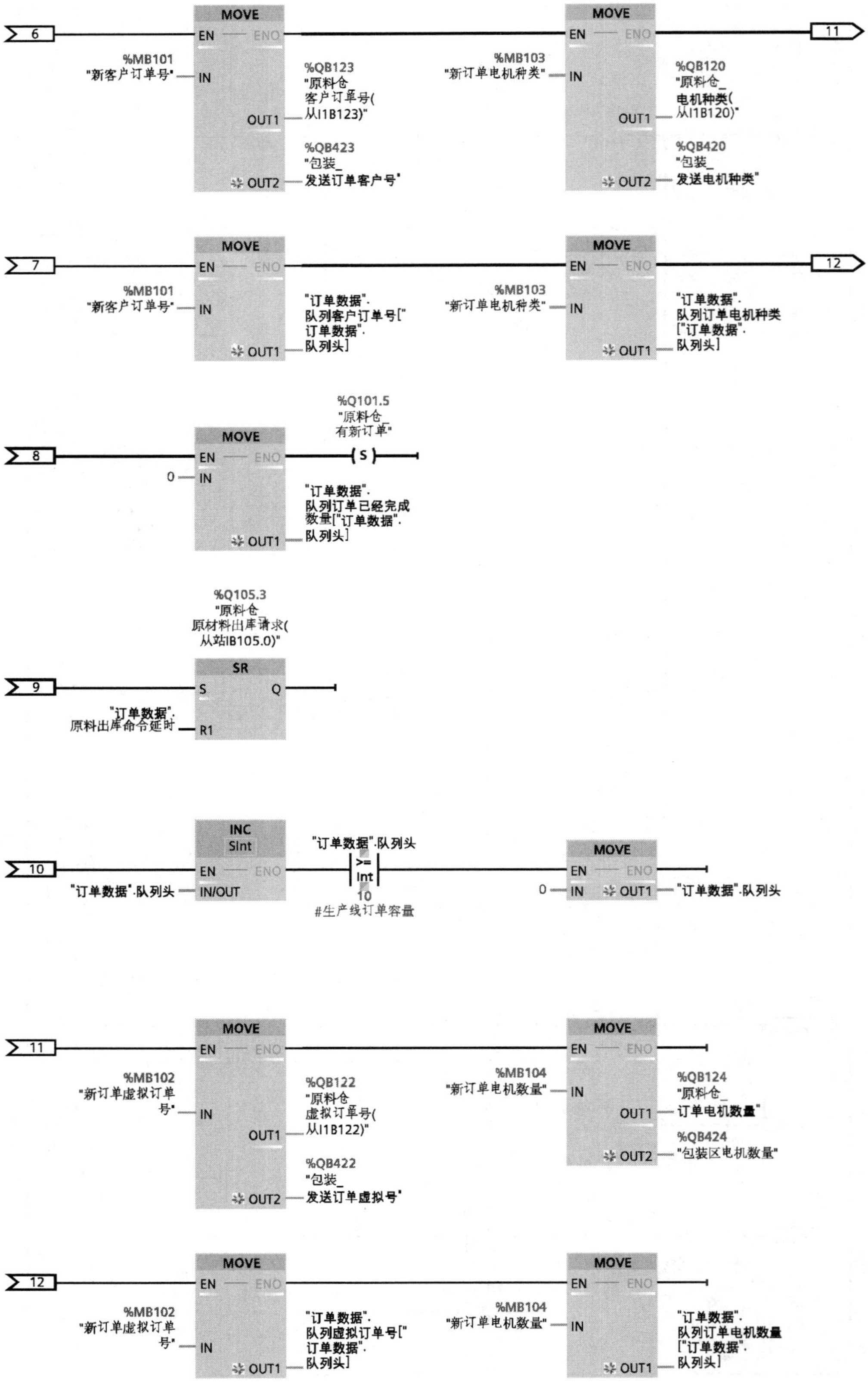

6
MOVE
EN ENO
%MB101
"新客户订单号" IN
OUT1 %QB123 "原料仓_客户订单号(从I1B123)"
OUT2 %QB423 "包装_发送订单客户号"
MOVE
EN ENO
%MB103
"新订单电机种类" IN
OUT1 %QB120 "原料仓_电机种类(从I1B120)"
OUT2 %QB420 "包装_发送电机种类"
11

7
MOVE
EN ENO
%MB101
"新客户订单号" IN
OUT1 "订单数据".队列客户订单号["订单数据".队列头]
MOVE
EN ENO
%MB103
"新订单电机种类" IN
OUT1 "订单数据".队列订单电机种类["订单数据".队列头]
12

8
MOVE
EN ENO
0 IN
OUT1 "订单数据".队列订单已经完成数量["订单数据".队列头]
%Q101.5
"原料仓_有新订单"
S

9
%Q105.3
"原料仓_原材料出库请求(从站IB105.0)"
SR
S Q
"订单数据".原料出库命令延时 R1

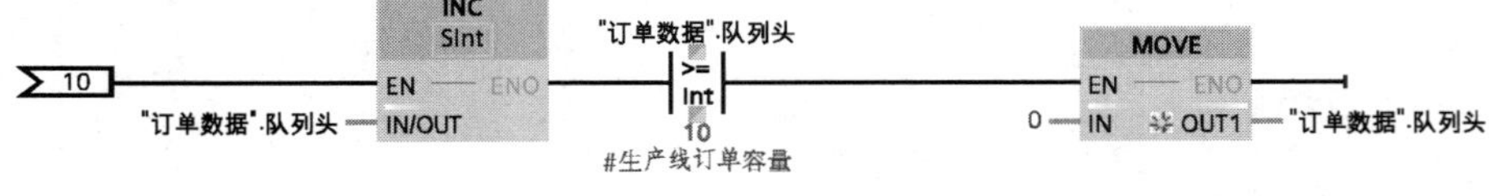

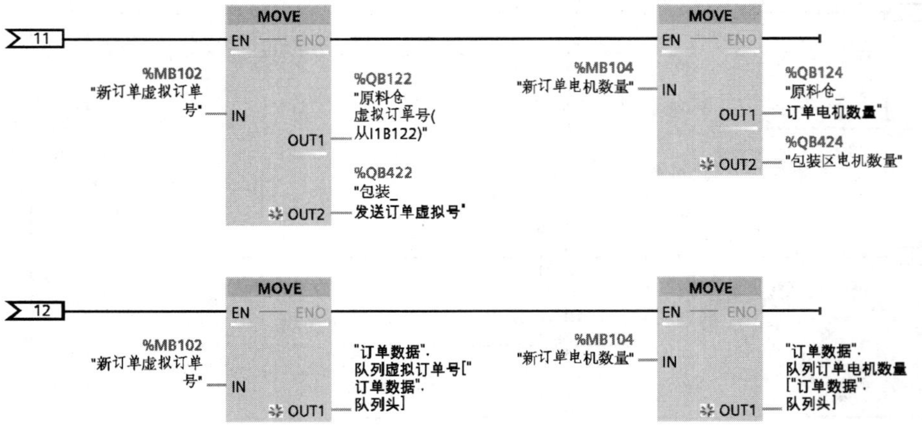

图 5-1-28 订单提取源程序（三）

网络 12：补单提取补单号 (1.1 / 2.1)

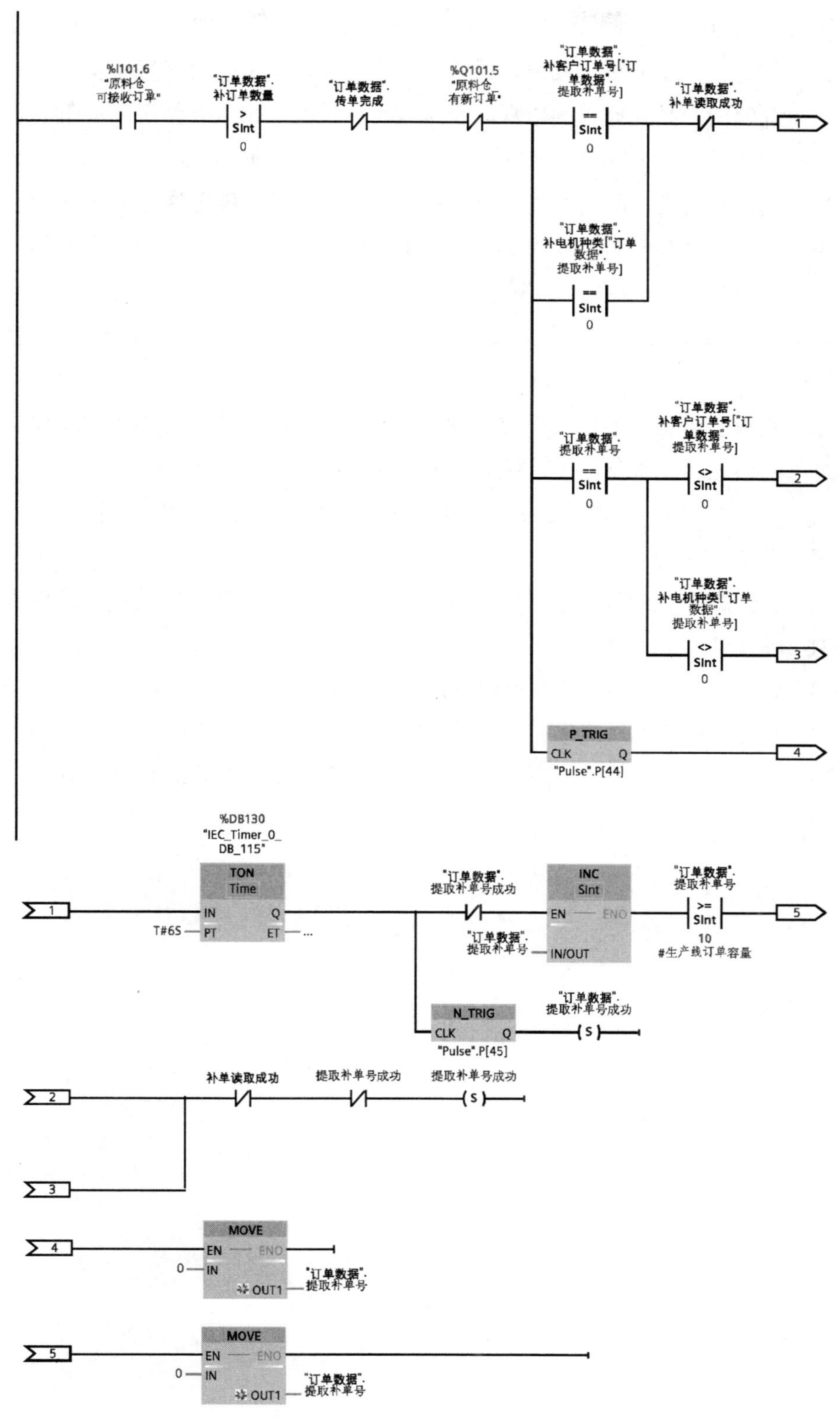

图 5−1−29　补单处理 PLC 源程序

三、主站与智能仓库单元数据交换与调试

在智能制造中数据是智能分析的基础，通过各智能单元对生产数据进行采集、交换再上传至智能 MES/ERP 系统进行汇总分析。这里以控制中心与原料仓单元的数据交换为实例进行程序分析，其他单元与控制中心的数据交换可参考本实例。原料仓单元需要将仓储的产品、原料的数据以及接收订单情况、出入仓情况、设备运行状态上传给主站，并对主站传送的生产数据进行及时的反应。加工单元（主站）在接收 MES/ERP 数据的同时将生产的数据传送至原料仓单元，并将原料仓单元的数据上传至 MES/ERP 系统进行汇总与分析。参考本例，根据控制要求按照自己的编程思路编写智能加工单元的数据交换程序并进行调试。

在编程前需要熟悉 SIMATIC S7-1200 指令系统语法及应用，同时需要有一定的 PLC 程序语言的编辑思路及逻辑。

原料仓单元与主站数据交换时，智能原料仓单元在工作过程中不但需要接收主站传送过来的信息，还需要将仓库状态发送至主站。

（1）原料仓单元将可接收的订单信息发送至主站，在仓库单元编写 PLC 子程序，子程序如图 5-1-30 所示。

（2）主站在接收到订单信号后，将订单信息发送至本站，本站接收订单程序如图 5-1-31 所示。

（3）将智能原料仓单元的原料数量传送至主站，详细子程序如图 5-1-32 所示。

（4）将智能原料单元工作状态传送至主站，详细子程序如图 5-1-33 所示。

（5）将原料仓单元故障状态传送至主站，详细子程序如图 5-1-34 所示。

网络 5：出电机，本次最多出 3 个（1.1 / 3.1）

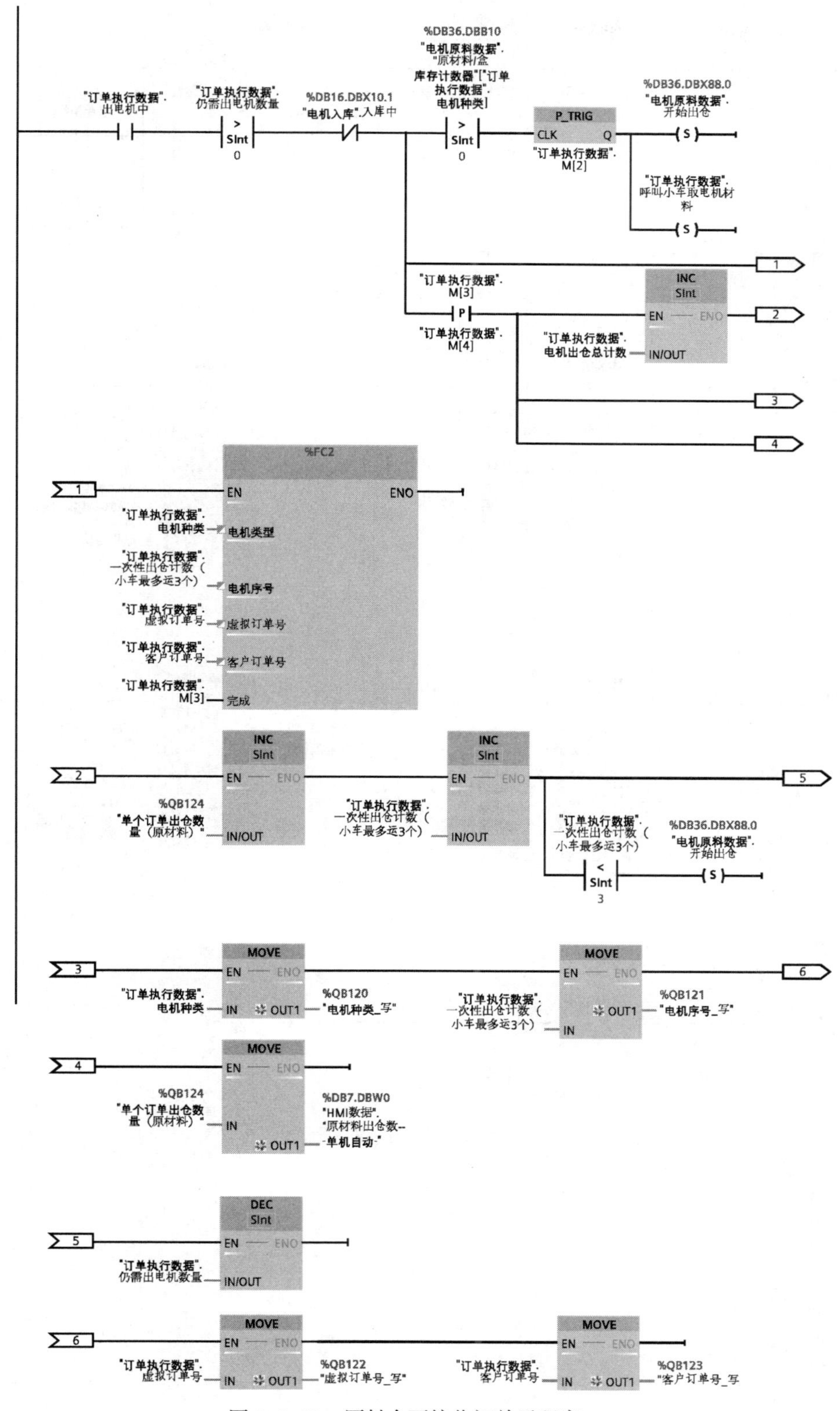

图 5-1-30　原料仓可接收订单子程序

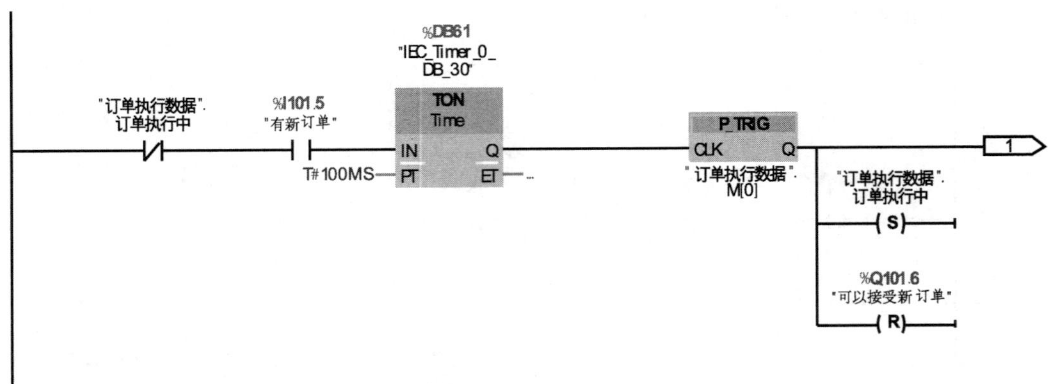

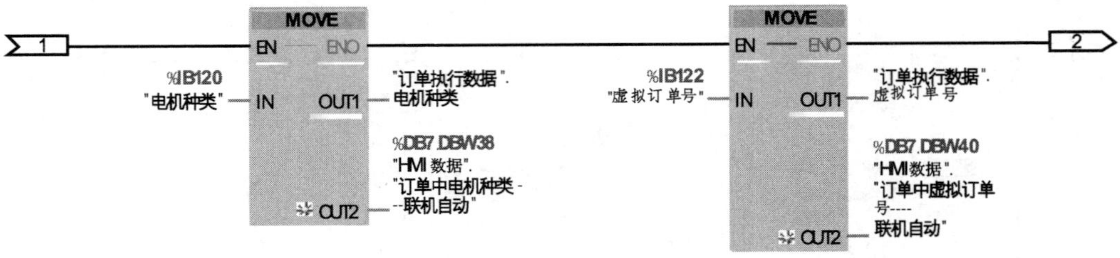

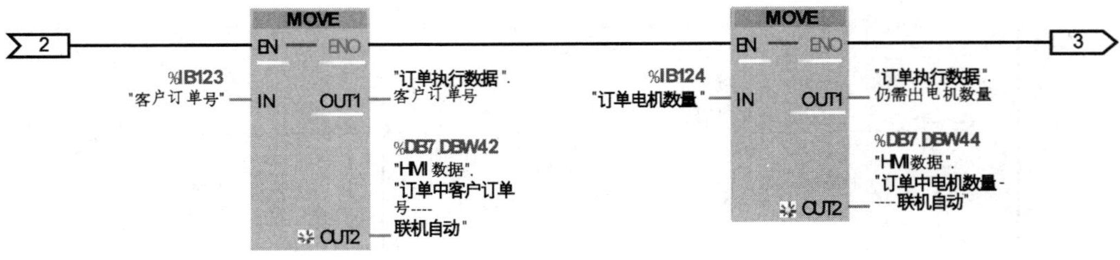

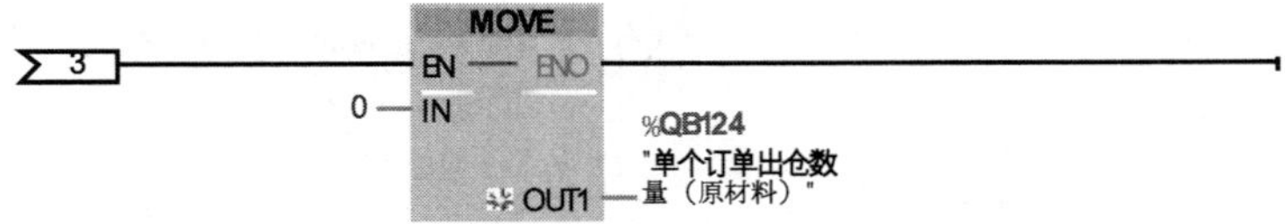

图 5-1-31　本站接收订单子程序

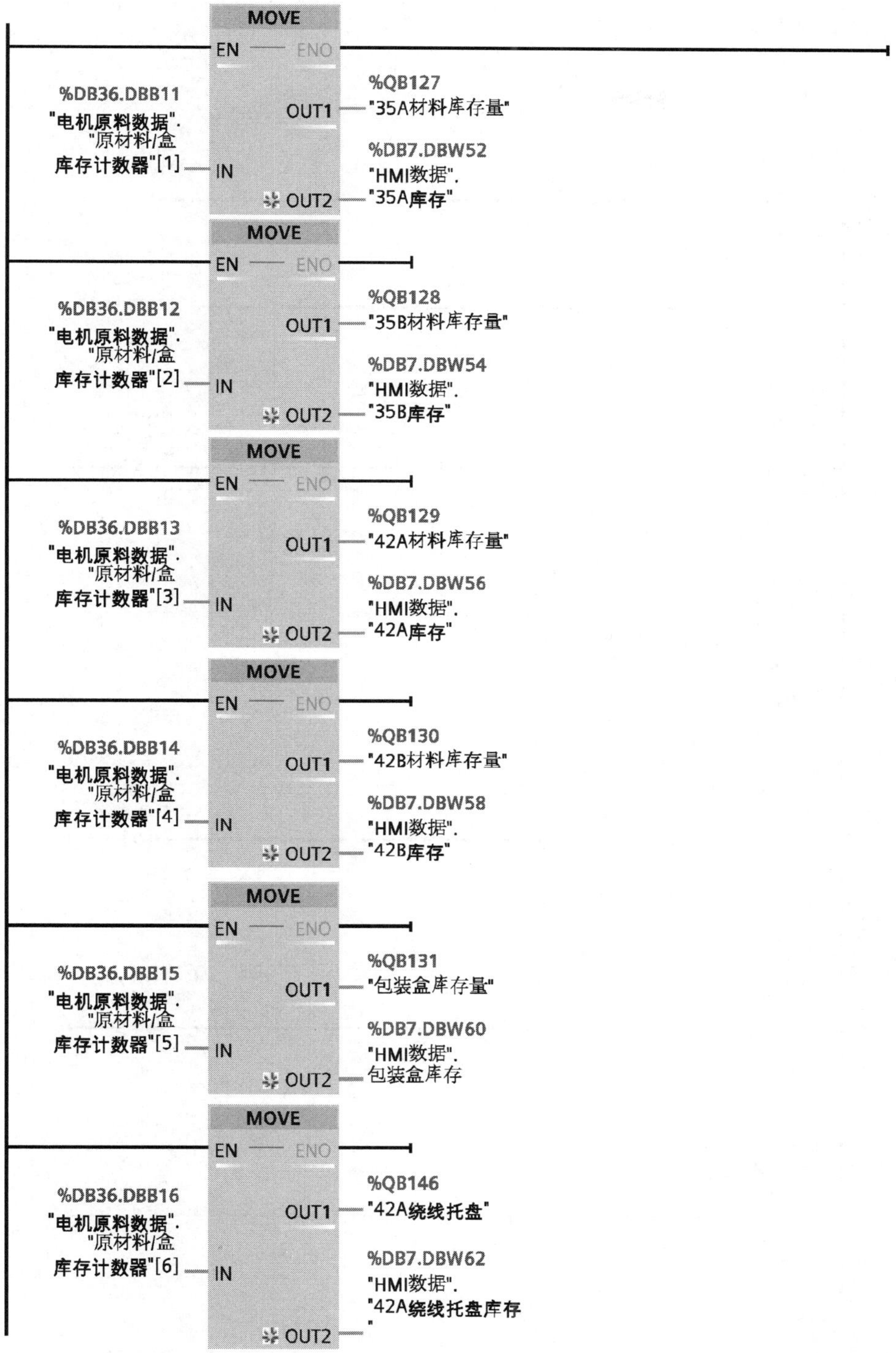

MOVE
EN — ENO
%DB36.DBB11
"电机原料数据".
"原材料/盒
库存计数器"[1] — IN
OUT1 — %QB127
"35A材料库存量"
OUT2 — %DB7.DBW52
"HMI数据".
"35A库存"

MOVE
EN — ENO
%DB36.DBB12
"电机原料数据".
"原材料/盒
库存计数器"[2] — IN
OUT1 — %QB128
"35B材料库存量"
OUT2 — %DB7.DBW54
"HMI数据".
"35B库存"

MOVE
EN — ENO
%DB36.DBB13
"电机原料数据".
"原材料/盒
库存计数器"[3] — IN
OUT1 — %QB129
"42A材料库存量"
OUT2 — %DB7.DBW56
"HMI数据".
"42A库存"

MOVE
EN — ENO
%DB36.DBB14
"电机原料数据".
"原材料/盒
库存计数器"[4] — IN
OUT1 — %QB130
"42B材料库存量"
OUT2 — %DB7.DBW58
"HMI数据".
"42B库存"

MOVE
EN — ENO
%DB36.DBB15
"电机原料数据".
"原材料/盒
库存计数器"[5] — IN
OUT1 — %QB131
"包装盒库存量"
OUT2 — %DB7.DBW60
"HMI数据".
包装盒库存

MOVE
EN — ENO
%DB36.DBB16
"电机原料数据".
"原材料/盒
库存计数器"[6] — IN
OUT1 — %QB146
"42A绕线托盘"
OUT2 — %DB7.DBW62
"HMI数据".
"42A绕线托盘库存
"

图 5-1-32　将原料仓单元的原料数量传送至主站程序

网络3：设备流程

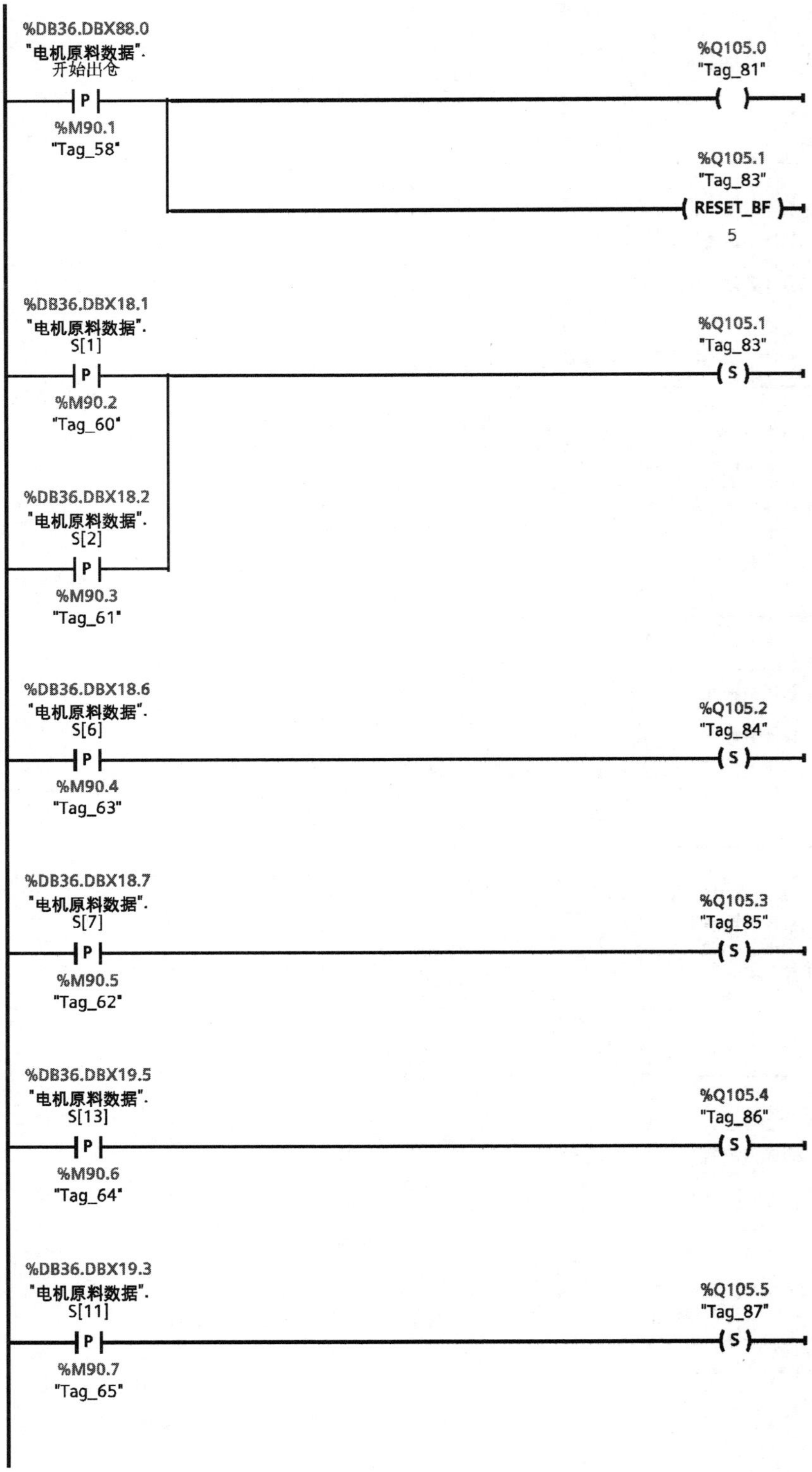

%DB36.DBX88.0
"电机原料数据".
开始出仓
P
%M90.1
"Tag_58"
%Q105.0
"Tag_81"
( )
%Q105.1
"Tag_83"
(RESET_BF)
5

%DB36.DBX18.1
"电机原料数据".
S[1]
P
%M90.2
"Tag_60"
%Q105.1
"Tag_83"
(S)

%DB36.DBX18.2
"电机原料数据".
S[2]
P
%M90.3
"Tag_61"

%DB36.DBX18.6
"电机原料数据".
S[6]
P
%M90.4
"Tag_63"
%Q105.2
"Tag_84"
(S)

%DB36.DBX18.7
"电机原料数据".
S[7]
P
%M90.5
"Tag_62"
%Q105.3
"Tag_85"
(S)

%DB36.DBX19.5
"电机原料数据".
S[13]
P
%M90.6
"Tag_64"
%Q105.4
"Tag_86"
(S)

%DB36.DBX19.3
"电机原料数据".
S[11]
P
%M90.7
"Tag_65"
%Q105.5
"Tag_87"
(S)

图 5-1-33　将原料单元工作状态传送至主站

网络 26：故障处理（1.1/5.1）

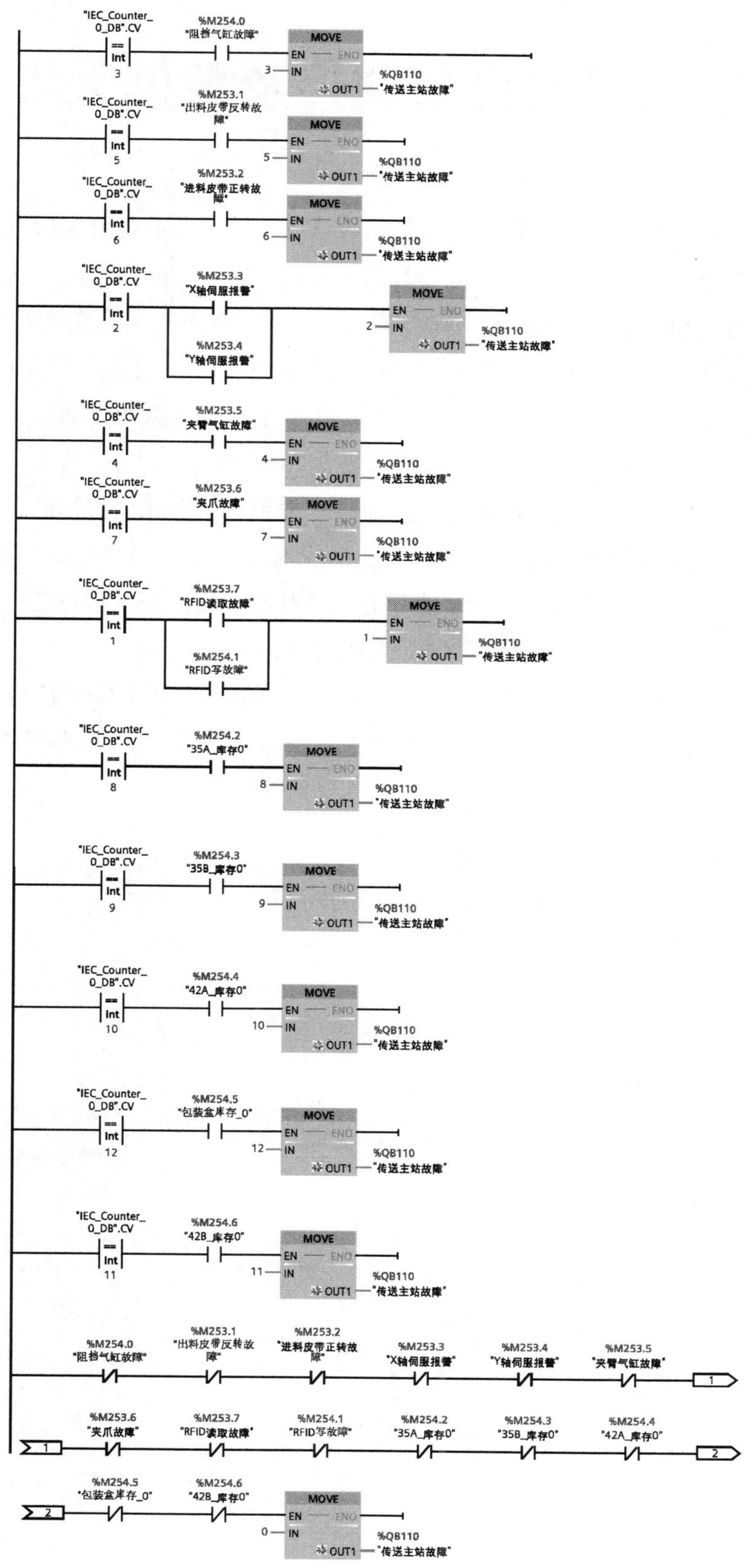

图 5-1-34 原料仓单元故障状态传送至主站程序

第二节　设备监控及数据采集

在智能制造工厂中，要时刻监控设备运转状态，对设备进行合理的保养和故障预判，需要对产线设备进行数据采集。当数据积累到一定程度时，就形成大数据，通过建立大数据分析模型来分析和提取相关信息，形成对设备进行保养或故障预判的依据。现以工业 4.0 教学工厂为例对设备监控及数据采集进行简要说明。以原材料区为例，从站将故障信息发送至总站，源程序如图 5–2–1 所示。MES 系统读取相关信息进行处理和记录，并可通过看板显示报警信息，如图 5–2–2 所示。

各单元对输送机构电机运行时电机温度进行采集，就形成大数据的积累，通过建立大数据分析模型来分析和提取相关信息，形成对设备进行保养或故障预判的依据。图 5–2–3 所示为 PLC 源程序，该段程序是对轴承装配电机的温度进行变换、报警，并送至看板进行监视。图 5–2–4 所示为轴承装配温度采集源程序。

加工车间对加工的端盖各关键尺寸数据进行采集，对加工偏差进行统计，积累历史数据，为数控车床修改加工程序提供依据。数据采集 PLC 源程序如图 5–2–5 ~ 图 5–2–8 所示。

网络 6：原材料区报对应警信号 (1.1 / 2.1)

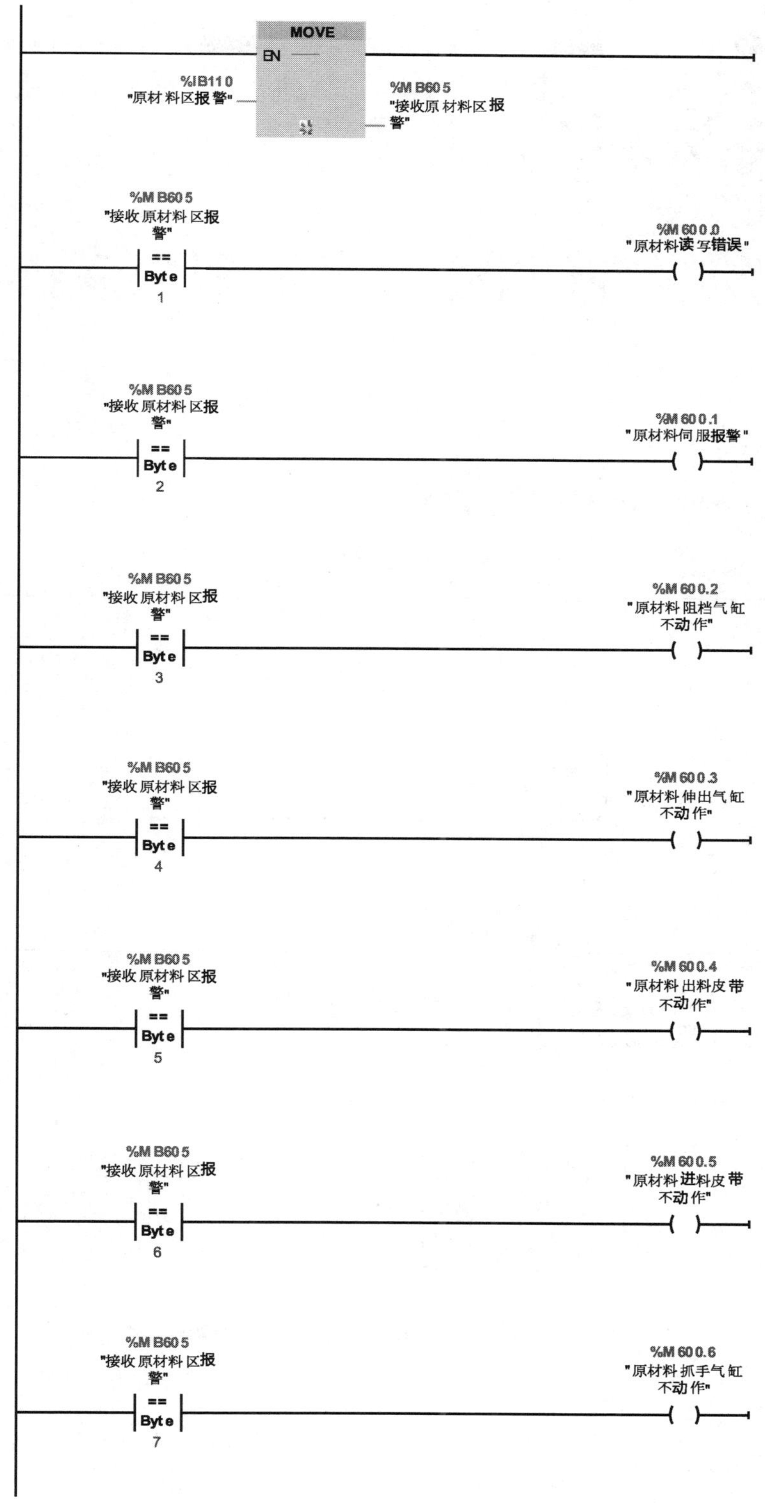

图 5-2-1　原材料区报警输出 PLC 程序

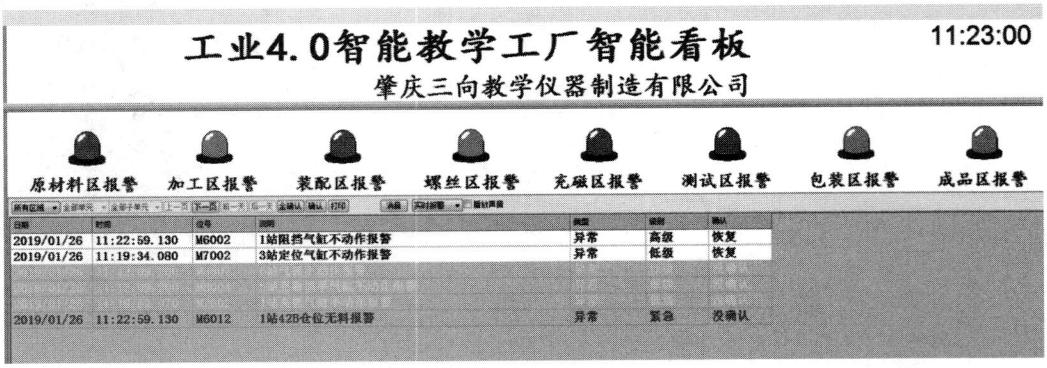

工业4.0智能教学工厂智能看板 11:23:00

肇庆三向教学仪器制造有限公司

原材料区报警 加工区报警 装配区报警 螺丝区报警 充磁区报警 测试区报警 包装区报警 成品区报警

日期	时间	位号	说明	类型	级别	确认
2019/01/26	11:22:59.130	M6002	1站阻挡气缸不动作报警	异常	高级	恢复
2019/01/26	11:19:34.080	M7002	3站定位气缸不动作报警	异常	低级	恢复
2019/01/26	11:22:59.130	M6012	1站42B仓位无料报警	异常	紧急	没确认

图 5-2-2 报警看板

网络 1：轴承装配 电机 模拟量 0~10V 输入

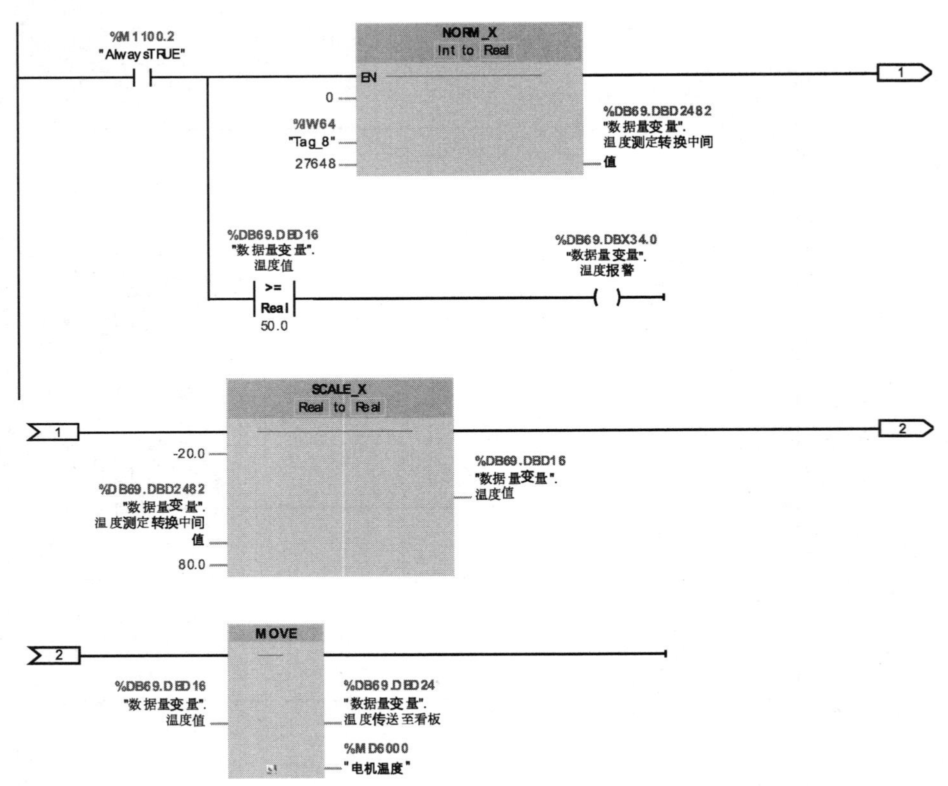

图 5-2-3 轴承装配电机温度变换与报警输出 PLC 程序

网络 **2**：轴承装配 温度数据采集

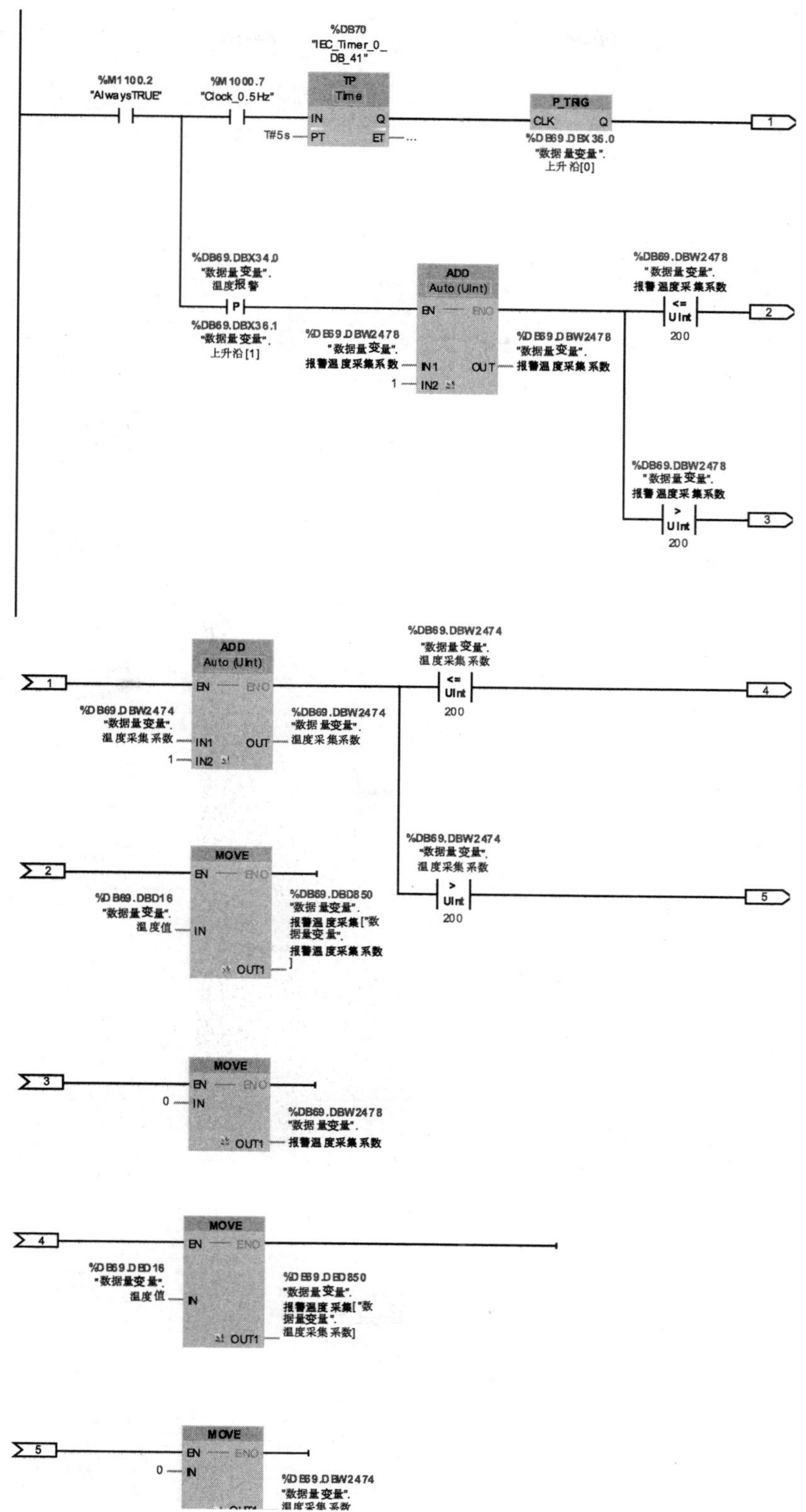

图 5-2-4　轴承装配温度数据采集 PLC 源程序

网络 **4**：读数据缓冲

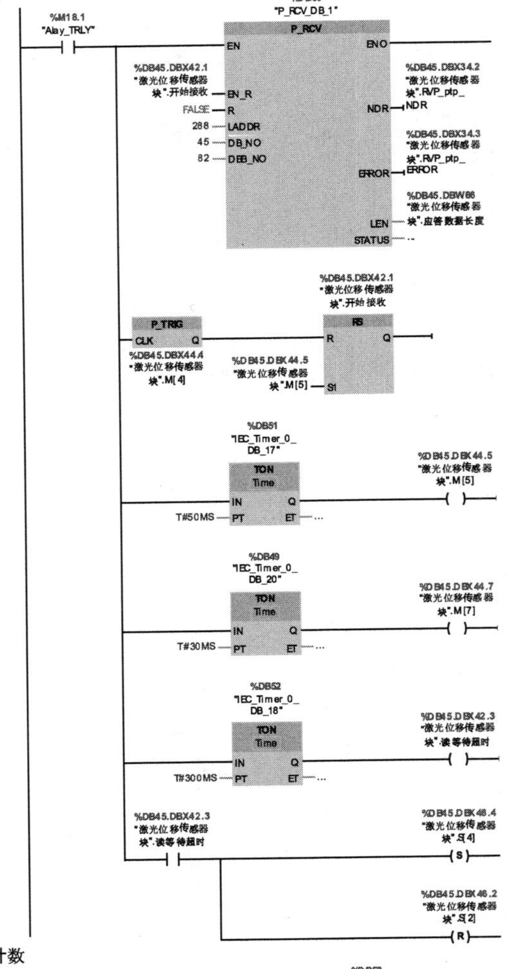

网络 **5**：接收超时计数

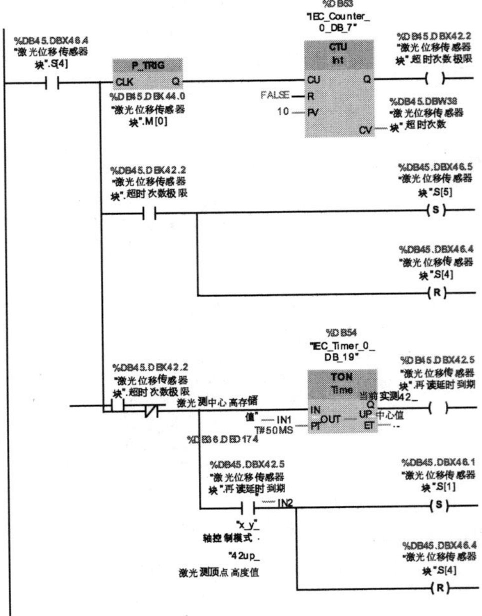

图 5-2-5　读取数据缓存处理及接收超时计数源程序

网络 6：接收转换数据

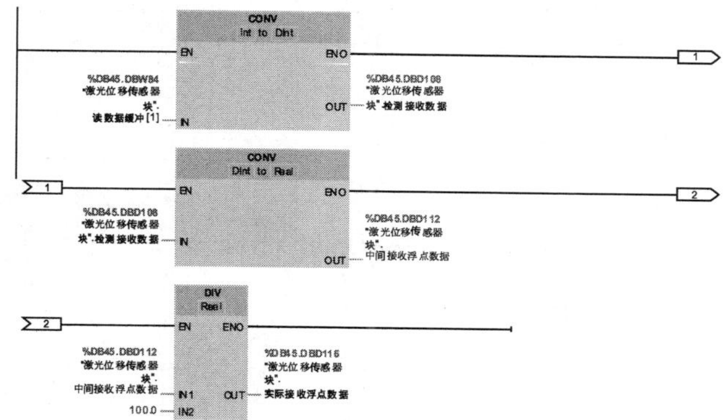

网络 7：步骤2：读取 35/42/DW 边界数据

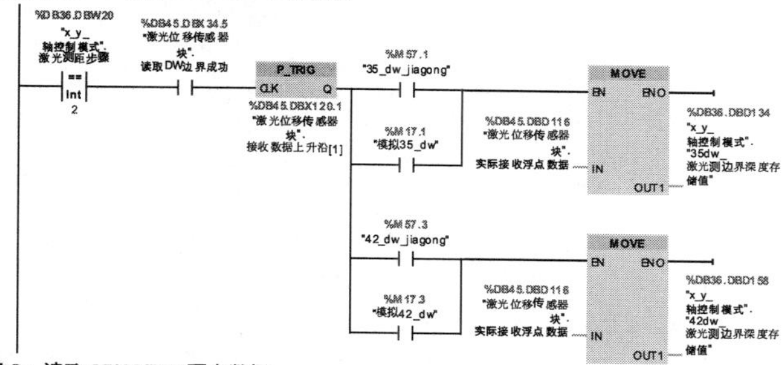

网络 8：读取 35/42/DW 顶点数据

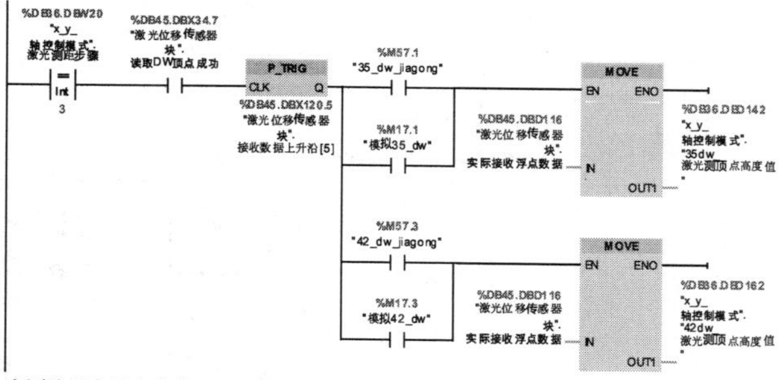

网络 9：实测边界实际高度值 35DW/42DW

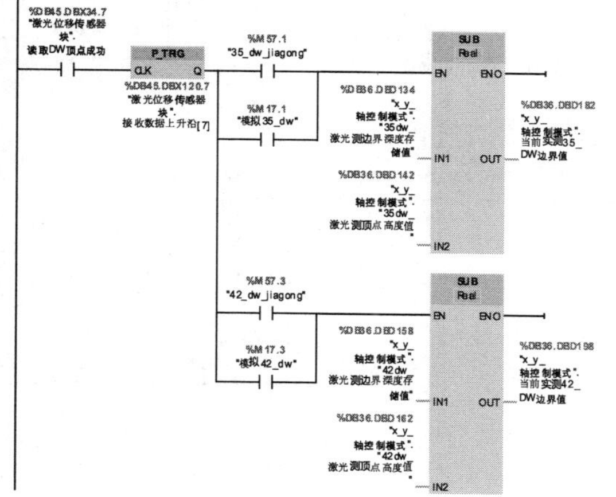

图 5-2-6　接收数据转换及读取边界、顶点、高度值源程序

网络 **10**：**读**取 **35/42/DW** 中心数据数据

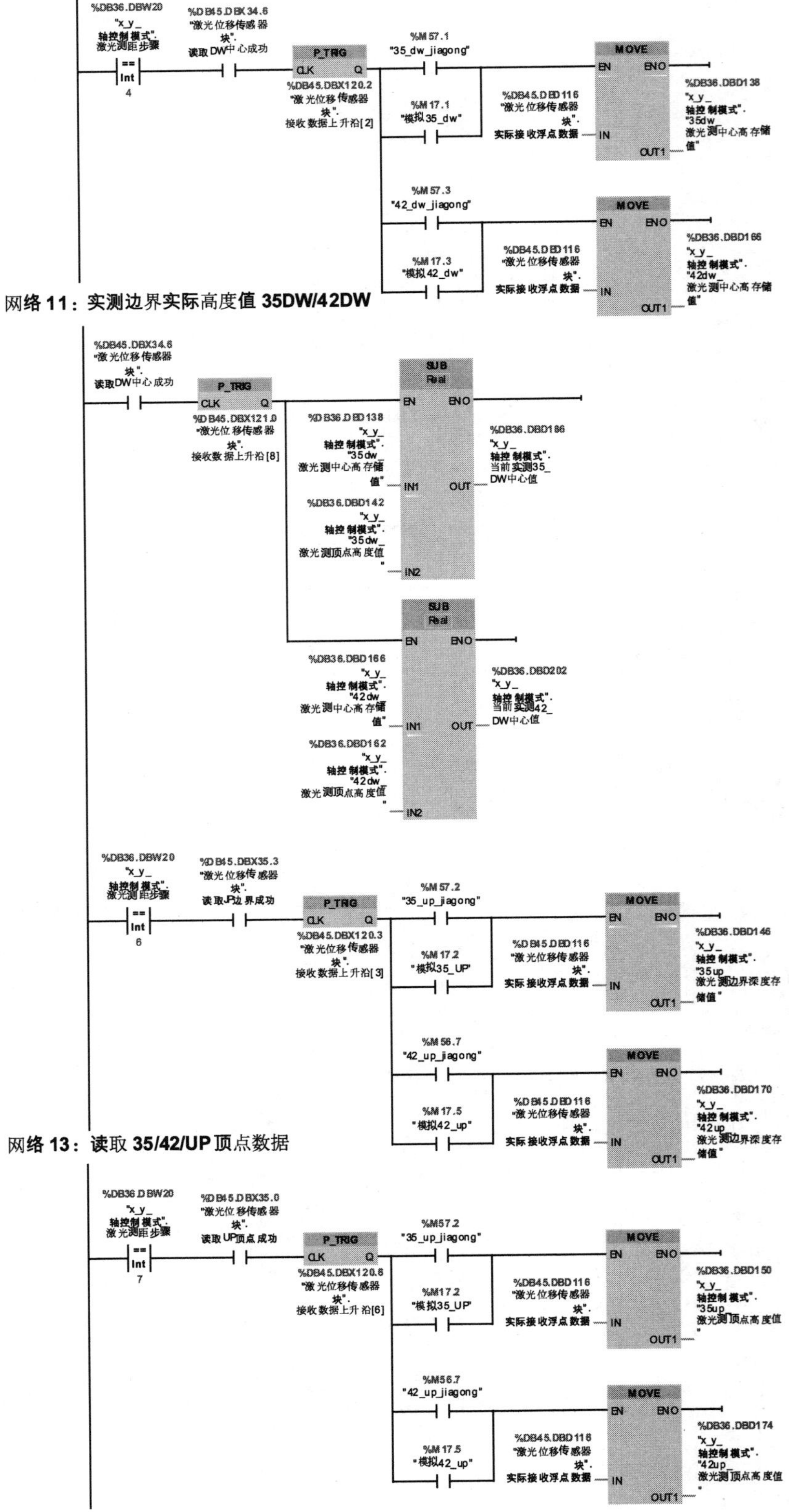

图 5-2-7　读取中心数据、顶点数据及测量边界高度数据源程序

网络 14：实测边界 35UP/42UP 实际高度值

网络 15：读取 35/42/UP 中心数据

网络 16：实测 35UP/42UP 中心高度值

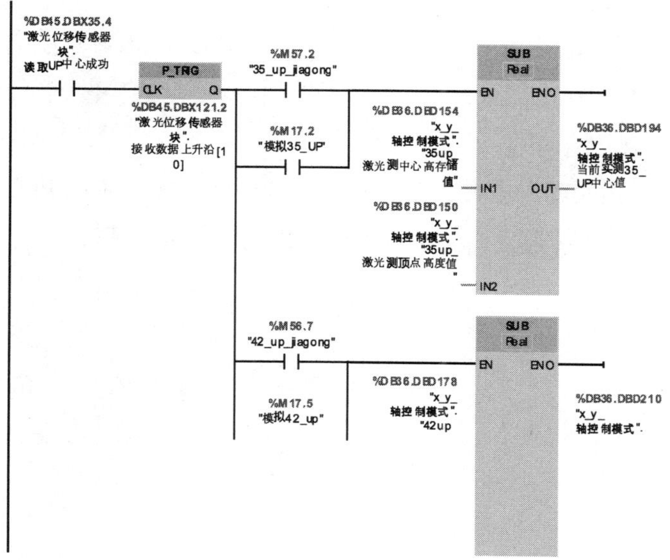

图 5-2-8　读取中心数据及测量边界高度值、中心高度值源程序

第三节　能耗管理监控

能耗在线监测，可以满足“两化”深度融合要求，系统充分利用信息通信技术手段，实时采集用能车间能耗数据，依托智能控制中心对数据进行处理，实现各车间能耗在线动态监测、历史能耗状态分析等。

一、能耗采集系统硬件组成

硬件由电能采集仪表、通信支持模块、中央数据处理上位机组成，在本系统中，前端采集仪表采用单相电能表和三向电能表对各智能车间进行电能采集，并通过 RS-485 通信将采集的数据传输至主站 PLC 进行数据处理，主站将处理后的数据传送至 MES 系统。能耗采集硬件及通信系统如图 5-3-1 所示。

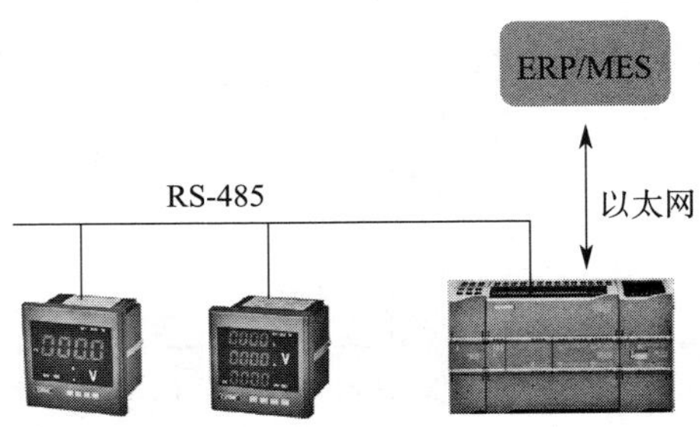

图 5-3-1　能耗采集硬件及通信系统

（一）电流电压采集

电流电压采集端接线如图 5-3-2 所示，图中 CT1 ~ CT18 为电流互感器，PW1 ~ PW8 为相应车间智能电能采集仪表输入端。

（二）电能表电源及通信

电能表 RS-485 通信及辅助电源接线如图 5-3-3 所示。图中主站 PLC 采用 RS-485 与 10 块电子电能表进行通信连接，各电子电能表供电电压为交流 220 V。

加工单元
检测单元
装配单元
原材料仓库
-PW1
60/5
-PW2
30/5
-PW3
30/5
-PW4
30/5
电流输入
电压输入
Ia
Ia*
Ib
Ib*
Ic
Ic*
Ua
Ub
Uc
Un
5
4
7
6
9
8
11
12
13
14
-CT1
-CT2
-CT3
-CT4
-CT5
-CT6
-CT7
-CT8
-CT9
-CT10
-CT11
-CT12
2L1
2L2
2L3
2N
3L1
3L2
3L3
3N
4L1
4L2
4L3
4N
5L1
5L2
5L3
5N
1/F3
1/F4
1/F5
1/F6
1/F7
1/F8
加工单元
装配单元
检测单元
原材料仓库

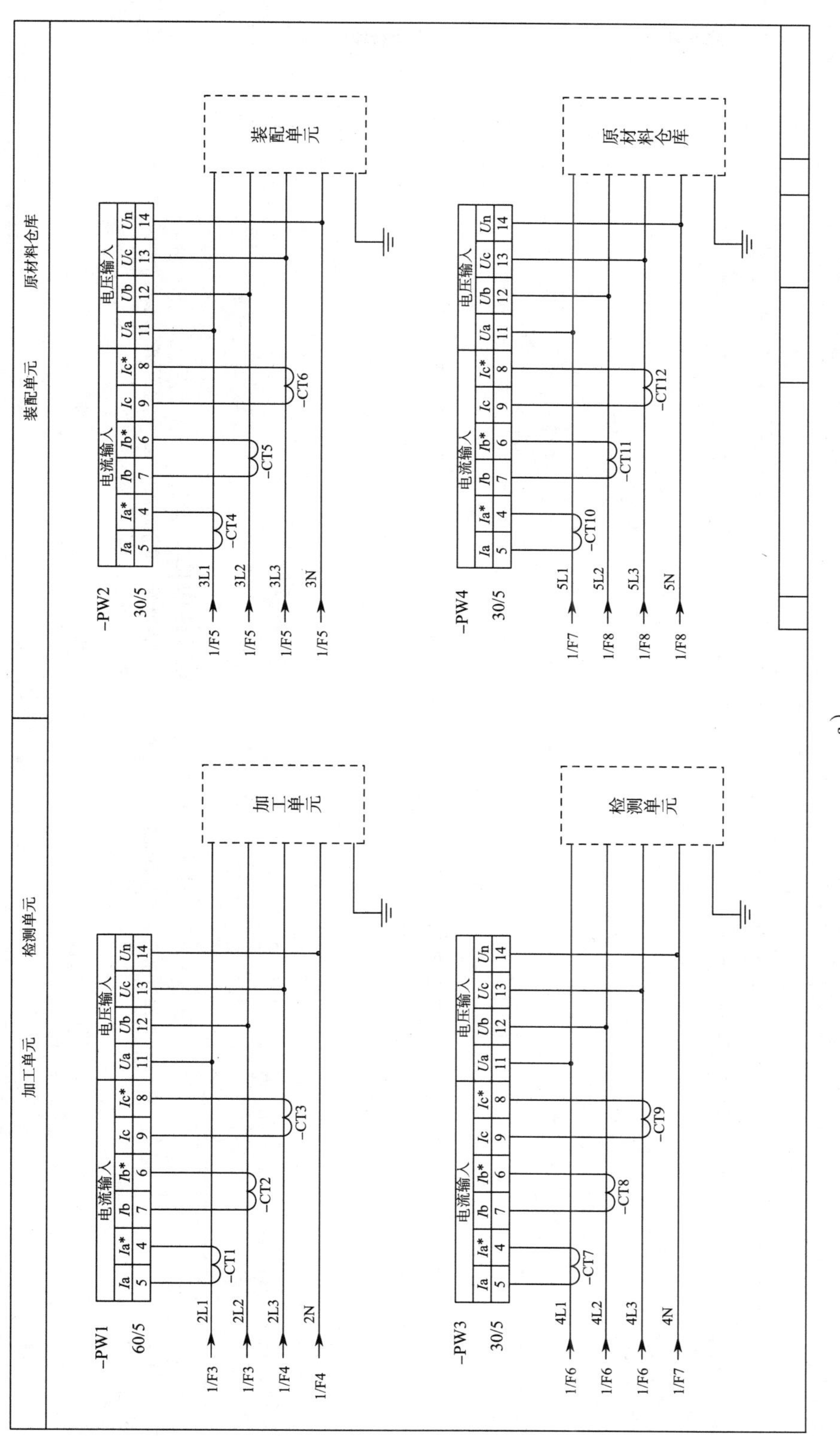

a）

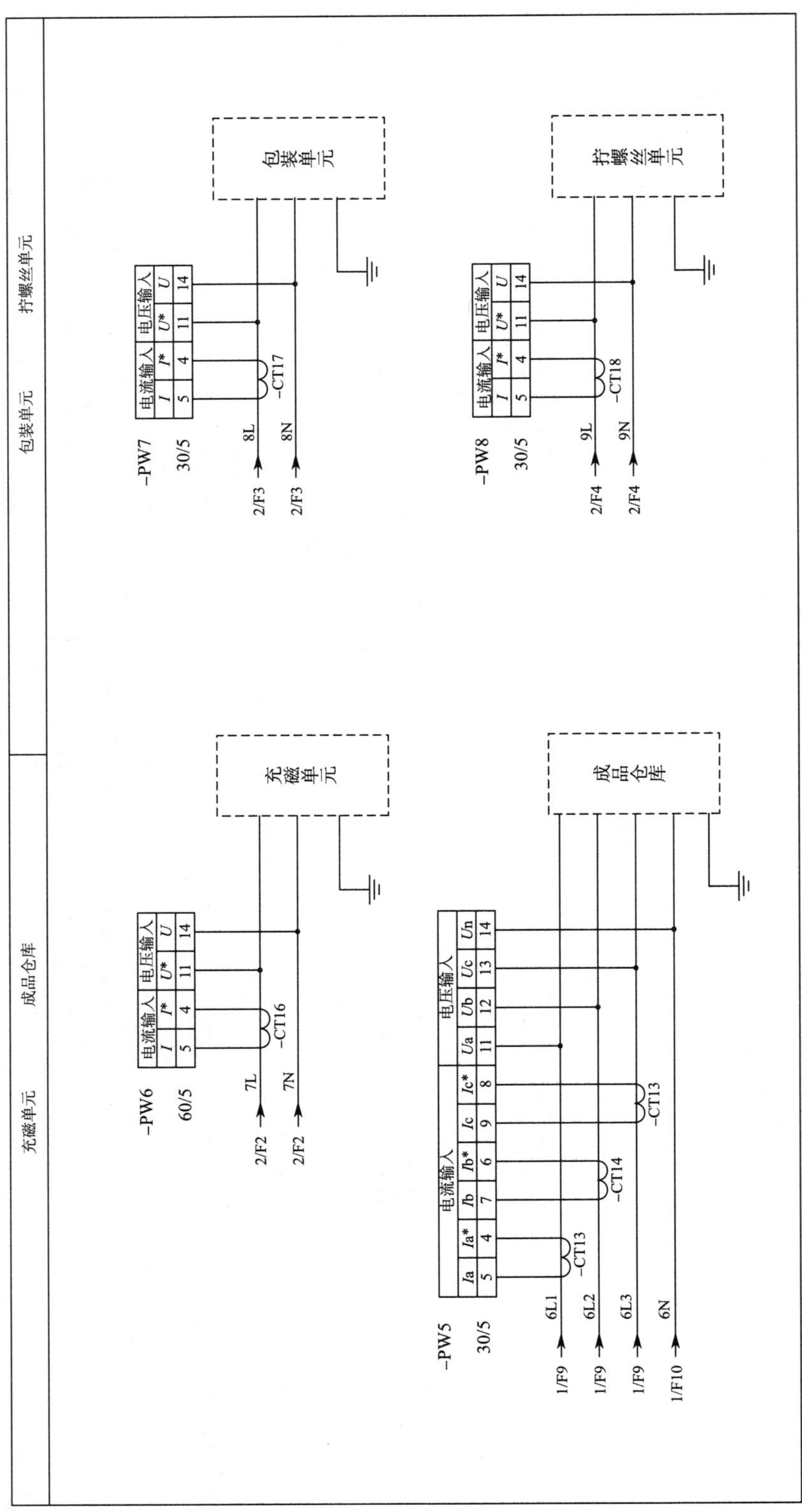

b)

图 5-3-2 电流电压采集端接线图

a）4 个工作单元的三相电源电流、电压采集 b）三相电源和单相电源电流、电压采集

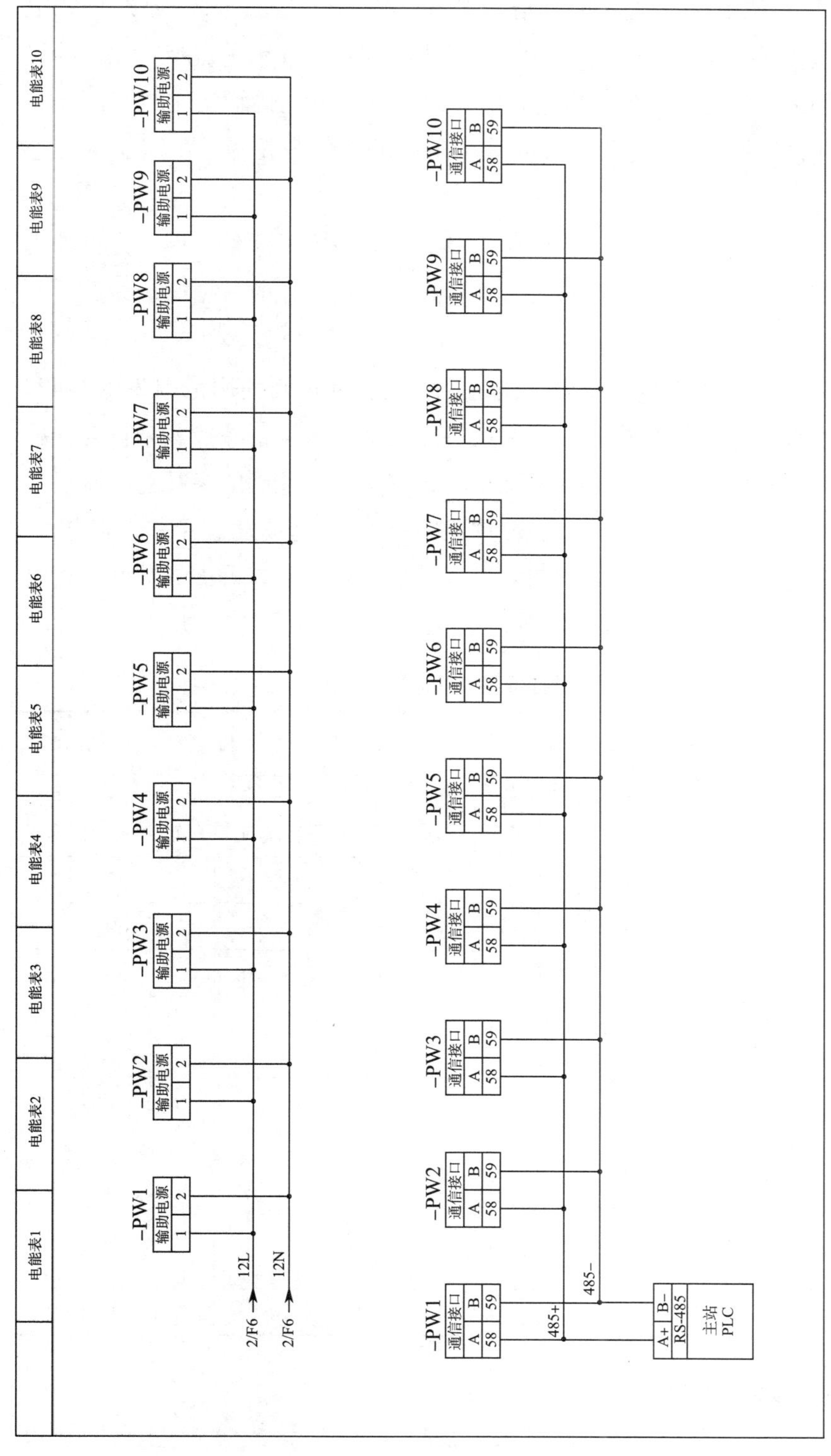

图 5-3-3　电能表通信及辅助电源接线

二、能耗管理 PLC 编程与调试

（一）电能表通信协议

在本系统中电能表采用 MODBUS/RTU 通信协议：MODBUS 协议在一条通信线上采用主从应答方式的数据传递方式。首先，主计算机的信号寻址到一台唯一地址的终端设备（从机），然后，终端设备发出的应答信号以相反的方向传输给主机，即在一条单独的通信线上信号沿着相反的两个方向传输所有的通信数据流（半双工的工作模式）。

MODBUS 协议只允许在主机（PC、PLC 等）和终端设备之间通信，而不允许独立的终端设备之间的数据交换，这样各终端设备不会在它们初始化时占据通信线路，而仅限于响应到达本机的查询信号。

在本系统中，每个仪表需要设置唯一的地址识别码，地址码使用范围为 1～247，其他地址保留。这些位标明了用户指定的终端设备的地址，该设备将接收来自与之相连的主机数据。每个终端设备的地址必须是唯一的，仅仅被寻址到的终端会响应包含该地址的查询（设置方法请参考相关电能表使用说明书）。当终端发送回一个响应时，响应中的从机地址数据告诉主机那台终端与之进行通信。功能码告诉被寻址到的终端执行何种功能。各区电能表地址及所提取数据的功能码分配如表 5-3-1 所示。

表 5-3-1　各区电能表地址及所提取数据的功能码分配

车间	终端		有功功率		电网频率		单相电压		A 相电压		B 相电压		C 相电压	
	地址	字节	地址	字节	地址	字节	地址	字节	地址	字节	地址	字节	地址	字节
原材料区	1	1	49	2	62	2			37	2	38	2	39	2
加工区	2	1	49	2	62	2			37	2	38	2	39	2
装配区	3	1	49	2	62	2			37	2	38	2	39	2
螺丝区	4	1	10，11	4	16，17	4	6，7	4						
充磁区	5	1	10，11	4	16，17	4	6，7	4						
测试区	6	1	49	2	62	2			37	2	38	2	39	2
包装区	7	1	10，11	4	16，17	4	6，7	4						
成品区	8	1	49	2	62	2			37	2	38	2	39	2

（二）读取电能表数据缓冲变量创建

在主站 PLC 中，为该项目创建数据块“仪表数据 DB29”，该数据块包含通信协议所需的变量及读取各电能表相关数据的缓冲变量。电能表通信数据块声明明细表截图如图 5-3-4 所示。

仪表数据 [DB29]

仪表数据			
名称	数据类型	启动值	保持性
▼ Static			
1#R_Ative	Bool	false	False
1#R_Length	Word	16#16	False
▼ 1#R_buffer	Array[0..7] of Real		False
1#R_ndr	Bool	false	False
1#R_error	Bool	false	False
1#R_Status	Word	16#0	False
1#T_Length	Word	16#8	False
1#RXT	Bool	false	False
1#Pluse	Bool	false	False
done	Bool	false	False
1#T_error	Bool	false	False
1#T_Status	Word	16#0	False
▼ 2#R_buffer	Array[0..16] of Byte		False
▼ 2#T_buffer	Array[0..7] of Byte		False
▼ 3#R_buffer	Array[0..16] of Byte		False
▼ 3#T_buffer	Array[0..7] of Byte		False
▼ 4#R_buffer	Array[0..16] of Byte		False
▼ 4#T_buffer	Array[0..7] of Byte		False
addr	UDInt	40007	False
lenth	UInt	16	False
MB_add	UInt	7	False
仪表轮询计数	UInt	0	False
▼ 原材料读数	Array[0..4] of Real		False
▼ 加工区读数	Array[0..4] of Real		False
▼ 装配区读数	Array[0..4] of Real		False
▼ 螺丝区读数	Array[0..2] of Real		False
▼ 充磁区读数	Array[0..2] of Real		False
▼ 测试区读数	Array[0..4] of Real		False
▼ 包装区读数	Array[0..2] of Real		False
▼ 成品区读数	Array[0..4] of Real		False
三相表 Add	UDInt	40041	False
3_lenth	UInt	23	False
▼ 3_仪表整型数据	Array[0..30] of Word		False
▼ 3_仪表接收浮点数据	Array[0..9] of Real		False
▼ 3_仪表双整型	Array[0..9] of DInt		False

图 5-3-4 电能表通信数据块声明明细表截图

（三）编写能耗管理程序

在主站编写相应程序，读取电能表相应数据进行处理，示范程序如图 5-3-5 ~ 图 5-3-7 所示。其中，图 5-3-7 仅示范了包装区能耗数据采集程序，其他区能耗数据采集类似。

网络 **3**：仪表轮询 **7-4-5 (2.1 / 2.1)**

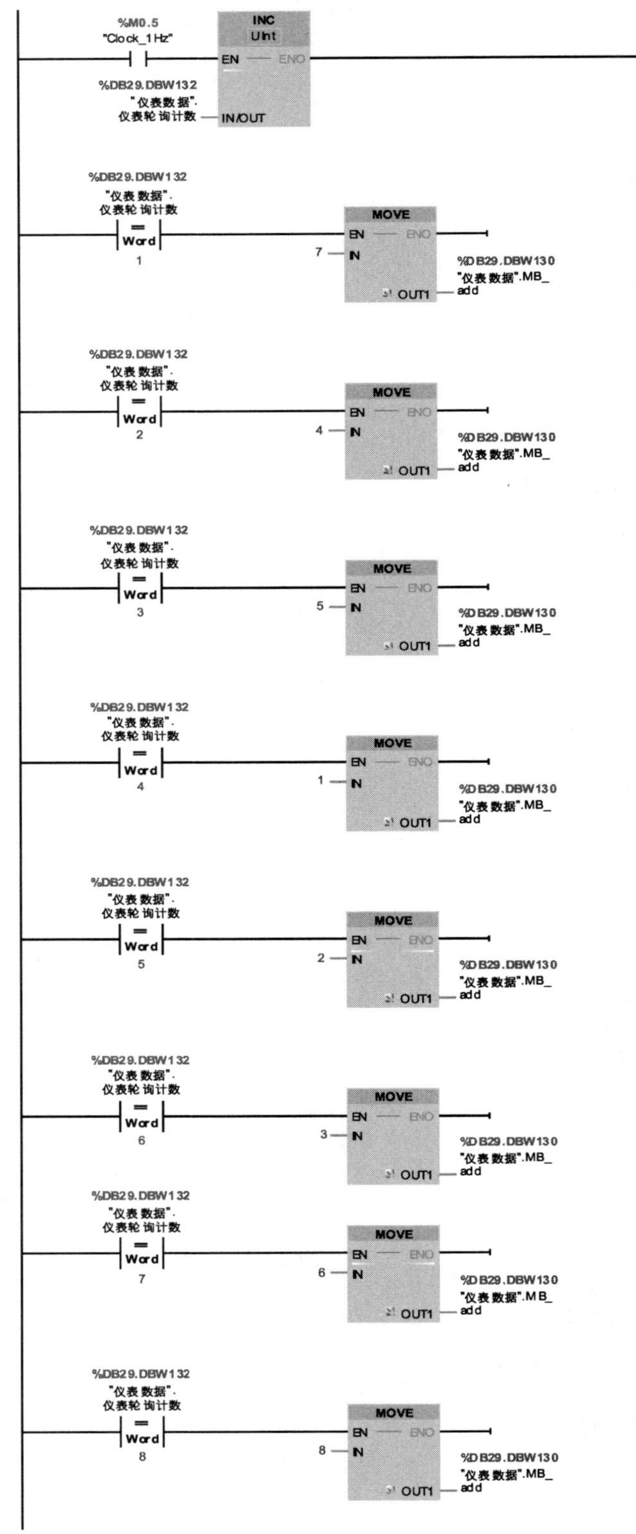

图 5-3-5　模块初始化 PLC 源程序

网络 4：**modbus master(**单相表 **)**

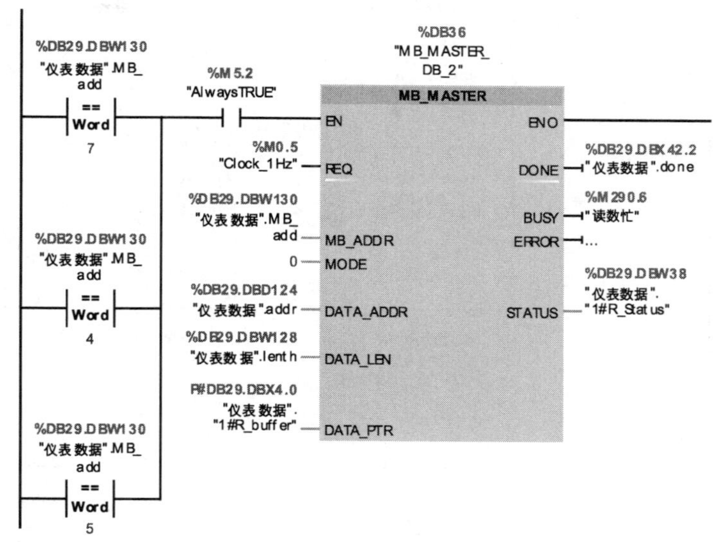

网络 5：三相表**(MASTER) (1.1 / 4.1)**

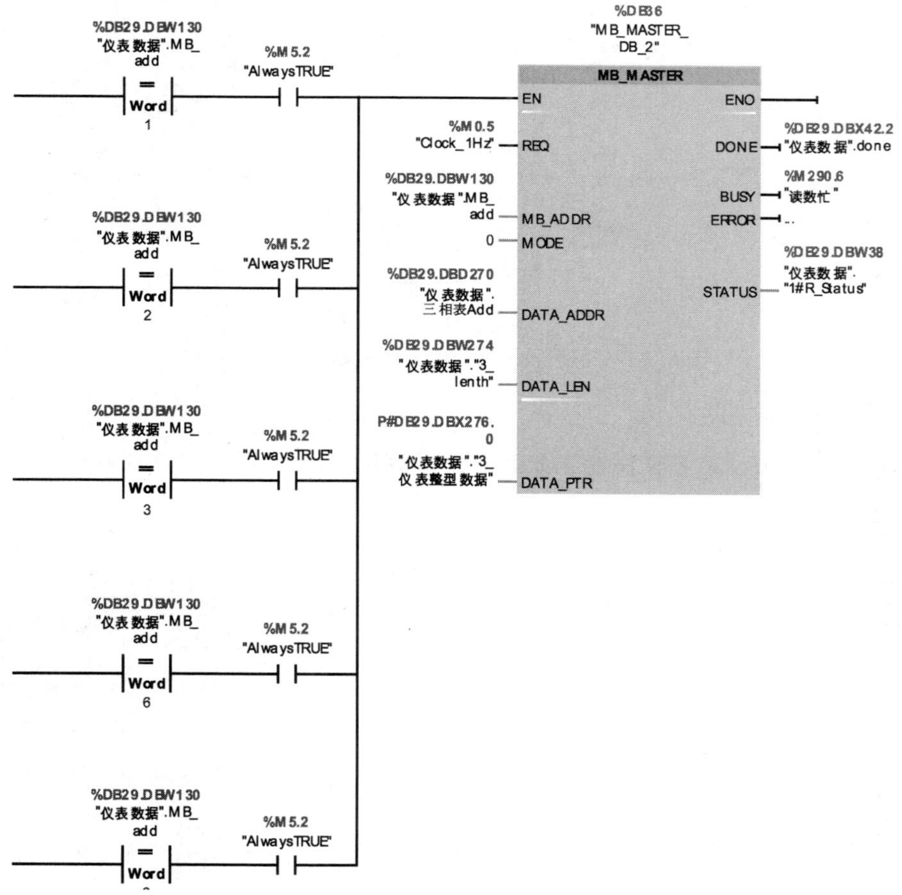

图 5-3-6　单相及三相电能表读取触发 PLC 源程序

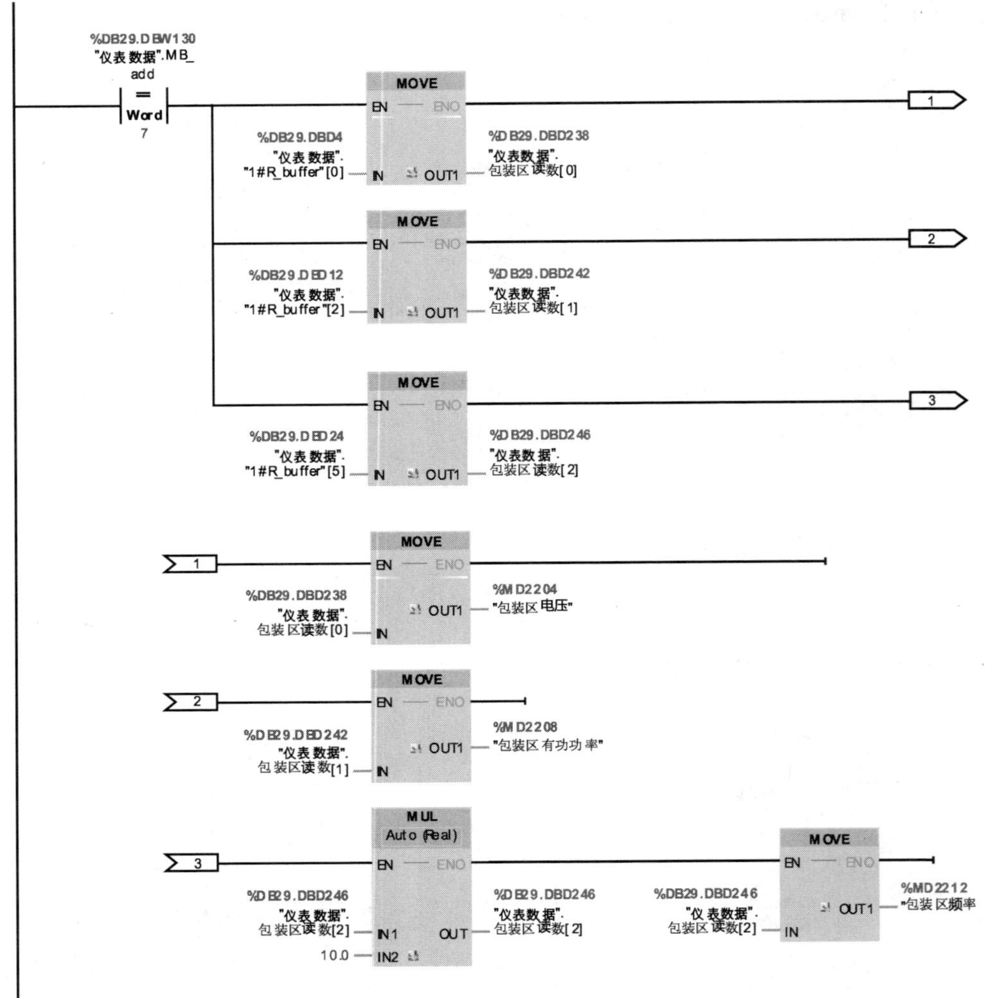

图 5-3-7　包装区单相电能表采集数据读取 PLC 源程序

（四）数据关联

PLC 将所读取的数据传输至数据库，供 ERP/MES 提取，电能表数据与数据库关系如表 5-3-2 所示。

表 5-3-2　　能耗数据与数据库关系

项目类别	变量	数据类型	数据库	项目类别	变量	数据类型	数据库
原材料 A 相电压	MD2100	浮点型 Real	D231	原材料频率	MD2116	浮点型 Real	D235
原材料 B 相电压	MD2104	浮点型 Real	D232	加工区 A 相电压	MD2120	浮点型 Real	D236
原材料 C 相电压	MD2108	浮点型 Real	D233	加工区 B 相电压	MD2124	浮点型 Real	D237
原材料有功功率	MD2112	浮点型 Real	D234	加工区 C 相电压	MD2128	浮点型 Real	D238

续表

项目类别	变量	数据类型	数据库	项目类别	变量	数据类型	数据库
加工区有功功率	MD2132	浮点型 Real	D239	测试区 A 相电压	MD2184	浮点型 Real	D252
加工区频率	MD2136	浮点型 Real	D240	测试区 B 相电压	MD2188	浮点型 Real	D253
装配区 A 相电压	MD2140	浮点型 Real	D241	测试区 C 相电压	MD2192	浮点型 Real	D254
装配区 B 相电压	MD2144	浮点型 Real	D242	测试区有功功率	MD2196	浮点型 Real	D255
装配区 C 相电压	MD2148	浮点型 Real	D243	测试区频率	MD2200	浮点型 Real	D256
装配区有功功率	MD2152	浮点型 Real	D244	包装区电压	MD2204	浮点型 Real	D257
装配区频率	MD2156	浮点型 Real	D245	包装区有功功率	MD2208	浮点型 Real	D258
螺丝区电压	MD2160	浮点型 Real	D246	包装区频率	MD2212	浮点型 Real	D259
螺丝区有功功率	MD2164	浮点型 Real	D247	成品区 A 相电压	MD2216	浮点型 Real	D260
螺丝区频率	MD2168	浮点型 Real	D248	成品区 B 相电压	MD2220	浮点型 Real	D261
充磁区电压	MD2172	浮点型 Real	D249	成品区 C 相电压	MD2224	浮点型 Real	D262
充磁区有功功率	MD2176	浮点型 Real	D250	成品区有功功率	MD2228	浮点型 Real	D263
充磁区频率	MD2180	浮点型 Real	D251	成品区频率	MD2232	浮点型 Real	D264

MES 读取数据库相关字段，进行相关数据分析，通过看板在线实时监测区域内各种能耗状况，如图 5-3-8 所示。

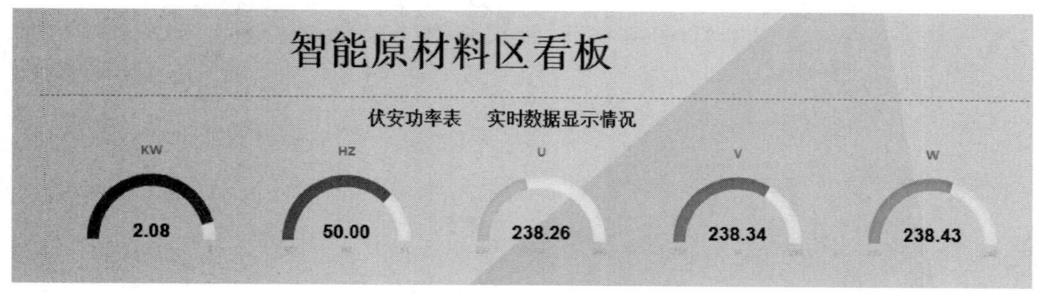

a）

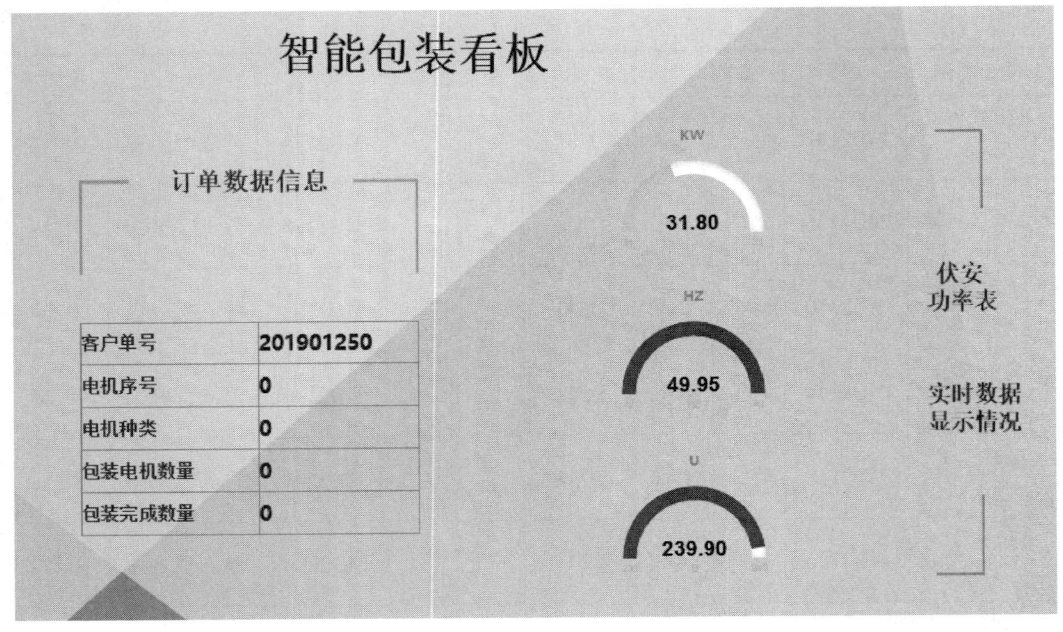

b）

智能测试看板

订单数据信息

客户单号	201901250
电机序号	0
电机种类	0
完成数量	4
不合格数量	94

U 74.88

KW 1.24

V 249.75

HZ 50.00

W 0.00

伏安
功率表

实时数据
显示情况

c）

图 5-3-8 部分能耗监测看板

a）智能原材料区看板 b）智能包装看板 c）智能测试看板